生物炭过硫酸盐催化剂的环境应用

SHENGWUTAN GUOLIUSUANYAN
CUIHUAJI DE HUANJING YINGYONG

马双龙　黄　岩　宋　佳　王竞侦　高博强　著

中国农业出版社
北　京

前　言

FOREWORD

随着工业、农业和医疗等行业的快速发展，苯酚类和抗生素类等新有机污染物在环境介质中被频繁检出，这些新有机污染物的毒性较强，即使以痕量存在于水环境中，也会对水中的生物以及人类健康造成严重的危害。人类饮用被有机污染物污染的水源会导致内分泌紊乱、内脏器官受损甚至诱发癌症。因此，人们通过各种方法处理污水，但膜过滤、化学吸附、化学氧化以及生物降解等传统技术对污染物的去除率低、操作复杂、成本高且存在二次污染，已经不能被用来高效去除水环境中的各种有机污染物。因此，亟须研究新型、高效、绿色的技术对新有机污染物进行较为彻底的降解和脱毒。

近年来，基于过硫酸盐的高级氧化技术正成为有机废水降解领域的研究热点。过硫酸盐的非均相活化以其高效、易操作、节省能源等优点引起了广泛关注。此外，碳质材料特别是生物炭由于具有易获取、环境友好、价格低廉、孔结构可调等优点，已成为过渡金属催化剂活化的绿色替代品。然而，原始生物炭由于其较低的比表面积和孔体积以及稀少的催化活性位点通常表现出较差的活化性能。通过形貌调控、非金属元素掺杂、活性金属负载可有效改善原始生物炭在污染物吸附和催化反应中的性能。

为了解决原始生物炭活化过硫酸盐降解有机污染物效率低下和机制不清的难题，笔者总结十余年内在生物炭过硫酸盐激活剂研发方面取得的科研成果，紧紧围绕“生物炭质地结构调控以增强催化活性”这一科学目标，系统开展了新型生物炭的研制和有机污染物降解性能的探讨等工作，针对生物炭孔体积、比表面积、含氧官能团和石墨化结构等理化性状的定向调控开展了一系列创新性工作，针对生物炭基催化剂激活过硫酸盐的机制提出了大量新颖的观点。

本书具有较强的学术性和针对性，为生物炭基过硫酸盐催化剂的定向研制奠定了理论基础、提供了技术支撑，对解决苯酚类和抗生素类新有机污染物问题具有重要的理论意义和应用价值。可为此类型有机物污染物深度处理技术的选取提供依据和参考，也可供从事污水处理、饮用水处理、环境科学和环境工程等相关领域的技术人员和研究人员，以及高等院校相关专业的师生参阅。

本书著者均任职于河南农业大学。其中，马双龙撰写第一章、第二章、第七章、第八章，共计12万字；黄岩撰写第二章、第三章，共计5万字；王竞侦撰写第四章、第六章，共计5万字；高博强撰写第五章、第六章，共计5万字；宋佳撰写第九章，共计5万字。本书研究成果是在国家自然科学基金面上项目（42377067）、河南省自然科学基金优秀青年基金项目（242300421148）、河南省科技攻关项目（232102320077）、河南省本科高校青年骨干教师培养计划（2023GGJS028）的支持下完成的，在此表示衷心感谢。

限于知识水平和时间，不妥和疏漏之处在所难免，敬请读者批评指正。

著　者

2024年1月

目录

CONTENTS

第一章 引言

第一节 污染物概况

2022年，国务院办公厅印发《新污染物治理行动方案》。新兴污染物是指具有以下特征的任何天然或人工合成的化学物质或微生物：第一，近期才在地下水、地表水、城市污水、饮用水和食物来源中被检测到；第二，仍然不受监管；第三，对环境或人类健康构成可察觉或真实的威胁；第四，缺乏已知的健康标准[1]。主要包括持久性有机污染物、内分泌干扰物、抗生素[2]、抗生素抗性细菌和抗生素抗性基因等[3]。抗生素被认为是一种新兴的重要污染物，近年来，各种抗生素在水、污泥和土壤中被发现，并在世界各地被报道[4]，应用广泛，且难以代谢。由于持续排放，持久性抗生素可在土壤和水生环境中生物积累并诱导耐抗生素细菌和基因产生，这正日益成为严重的全球健康危机。其中，磺胺类抗生素由于其低成本和广泛的活性，在人类治疗和水产养殖中应用最广泛，因此常在土壤、污水处理厂、养殖场和地表水中被检测到[5]。磺胺类抗生素是第一种系统性抗生素，自20世纪30年代以来已成功应用。据统计，2013年我国累计使用磺胺类药物约7 920 t[6]。磺胺嘧啶（SDZ）是一种广泛使用的典型磺胺类抗生素，具有很强的持久性，不仅影响水生生物，而且通过生物积累威胁人类健康，在世界不同区域的各种水生环境中均有发现。并且若SDZ存在，即使浓度很低，也可能改变微生物群落，促进抗生素耐药性基因的传播，造成严重的人类健康问题和环境风险[7]。双酚A是一种有机化合物，也是已知的内分泌干扰素。动物试验发现，双酚A有模拟雌激素的效果，即使很低的剂量也能使动物产生雌性早熟、精子数下降、前列腺增长等不良作用。此外，有资料显示双酚A属低毒性化学物，具有一定的胚胎毒性和致畸性，可明显增加动物卵巢癌、前列腺癌、白血病等癌症的发生概率[8]。

细菌感染是世界上最严重的健康问题之一，抗生素的出现终结了细菌感染带来的“黑暗时代”[9]。抗生素的抑菌机制主要是抑制细菌细胞壁的合成，破坏细胞膜，干扰细菌蛋白质的合成，限制细菌核酸的转录和复制。抗生素已被广泛应用于治疗、预防动物和人类的细菌感染，也可以添加于饲料中促进动物生长，集约化农业的全球扩张导致了抗生素使用的增加[10]。据估计，2017年全球兽用抗生素的消费量为93 309 t，预计到2030年将增长11.5%，达到104 040 t[11]，而人类体内的抗生素将在2015—2030年间增加15%[12]。然而，大多数抗生素不能被生物体完全吸收，通常会通过排泄物重新进入生态循环。目前，抗生素已经在各种环境基质中被检测到，尤其是在水生环境中。此外，通过制药[13]、水产养殖[14]和农药施用[15]等产生的抗生素直接排放到环境中也会引发一系列的环境污染问题，甚至破坏生态平衡。

第二节 传统污染物处理技术

传统污水处理的常见技术主要包括生物处理技术、人工湿地技术、膜处理技术以及高级氧化技术（AOPs）。在实际处理新型污染物废水时，高级氧化技术表现出良好的性能。目前，已经开发了多种处理方法去除废水中的抗生素，包括吸附法[16-20]、生物降解法[21-23]和膜过滤法[24]，均已被广泛应用于难降解抗生素的去除。然而，吸附法只能将抗生素从废水中分离出来，不能有效地将污染物降解为小分子产物；生物降解法由于抗生素对细菌活性具有抑制作用，去除率较低[25]；膜过滤法为了达到良好去除效果，需要更高的工作压力，会消耗大量能量[26]。为了弥补传统生物处理方法的缺点，将基于活化过硫酸盐［包括过二硫酸盐（PDS）和过一硫酸盐（PMS）］，由非均相催化剂驱动的氧化技术，应用于 SDZ 废水处理[27-28]。

第三节　过硫酸盐高级氧化技术

近年来，芬顿法利用羟基自由基（·OH）的强氧化能力，在降解难降解有毒有机污染物方面表现出巨大潜力。相比之下，过一硫酸盐（PMS）或过硫酸盐（PS）活化生成的硫酸盐自由基（$SO_4^{\cdot-}$，2.5～3.1 V）与·OH（1.8～2.7 V）相比，具有更高的标准氧化还原电位。此外，与·OH 的酸性条件相比，$SO_4^{\cdot-}$（半衰期为 30～40 μs）在浓度为 20 mg/L 的溶液中存在的时间更长，在更大的 pH 范围内也能更有效地产生 $SO_4^{\cdot-}$[29-31]。因此，通过活化过一硫酸盐（PMS）产生硫酸盐自由基（$SO_4^{\cdot-}$）的研究受到了广泛关注。过一硫酸根离子是过氧化氢其中一个氢原子被 SO_3^{2-} 基团取代的衍生物[32]。虽然 PMS 在热力学上是一种强氧化剂，但它与大多数污染物的直接反应太慢，因此需要活化。PMS 可自动调节溶液 pH，产生质子，一旦被激活，就会产生 $SO_4^{\cdot-}$，对降解污染物起着显著的作用。目前，PMS 因其高反应活性和高生成 $SO_4^{\cdot-}$ 的潜力而得到广泛应用。事实上，它正在成为过氧化氢和过硫酸盐的替代品。PMS 是一种不对称的氧化剂，可被激活产生羟基自由基和硫酸盐自由基，PMS 活化已被广泛应用于各种污染物的降解。文献报道了各种各样的 PMS 活化方法，包括过渡金属（均相和非均相）、紫外线、超声、传导电子、碳催化剂等。因此，基于 $SO_4^{\cdot-}$ 的高级氧化技术在降解多氯联苯、四环素、阿特拉津等难降解有机污染物方面得到了前所未有的发展[33-35]。

第四节　催化剂调控策略

碳材料具有环境友好、资源丰富、结构性质易于调控的特点。石墨烯、碳纳米管、纳米金刚石等碳纳米材料作为新型过硫酸盐活化剂已被大量报道[36-37]。碳纳米管和石墨烯制备复杂且价格昂贵，虽然其理论比表面积较高，但实际合成后材料难免存在缺陷，难以达到理论水平，并且其在使用过程中容易发生团聚，导致比表面积变小和活性位点大量减少。近年来，以富含纤维素和木质素的农业废弃物、工业副产物以及城市废弃物为原材料经过高温热解产生的生物炭基活化剂应运而生[38]。生物炭通常是指生物残体在高温、厌氧条件下转化而成的稳定的、难熔的、高度芳香化的、富含碳素的固体物质。生物炭的前驱体、制备温度、升温速率以及热解时间对合成的生物炭的物理化学性质具有很大的影响[39]。由于原始碳材料具有有限的表面积、孔径体积以及较差的界面传导能力，因此具有有限的PMS活化能力。为了进一步提升生物炭活化PMS降解有机物的作用，可以通过酸碱活化、氧化剂改性、杂原子掺杂等方式对生物炭的比表面积、孔径结构、表面官能团进行改性，以提高生物炭的氧化活性位点。

N掺杂是调节碳材料活化性能的最普遍的一种方式。N原子比C原子具有更小的原子半径和更大的电负性。一方面，N掺杂可以诱导功能化的官能团和丰富的缺陷位点。另一方面，掺杂的N原子可以导致邻近C原子电子结构的改变，并通过共轭作用激活 sp^2 杂化碳中的π电子[40]。吡啶N、吡咯N、石墨N和氧化N是4种主要的N键合结构。其中，前3个N物种对PMS活化有积极影响，而氧化N作为强吸电子基团对PMS活化无效[41]。通过改变N源和热解温度可以调节N掺杂量和N键构型。温度越高，石墨N的含量越高，这是因为石墨N具有较高的热稳定性，但温度过高会导致C—N键断裂，N含量降低[42]。不同的N键结构可以赋予催化剂不同的活化机制，从而影响污染物的降解性能。

此外，在不添加活化剂的情况下，热解原始生物质和催化剂混合物会导致生物炭具有劣质的石墨结构，这是因为生物炭基质的低表面积和低孔隙率不能为金属催化剂与无定形碳相互作用提供足够的轨迹。因此，造孔过程对于实现充分的石墨化是至关重要的，造孔可以通过对材料进行物理或化学活化来实现。作为常规活化剂，氢氧化钾（KOH）虽然有很大的环境风险，但是仍然在实验室规模上大量使用，因为它可以合成具有优良性能的活性炭。鉴于KOH是最强大的活化剂之一，研究人员分析了其他钾盐的活化效率，如其中最古老的一种，即碳酸钾（K_2CO_3），它实际上是KOH活化时的反应产物之一。与KOH相比，K_2CO_3 是一种较温和的碱性化合物，毒性和腐蚀性较小。另外，与KOH相比，K_2CO_3 有两个重要的优势。首先，它能够维持前驱体的形态结构[43]；其次，它对生物质产品的碳化具有催化作用，可推动纤维素和半纤维素组分的水解和解聚合反应，助推单糖的脱水和聚合反应，从而提高碳产量。从工业生产的角度来看，这是非常重要的。然而，还有一种比 K_2CO_3 更温和的钾盐——碳酸氢钾（$KHCO_3$），从环境的角度来看，它具备显著的实用价值。研究已经证明，与 K_2CO_3 类似，$KHCO_3$ 也能维持水热碳前体的形态结构，且该结构不受 $KHCO_3$ 分解过程中产生的 CO_2 的影响。此外，$KHCO_3$ 对多种生物质产物（如纤维素、甲壳素等）进行化学活化后，合成了具备三维分层孔结构（即微孔、介孔和大孔）的碳材料[44]。因此，低腐蚀性、具有可持续性的活化剂 $KHCO_3$ 是生产多孔碳的良好选择。

同时，热解温度已被公认为是影响生物炭特性的最关键因素[45]。当热解温度较低时，生物质原料（即无定形木质素、无定形半纤维素和结晶纤维素）的本征结构得以保留，此阶段的主导反应为脱水反应；随着热解温度的升高，生物质同时经历解聚反应和脱水过程，同时可以观察到纤维素和木质素的解聚产物（即醛、羧基和酮）；若热解温度继续升高，所得生物炭趋向于呈现无定形特征，此阶段纤维素完全解聚，芳香族木质素残基比例增加；在较高温度下，观察到类似石墨烯薄片的出现。热解温度也会影响生物炭的形貌特征：随着热解温度的升高，生物炭的比表面积大幅增加，推测原因是脂肪族羧基和烷基的分解以及木质素芳香核的暴露；随后，在较高的热解温度（即＞700 ℃）下，由于形成更多的微孔，所得生物炭的表面积和孔隙体积有减小的趋势[46]。研究发现，热解温度与生物炭的催化活性有关，高温热解不仅可以诱导分级多孔结构的形成，还有利于 sp^3 杂化碳转变为 sp^2 杂化碳，促进过硫酸盐活化反应[47-48]。此外，不同热解温度还能影响生物炭材料的缺陷位点含量，缺陷位点被认为是激活过硫酸盐的重要活性位点[49]。

参考文献

[1] Radwan E K, Abdel Ghafar H H, Ibrahim M B M, et al. Recent trends in treatment technologies of emerging contaminants [J]. Environ Qual Manage, 2022, 32 (3): 7-25.

[2] 国务院办公厅 . 国务院办公厅关于印发新污染物治理行动方案的通知 [J]. 资源再生，2022 (5): 50-53.

[3] Liu Y, Zhao Y, Wang J. Fenton/Fenton-like processes with in-situ production of hydrogen peroxide/hydroxyl radical for degradation of emerging contaminants: Advances and prospects [J]. Journal of Hazardous Materials, 2021, 404: 124191.

[4] Ma D, Yang Y, Liu B, et al. Zero-valent iron and biochar composite with high specific surface area via K_2FeO_4 fabrication enhances sulfadiazine removal by persulfate activation [J]. Chemical Engineering Journal, 2020, 408: 127992.

[5] Zhang H, Zhou C, Zeng H, et al. Can Cu_2ZnSnS_4 nanoparticles be used as heterogeneous catalysts for sulfadiazine degradation? [J]. Journal of Hazardous Materials, 2020, 395: 122613.

[6] 李亚秀 . 生物炭高级氧化技术去除合成尿液中磺胺类抗生素的研究 [D]. 天津：天津大学，2019.

[7] Wang H, Guo W, Liu B, et al. Edge-nitrogenated biochar for efficient peroxydisulfate activation: An electron transfer mechanism [J]. Water Research, 2019, 160: 405-414.

[8] Li X, Wang Z, Zhang B, et al. $Fe_xCo_{3-x}O_4$ nanocages derived from nanoscale metal-organic frameworks for removal of bisphenol A by activation of peroxy monosulfate [J]. Applied Catalysis B: Environmental, 2016, 181, 788-799.

[9] 刘成程，胡小芳，冯友军 . 细菌耐药：生化机制与应对策略 [J]. 生物技术通报，2022，38 (9): 4-16.

[10] 国家卫生计生委 . 关于印发《遏制细菌耐药国家行动计划（2016—2020 年）》的通知 [J]. 中华人民共和国国家卫生和计划生育委员会公报，2016 (8): 14-17.

[11] Tiseo K, Huber L, Gilbert M, et al. Global trends in antimicrobial use in food animals from 2017 to 2030 [J]. Antibiotics, 2020, 9 (12): 918.

[12] Van Boeckel T P, Brower C, Gilbert M, et al. Global trends in antimicrobial use in food animals [J]. Proceedings of the National Academy of Sciences of the United States of America, 2015, 112 (18): 5649-5654.

[13] Zhang H, Nengzi L C, Li X, et al. Construction of $CuBi_2O_4/MnO_2$ composite as Z-scheme photoactivator of peroxymonosulfate for degradation of antibiotics [J]. Chemical Engineering Journal, 2020, 386: 124011.

[14] Li X, Shi J, Sun H, et al. Hormetic dose-dependent response about typical antibiotics and their mixtures on plasmid conjugative transfer of *Escherichia coli* and its relationship with toxic effects on growth [J]. Ecotoxicology and Environmental Safety, 2020, 205: 111300.

[15] Cerqueira F, Matamoros V, Bayona J M, et al. Antibiotic resistance gene distribution in agricultural fields and crops: A soil-to-food analysis [J]. Environmental Research, 2019, 177: 108608.

[16] Xiang Y, Xu Z, Zhou Y, et al. A sustainable ferromanganese biochar adsorbent for effective levofloxacin removal from aqueous medium [J]. Chemosphere, 2019, 237: 124464.

[17] Dai J, Meng X, Zhang Y, et al. Effects of modification and magnetization of rice straw derived biochar on adsorption of tetracycline from water [J]. Bioresource Technology, 2020, 311: 123455.

[18] Liu J, Zhou B, Zhang H, et al. A novel Biochar modified by Chitosan-Fe/S for tetracycline adsorption and studies on site energy distribution [J]. Bioresource Technology, 2019, 294: 122152.

[19] Bai S, Zhu S, Jin C, et al. Sorption mechanisms of antibiotic sulfamethazine (SMT) on magnetite-coated biochar: pH-dependence and redox transformation [J]. Chemosphere, 2021, 268: 128805.

[20] Xiang Y, Yang X, Xu Z, et al. Fabrication of sustainable manganese ferrite modified biochar from vinasse for enhanced adsorption of fluoroquinolone antibiotics: Effects and mechanisms [J]. Science of the Total Environment, 2020, 709: 136079.

[21] Yang K L, Yue Q Y, Kong J J, et al. Microbial diversity in combined UAF-UBAF system with novel sludge and coal cinder ceramic fillers for tetracycline wastewater treatment [J]. Chemical Engineering Journal, 2016, 285: 319-330.

[22] Yang F, Jian H, Wang C, et al. Effects of biochar on biodegradation of sulfamethoxazole and chloramphenicol by *Pseudomonas stutzeri* and *Shewanella putrefaciens*: Microbial growth, fatty acids, and the expression quantity of genes [J]. Journal of Hazardous Materials, 2021, 406: 124311.

[23] Wang J, Wang S. Microbial degradation of sulfamethoxazole in the environment [J]. Applied Microbiology Biotechnology, 2018, 102 (8): 3573-3582.

[24] Raghavan D S S, Qiu G, Ting Y P. Fate and removal of selected antibiotics in an osmotic membrane bioreactor [J]. Chemical Engineering Journal, 2018, 334: 198-205.

[25] Rivera-Utrilla J, Sánchez-Polo M, Ferro-García M Á, et al. Pharmaceuticals as emerging contaminants and their removal from water: A review [J]. Chemosphere, 2013, 93 (7): 1268-1287.

[26] Sharma V K, Feng M. Water depollution using metal - organic frameworks - catalyzed advanced oxidation processes: A review [J]. Journal of Hazardous Materials, 2019, 372: 3 - 16.

[27] Kwon G, Cho D W, Yoon K, et al. Valorization of plastics and goethite into iron - carbon composite as persulfate activator for amaranth oxidation [J]. Chemical Engineering Journal, 2021, 407.

[28] Yoon K, Cho D W, Wang H, et al. Co - pyrolysis route of *Chlorella* sp. and bauxite tailings to fabricate metal - biochar as persulfate activator [J]. Chemical Engineering Journal, 2022, 428.

[29] Yuan S, Liao P, Alshawabkeh A N. Electrolytic manipulation of persulfate reactivity by iron electrodes for trichloroethylene degradation in groundwater [J]. Environmental Science & Technology, 2014 (48): 656 - 663.

[30] Liang C, Wang Z S, Bruell C J. Influence of pH on persulfate oxidation of TCE at ambient temperatures [J]. Chemosphere, 2007 (66): 106 - 113.

[31] Liang C, Su H W, Identification of sulfate and hydroxyl radicals in thermally activated persulfate [J]. Industrial & Engineering Chemistry Research, 2009 (48): 5558 - 5562.

[32] Yu M, Teel A L, Watts R J. Activation of peroxymonosulfate by subsurface minerals [J]. Journal of Contaminant Hydrology, 2016 (191): 33 - 43.

[33] Qin W, Fang G, Wang Y, et al. Mechanistic understanding of polychlorinated biphenyls degradation by peroxymonosulfate activated with $CuFe_2O_4$ nanoparticles: Key role of superoxide radicals [J]. Chemical Engineering Journal, 2018 (348): 526 - 534.

[34] Cao J, Lai L, Lai B, et al. Degradation of tetracycline by peroxymonosulfate activated with zero - valent iron: Performance, intermediates, toxicity and mechanism [J]. Chemical Engineering Journal, 2019 (364): 45 - 56.

[35] Li J, Xu M, Yao G, et al. Enhancement of the degradation of atrazine through $CoFe_2O_4$ activated peroxymonosulfate (PMS) process: Kinetic, degradation intermediates and toxicity evaluation [J]. Chemical Engineering Journal, 2018 (348): 1012 - 1024.

[36] Gomez C G, Silva A M, Strumia M C, et al. The origin of high electrocatalytic activity of hydrogen peroxide reduction reaction by a g - C_3N_4/HOPG sensor [J]. Nanoscale, 2017, 9 (31): 11170 - 11179.

[37] Tang L, Liu Y L, Wang J J, et al. Enhanced activation process of persulfate by mesoporous carbon for degradation of aqueous organic pollutants: Electron transfer mechanism [J]. Applied Catalysis B: Environmental, 2018, 231 (5): 1 - 10.

[38] 李怡冰，李涵，黄文轩，等．生物炭的制备及其在强化电子传递和催化性能等方面的研究进展 [J]. 环境科学研究，2021，34 (5)：1157 - 1167.

[39] 彭何欢，徐佳佳，吴有龙，等．温度对纤维素、半纤维素和木质素热解炭理化性能的影响 [J]. 农业工程学报，2018，34：149 - 156.

[40] Zhao Y, Yang L J, Chen S, et al. Can boron and nitrogen co - doping improve oxygen reduction reaction activity of carbon nanotubes? [J]. Journal of the American Chemical Society, 2013, 135 (4): 1201 - 1204.

[41] Bai X G, Shi Y T, Guo J H, et al. Catalytic activities enhanced by abundant structural defects and balanced N distribution of N - doped graphene in oxygen reduction reaction [J]. Journal of Power Sources, 2016, 306 (29): 85 - 91.

[42] Wang Y X, Sun H Q, Duan X G, et al. N - doping - induced nonradical reaction on single - walled carbon nanotubes for catalytic phenol oxidation [J]. ACS Catalysis, 2015, 5 (2): 553 - 559.

[43] Sevilla M, Fuertes A B. A green approach to high - performance supercapacitor electrodes: The chemical activation of hydrochar with potassium bicarbonate [J]. ChemSusChem, 2016, 9 (14): 1880 - 1888.

[44] Deng J, Xiong T, Xu F, et al. Inspired by bread leavening: One - pot synthesis of hierarchically porous carbon for supercapacitors [J]. Green Chemistry, 2015, 17 (7): 4053 - 4060.

[45] Wang L W, Ok Y S, Tsang D C W, et al. New trends in biochar pyrolysis and modification strategies: Feedstock, pyrolysis conditions, sustainability concerns and implications for soil amendment [J]. Soil Use Manage, 2020, 36 (3): 358 - 386.

[46] Ahmad M, Rajapaksha A U, Lim J E, et al. Biochar as a sorbent for contaminant management in soil and water: A review [J]. Chemosphere, 2014, 99: 19 - 33.

[47] Zou J, Yu J, Tang L, et al. Analysis of reaction pathways and catalytic sites on metal - free porous biochar for persulfate activation process [J]. Chemosphere, 2020, 261: 127747.

[48] Zou Y, Li W, Yang L, et al. Activation of peroxymonosulfate by sp^2 - hybridized microalgae - derived carbon for ciprofloxacin degradation: Importance of pyrolysis temperature [J]. Chemical Engineering Journal, 2019, 370: 1286 - 1297.

[49] Ouyang D, Chen Y, Yan J C, et al. Activation mechanism of peroxymonosulfate by biochar for catalytic degradation of 1, 4 - dioxane: Important role of biochar defect structures [J]. Chemical Engineering Journal, 2019, 370: 614 - 624.

第二章
测试方法与技术

一、形貌表征

扫描电子显微镜（SEM）使用一组特定的线圈以光栅样式扫描样品并收集散射的电子，放大再成像，从而对样品表面或者断口形貌进行观察和分析。透射电子显微镜（TEM）是以电子束透过样品经过聚焦与放大后成像。采用聚焦离子束扫描电子显微镜（SEM）与透射电子显微镜（TEM）对制备的生物炭材料进行了不同放大尺标下的形貌和结构分析表征，观察材料表面的形貌、结构和组成。SEM 所用样品制备：将样品粉末分散在导电胶上，喷金备用。TEM 所用样品制备：将样品在无水乙醇中超声处理 20 min，然后滴在碳支撑膜上自然风干。

二、X 射线衍射（XRD）表征

X 射线衍射是材料表征的一种重要手段，其基本原理是利用 X 射线在晶体中的衍射现象测定晶体结构。X 射线通过晶体时，会受到晶体中原子的阻挡，与之发生散射。由于晶体中原子的排列是有规律的，因此散射波之间会产生干涉现象，进而形成特定的衍射图案。通过测量衍射角度和强度，可以推算出晶体结构。采用 X 射线衍射光谱仪对制备的生物炭材料的晶体结构进行了表征。辐射源是 Cu 靶 Kα 射线（管电流、管电压以及操作波长分别为 160 mA、30 kV、0.154 056 nm）。

三、X 射线光电子能谱（XPS）表征

XPS 是利用 X 射线辐射样品，使得样品的原子或分子的内层电子或者价电子受到激发而成为光电子，通过测量光电子的信号来表征样品表面的化学组成、元素的结合能以及价态。采用 X 射线电子能谱仪对制备的生物炭材料的表面化学状态以及元素组成进行了表征。采用 Al Kα 激发源（$h\nu$=1 486.6 eV），工作电压和灯丝电流分别为 12.5 kV、16 mA，以 C 1s=284.8 eV 结合能为标准进行电荷校正。

四、比表面积以及孔径分布表征

使用比表面积分析仪（microtrac - belsorp max）测试材料的氮气吸附-脱附等温线，采用液氮温度进行测试（77 K）。比表面积采用比表面积测试法（brunauer - emmett - teller，BET）计算，孔径分布采用非定域密度泛函理论（nonlocal density functional theory，NLDFT）方法进行分析。

五、拉曼光谱分析

拉曼光谱（raman spectra）是一种散射光谱。拉曼光谱分析法是基于拉曼散射效应，对与入射光频率不同的散射光谱进行分析以得到分子振动、转动方面信息，并应用于分子

结构研究的一种分析方法。使用拉曼光谱仪研究碳材料的表面性质，选择测试范围为 10～3 500 cm^{-1}。

六、Zeta 电位的测定

称取 10 mg 生物炭溶解于超纯水中，超声使其分散均匀。用移液枪分别吸取 5 mL 悬浮液于 9 个 50 mL 离心管中，随后各加 25 mL 水。之后用 0.1 mol/L HCl 和 0.1 mol/L NaOH 将溶液 pH 调至 2～10。用激光粒度仪测定样品的 Zeta 电位值，每个样品重复测定 3 次，取 3 次平均值进行绘图。

七、衰减全反射-傅里叶变换红外光谱（ATR－FTIR）

对于 ATR－FTIR 样品的制备，将生物炭材料、PDS 和 SDZ 按照体系要求在 5 mL 离心管内进行混合，混合顺序与分批试验一致，振荡 30 s，然后放入冷冻干燥机，直至完全干燥。取干燥后的固体，研磨混匀，进行测定。为增大信号强度，每个体系的生物炭、PDS 和 SDZ 溶液扩大为分批试验浓度的适当倍数，且不同体系之间浓度需保持一致。

八、电化学测试

（一）交流阻抗、线性扫描伏安和计时电流法

涂有多孔生物炭的 ITO（氧化铟锡）导电玻璃片的制备：将 0.01 g 生物炭粉末置于离心管中，加入 0.5 mL 的乙醇以及 20 μL 全氟磺酸树脂，超声 60 min，备用。将一定数量的 ITO 导电玻璃置于一个干净的烧杯中，导入 30 mL 乙醇溶液，超声 20 min，重复洗 3 次，烘干。用万能表检测导电玻璃的导电面，将导电胶粘贴在导电面的两端。将超声处理好的生物炭样品（50 μL）用移液器滴加在 ITO 导电玻璃的中心，重复滴加 2 次。将铺好的样品移至干净的培养皿中，在真空干燥箱中 60 ℃下烘干 12 h。

利用电化学工作站（CHI660E），通过交流阻抗、线性扫描伏安和计时电流法研究了多孔生物炭的电化学性质。一个三电极的电化学系统由涂抹生物炭的 ITO 导电玻璃作为工作电极、铂片作为对电极、Ag/AgCl 作为参比电极组成。对于交流阻抗法，以含有 0.1 mol/L KCl、5×10^{-3} mol/L $K_3[Fe(CN)_6]$ 和 5×10^{-3} mol/L $K_4[Fe(CN)_6]$ 的溶液作为电解液；频率范围设置为 10^{-2}～10^6 Hz；初始电压为开路电压，振幅为 0.005 V。对于线性扫描伏安法，电解质溶液为 0.05 mol/L Na_2SO_4 溶液；初始电压为 0.05 V，最终电压为 1 V；扫描速度为 0.005 V/s。对于计时电流法，电解质溶液为 0.05 mol/L Na_2SO_4 溶液，初始电压为 0 V，运行时间为 360 s，在运行时间为 120 s 时加入 PMS，240 s 时加入 HBA，并检测电流响应。

（二）电化学氧化（GOP）

取 120 mg 碳基催化剂粉末置于 15 mL 离心管中，加入 10 mL 异丙醇以及 150 μL 全

氟磺酸树脂（作为聚合物黏结剂）。将混合物超声处理 60 min，形成催化剂悬浮液。用移液枪吸取 100 μL 催化剂悬浮液滴加在石墨片（2.5 cm×2.5 cm×0.5 mm）的一面，自然风干后重复一次滴加。石墨片的另一面也按同样的操作滴加 2 次。重复滴加是为了保证催化剂可以均匀覆盖在石墨片的表面。显色剂溶液的配置：0.02 g 的 $NaHCO_3$ 和 0.415 g 的 KI 加入 4.5 mL 的蒸馏水中，搅拌溶化，混合均匀，用锡纸包裹，避光放置待用。

电化学氧化装置由两个池子（即 SDZ 池子和 PDS 池子）、装有 3 mol/L NaCl 溶液的 U 形玻璃盐桥、包裹碳基催化剂的石墨片、铜线、电极和安培表组成（图 2-1）。SDZ 池子中含有 50 mL 浓度为 20 mg/L 的 SDZ 溶液，溶剂是浓度为 0.05 mol/L 的 Na_2SO_4 溶液。PDS 池子只含有 50 mL 浓度为 0.05 mol/L 的 Na_2SO_4 溶液。将两个包裹碳基催化剂的石墨片作为电极，分别被浸入两个半池中，两个池子通过 U 形玻璃盐桥、铜线以及安培表连接。在此，U 形玻璃盐桥、铜线以及安培表的作用分别是维持两个池子的电中性、确保反应过程中电子传递的进行、实时监测反应过程中电流的变化。当 PDS 被加入 PDS 池子中，电化学氧化过程立即被触发。整个反应过程在 25 ℃的恒温条件下进行，在磁力搅拌器上以 1 000 r/min 的转速持续搅拌。在设置的特定时间点（0 min、30 min、70 min、120 min、200 min、360 min），用移液枪在 SDZ 池子中吸取 1 mL 反应溶液与预先准备的 1 mL 甲醇溶液充分混合以淬灭反应的进行。将混合溶液通过 0.22 μm 的滤头过滤，滤液置于液相小瓶中，使用配置为 C18 色谱柱（250 mm×4.6 nm）的 Ultimate 3 000 高效液相色谱仪测定样品中 SDZ 的浓度。同时，用移液枪在 PDS 池子中吸取 0.5 mL 反应溶液与 4.5 mL 显色剂溶液混合摇匀，将得到的混合溶液通过 0.22 μm 的滤头过滤至 10 mL 的离心管中，静置 15 min 后，用紫外分光光度计在 352 nm 的波长下测定样品溶液中 PDS 的浓度。与此同时，实时监测反应过程中电流的变化，并记录设置的时间点下的电流（0 min、0.5 min、1 min、2 min、3 min、5 min、10 min、30 min、70 min、120 min、200 min、360 min、460 min）。此外，在不通过 U 形玻璃盐桥、铜线以及安培表连接的条件下，对于单独的 SDZ 池子，监测反应过程中 SDZ 浓度的变化以研究碳质催化剂对 SDZ 的吸附能力；对于单独的 PDS 池子，监测反应过程中 PDS 的浓度变化以研究碳质催化剂对 PDS 的吸附能力。

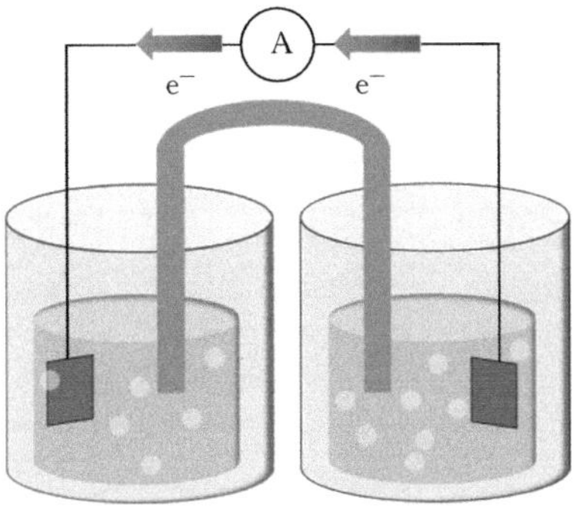

图 2-1　电化学氧化装置

九、活性物种鉴定

(一) 电子顺磁共振(EPR)检测

室温环境下，用电子顺磁共振(EPR)光谱分析仪进行原位捕获活性氧物种的试验。使用5,5-二甲基-1-吡咯啉-N-氧化物(DMPO)作为自旋捕获剂，$SO_4^{\cdot-}$/·OH的检测在超纯水中进行，超氧自由基($\cdot O_2^-$)的检测在含有过量甲醇(MeOH)的溶液中进行，使用2,2,6,6-四甲基-4-哌啶酮(TEMP)作为自旋捕获剂对反应过程中产生的单线态氧($^1O_2$)进行检测。收集10 μL反应溶液于石英毛细管中进行上机检测。

(二) 淬灭剂试验

采用淬灭剂试验初步鉴定体系中涉及的活性氧物种，分别以无水乙醇(EtOH)、甲醇(MeOH)、异丙醇(IPA)、L-组氨酸(L-His)、对苯醌(p-BQ)、苯酚(Phenol)和高氯酸钾($KClO_4$)为淬灭剂，用来区分体系中的$SO_4^{\cdot-}$/·OH、·OH、$^1O_2$、$\cdot O_2^-$、表面结合的$SO_4^{\cdot-}$/·OH和电子传递的贡献。

第三章
多孔生物炭活化过二硫酸盐降解磺胺嘧啶的效能和机制

第一节　研究意义

原始的生物炭通常表现出较差的过硫酸盐活化性能，这可能是由于其比表面积和孔体积小，催化活性位点稀缺。因此，为了提高生物炭的理想催化性能，对原始生物炭进行适当改性是十分必要的。考虑到广泛适用性，可持续的、经济且简单的生物炭改性方法更具有吸引力。造孔是改善生物炭在污染物吸附和催化反应中性能的有效途径。多孔生物炭突出的优势：具有较高的比表面积以及丰富的孔隙度，故能够储存大量物质（如气体、离子等）；具有良好的导电性以及可调节的表面化学性质；成本低且可用性高。因此，其在解决环境问题方面具有巨大的潜力而备受瞩目。通常采用基于碳氧化的包括碳化前体和活性气体（如蒸气、CO_2 或者空气）之间的气固反应的物理活化，以及包括碳化前体和某化学试剂之间的固固反应的化学活化这两种合成策略来生产多孔生物炭。但常见的造孔剂（氢氧化钾、氯化锌、磷酸等）都具有腐蚀性和毒性，储存和环境挑战限制了它们的工业应用。一些无害的碳酸氢盐、有机盐和碱金属硫代硫酸盐已被用作具有良性化学性质的活化剂。然而，这些活化剂活化的多孔生物炭对有机污染物的吸附和过硫酸盐驱动的降解能力还没有得到充分的研究。

先前的研究结果表明，盐模板法是制备高比表面积功能碳的新工艺，常用氯化钾或者氯化钠作为模板。无机盐在盐模板法中的作用是，当非碳化无机盐与碳前驱体混合时，它们在熔融盐的存在下高温凝结或者低温冷凝并形成支架，这往往会形成更高的比表面积，并且无机盐熔融状态下的渗流情况也对生物炭的孔隙发育有着至关重要的影响[1]。而盐模板法所制备的催化剂中含有的各种无机盐相仅用去离子水或者蒸馏水反复洗涤就可以轻松除去，同时催化剂本身的碳不会发生蚀刻现象。研究发现，采用 KCl 作为刚性骨架，$Na_2S_2O_3$ 作为活化剂的双模板法可以制备出互联的分级多孔生物炭，该生物炭在四环素吸附和锂硫电池方面表现出优于单纯 $Na_2S_2O_3$ 活化处理的性能。合成混合物中的 KCl 对生物炭孔隙度的形成起骨架作用，在 770 ℃熔化后可作为活化反应的密闭反应介质。当用水冲洗碳化固体时，KCl 完全脱除，可得到海绵状结构的生物炭。此外，研究还发现，当盐模板和化学造孔剂同时存在时，所制备的生物炭可以表现出极为丰富的多孔结构、褶皱以及开放式空心碳笼结构。并且同时用盐模板和造孔剂制备的生物炭炭片比仅使用盐模板或者造孔剂所制备的薄得多，这意味着更容易暴露出活性较高的催化位点。然而，KCl 与 $Na_2S_2O_3$ 的组合效应是否能提高多孔碳质材料的过硫酸盐活化能力仍未可知。

基于以往的研究，虽然提高原始生物炭的比表面积和孔体积可以促进过硫酸盐驱动的有机污染物降解，但很难建立起具体的定量关系。在生物炭的骨架中引入缺陷位点被认为是提高碳质材料的过硫酸盐活化性能的一种非常有效的途径。碳催化剂的缺陷位点包括外部缺陷（N、S、P 或 B 掺杂）和内在缺陷（边缘、空位或拓扑缺陷）。然而，大多数报道似乎忽略了内在缺陷对过硫酸盐活化的作用，尽管它们在未掺杂碳催化剂中无处不在。根据先前的研究报道，固有缺陷在提高碳质材料在抗生素吸附、微咸水电容脱盐、二氧化碳电化学还原等领域的性能方面表现出较大的潜力。通过化学活化方法制备的多孔生物炭，在成孔的过程中会引入大量的缺陷，这些缺陷可以调节生物炭的表面性质以及相邻碳原子的电子构型。但是，内在碳缺陷在过硫酸盐活化中的作用尚未明确。因此，系统地研究内在缺陷对过硫酸盐激活能力的影响是十分必要和有意义的，这将为精细制备绿色高效的过硫酸盐激活剂开辟新的途径。

第二节 研究内容与技术路线

本研究以玉米秸秆为原料，以惰性盐 KCl 为硬模板，以 $Na_2S_2O_3$、$KHCO_3$、$NaHCO_3$ 和 $Na_2C_2O_4$ 为造孔剂，采用单一模板（KCl)、单一活化剂（$Na_2S_2O_3$)、模板与活化剂（KCl/$Na_2S_2O_3$、KCl/$KHCO_3$、KCl/$NaHCO_3$、KCl/$NaHCO_3$ 和 KCl/$Na_2C_2O_4$）组合，制备了一系列具有不同比表面积、孔径和缺陷程度的生物炭催化剂。通过扫描电子显微镜（SEM)、透射电子显微镜（TEM)、X 射线衍射（XRD)、拉曼光谱、比表面积（BET）以及 X 射线光电子能谱（XPS）等分析方法对所制备的生物炭催化剂的形貌结构和物理化学特性进行了系统表征。所制备的生物炭催化剂用于 PDS 活化降解 SDZ。研究了不同合成方法、不同 PDS 和催化剂剂量对降解效果的影响，以及水中常见的共存阴离子和 pH 对降解效果的影响。通过使用特异性化学清除剂进行的化学淬灭试验以及电子顺磁共振（EPR）对活性氧物种（ROS）的产生进行了研究。通过衰减全反射-傅里叶变换红外光谱（ATR－FTIR)、原位拉曼光谱、电化学氧化（GOP)、线性扫描伏安（LSV）和 X 射线光电子能谱（XPS）等方法探究了材料 SK－C 活化 PDS 降解 SDZ 的机制，并对该材料的可回收利用性进行了测定。最后，利用液相色谱-质谱联用技术识别了 SK－C/PDS 体系降解 SDZ 过程中产生的中间体，并分析了中间体的毒性。此外，基于产生的中间体提出了 SDZ 的 4 种可能降解途径。技术路线如图 3－1 所示。

第三节 催化剂物理化学性质表征结果与分析

一、SEM 和 TEM 结果与分析

利用 SEM 和 TEM 图像研究了硬模板 KCl 和造孔剂 $Na_2S_2O_3$ 对碳质催化剂形貌的影响。SEM 图像显示，S－C 催化剂呈现不规则的碳体，表面粗糙，孔隙结构可见（图 3－2a)。K－C 催化剂呈海绵状结构，由许多光滑而厚的碳片组成，没有明显的孔隙（图 3－2b)。SK－C 表现出由光滑薄碳片堆叠形成的相互连接的多孔结构（图 3－2c)。通过 TEM 进一步检测了这 3 种催化剂的微观结构（图 3－2d～f)。对于 S－C，由于 $Na_2S_2O_3$ 具有致孔作用，在厚碳片上形成了丰富的微孔和介孔。K－C 的整个碳骨架由较厚的碳片堆叠而成，其孔隙比 S－C 少。结果表明，SK－C 由更薄的碳片组成，碳片边缘

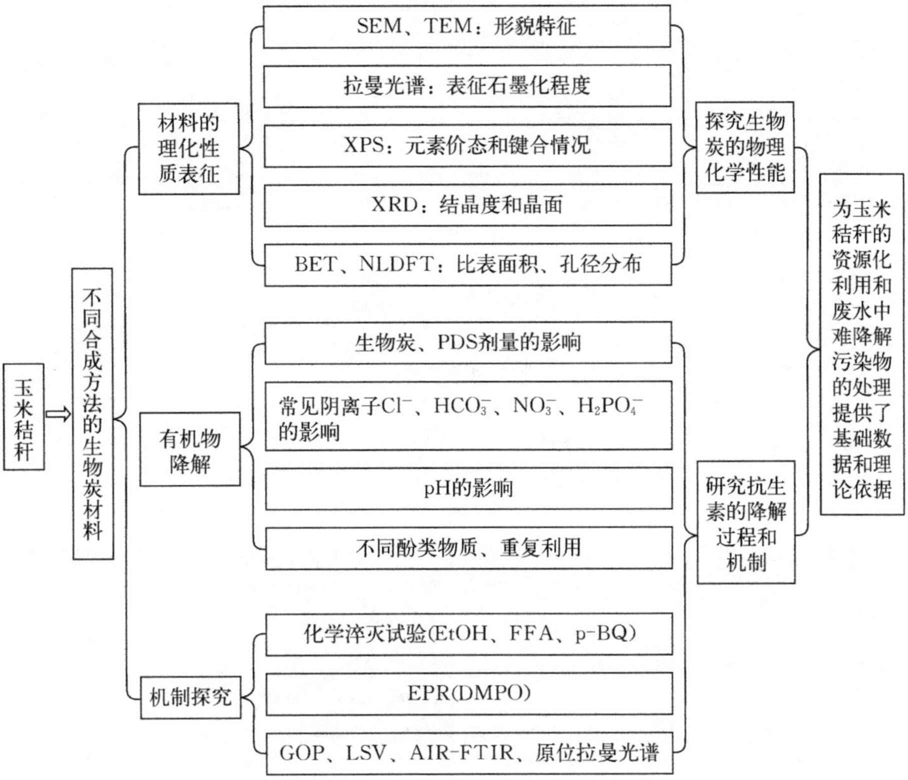

图 3－1　技术路线

有大量的褶皱，整个碳片上气孔丰富。认为 SK－C 的特殊结构是由于硬模板 KCl 和造孔剂 $Na_2S_2O_3$ 的协同作用。从图 3－2g～i 的元素分布图像中可以看出，C、N、O 三种元素均匀地分布在碳框架的表面，即这三种元素共同构建了碳层结构。从 SK－C 的广角环形暗场扫描透射电子显微镜图像（图 3－2j）可以更加直观地看到 SK－C 具有相互连通的分级多孔结构。

碳质催化剂 SK－C 的具体合成机制如图 3－3 所示。在退火过程中，使用 $Na_2S_2O_3$ 作为造孔剂发生了几个连续的过程：①根据式（3－1）反应，$Na_2S_2O_3$ 在高于 250 ℃的温度下分解形成 Na_2SO_4；②玉米秸秆的碳化（220～400 ℃）；③根据式（3－2）反应，Na_2SO_4 可以在高于 342 ℃的温度下氧化固体碳。此外，在高于 520 ℃的温度下，也可以发生式（3－3）反应[2]。生成的 Na_2SO_4 转化为氧化剂，与碳质材料发生式（3－2）和式（3－3）的反应，形成气孔。残余固体渣由多孔碳、Na_2SO_4 和 Na_2S/K_2S/多硫化物组成。值得强调的是，只要用热水就可以很容易地去除无机盐。惰性盐 KCl 在合成过程中也发挥了重要作用，因为它在 770 ℃熔化，从而提供了一个密闭的反应介质，促进了碳孔隙的发展。因此，$Na_2S_2O_3$ 和 KCl 混合时，式（3－2）和式（3－3）反应生成的 Na_2S 在大于 740 ℃时与未反应的 Na_2SO_4 形成液相，而 KCl 在 770 ℃左右熔化。在此条件下，熔融的 KCl 作为约束介质发挥了重要作用，固体碳质材料与 Na_2SO_4－Na_2S 液体体系之间的接触得到加强，从而促进了孔隙发育，产生了高比表面积和高孔隙率的催化剂[3]。由于

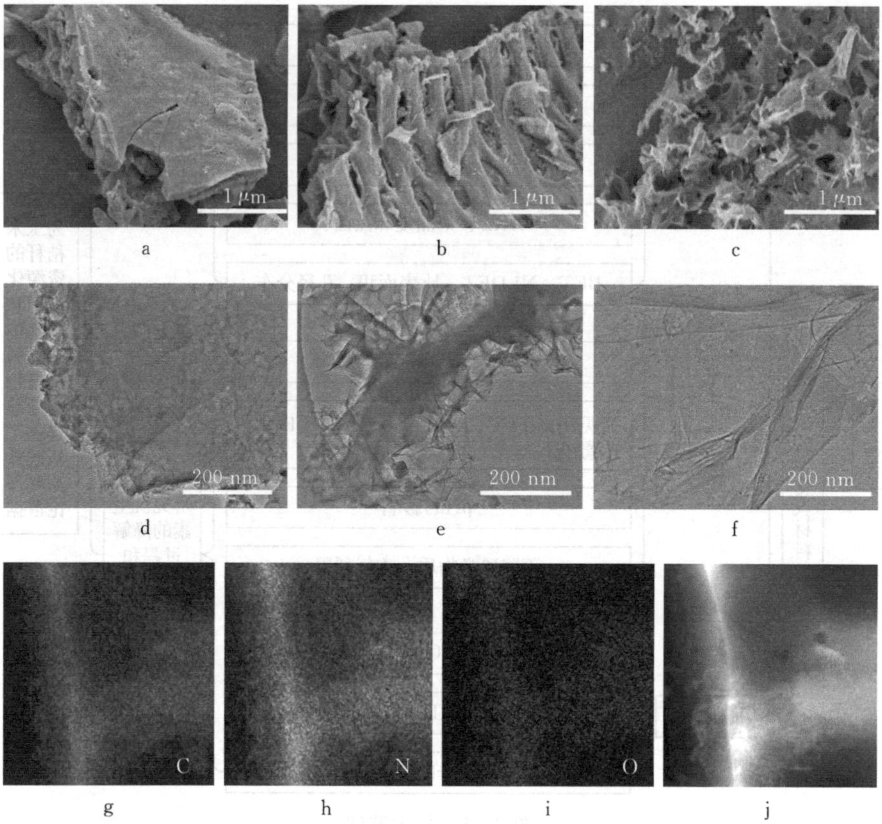

图 3-2　S-C (a)、K-C (b) 和 SK-C (c) 的 SEM 图像；S-C (d)、K-C (e) 和 SK-C (f) 的 TEM 图像；SK-C (g~i) 的 EDS 元素分布图像；SK-C (j) 的广角环形暗场扫描透射电子显微镜图像

KCl 的约束作用，挥发性化合物的释放被严格限制，并且最初释放的气体物质的一小部分重新沉积，因此可以实现高达 30%～33% 的多孔碳产量，远高于单一 $Na_2S_2O_3$ 处理的 16%。

$$4Na_2S_2O_3 \longrightarrow 3Na_2SO_4 + Na_2S_5 \tag{3-1}$$

$$Na_2SO_4 + 2C \longrightarrow Na_2S + 2CO_2 \tag{3-2}$$

$$Na_2SO_4 + 4C \longrightarrow Na_2S + 4CO \tag{3-3}$$

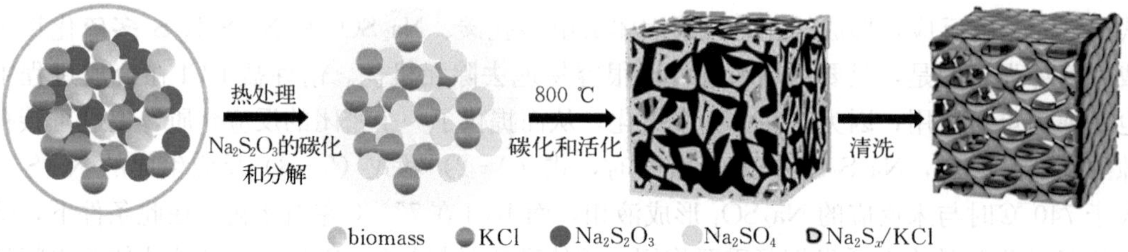

图 3-3　SK-C 的详细合成过程机制图像

二、基于碳质催化剂的比表面积以及孔径分布表征结果与分析

采用氮气吸附-脱附等温线计算了各个碳质催化剂的比表面积、孔体积和孔径分布。详细的表征结果如图 3-4 和表 3-1 所示。从表 3-1 中可以看出，与采用单一硬模板 KCl 所制备的 K-C（657.6 m^2/g、0.318 0 cm^3/g），采用单一造孔剂 $Na_2S_2O_3$ 所制备的 S-C（1 220.5 m^2/g、0.681 1 cm^3/g），采用硬模板和不同造孔剂联合制备的 KK-C（1 643.1 m^2/g、0.707 6 cm^3/g）、NaK-C（1 497.5 m^2/g、0.649 0 cm^3/g）、Na_2K-C（1 212.7 m^2/g、0.536 8 cm^3/g）的比表面积和孔体积相比，采用硬模板 KCl 和 $Na_2S_2O_3$ 作为造孔剂联合制备的 SK-C 比表面积和孔体积最高，可以达到 1 796.1 m^2/g、0.839 9 cm^3/g。从图 3-4 可以看出，所有碳质催化剂的吸附-脱附等温线均属于典型的Ⅰ/Ⅳ型混合等温线，表明所制备的碳质催化剂的孔主要由微孔和介孔组成[4,5]。所有碳质催化剂的滞回曲线无明显的饱和吸附平台，验证了孔隙为不规则结构。在只引入 KCl 硬模板的情况下，所制备的碳质催化剂的比表面积和孔隙率最低，证实了 KCl 作为硬模板而不是作为高效活化剂的作用。与 K-C 相比，单一造孔剂 $Na_2S_2O_3$ 合成的 S-C 催化剂具有更高的比表面积和孔隙

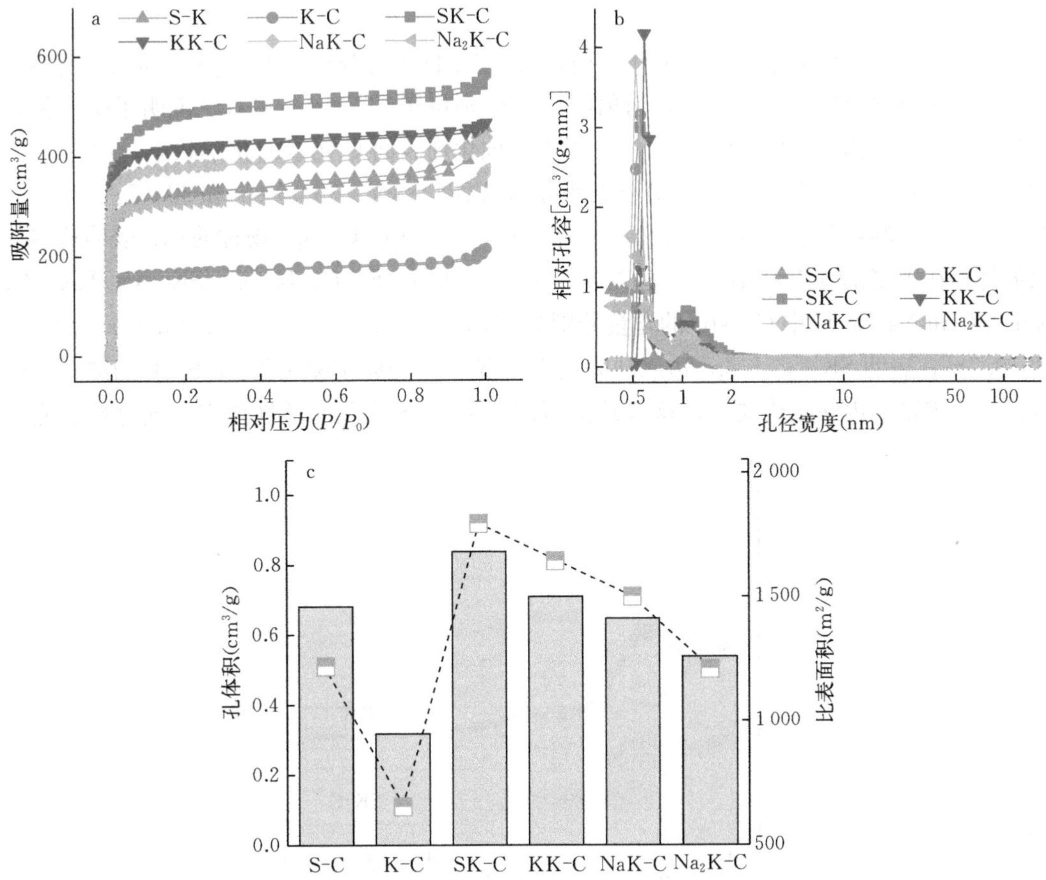

图 3-4　碳质催化剂的氮气吸附-脱附等温线（a）、孔径分布（b），以及催化剂的孔体积和比表面积（c）

率。在 KCl 作为封闭介质存在时，$Na_2S_2O_3$ 的成孔能力大大增强，比表面积和孔体积均高于其他 KCl 和活化剂组合。最大的比表面积和孔体积有利于反应物的传质和活性位点在 SK－C 上的暴露。

表 3－1 碳质催化剂的比表面积以及孔体积等详细参数

样品	比表面积（m^2/g）	总孔体积（cm^3/g）	微孔体积（cm^3/g）	介孔体积（cm^3/g）
SK－C	1 796.1	0.839 9	0.755 3	0.084 6
K－C	657.6	0.318 0	0.254 5	0.063 5
S－C	1 220.5	0.681 1	0.494 1	0.187 0
KK－C	1 643.1	0.707 6	0.652 6	0.055 0
NaK－C	1 497.5	0.649 0	0.588 6	0.060 4
Na_2K－C	1 212.7	0.536 8	0.474 6	0.062 2

三、基于碳质催化剂的 XRD、XPS、拉曼光谱表征结果与分析

为了探究不同碳质催化剂的晶体结构，采用 XRD 进行分析。如图 3－5 所示，所有的碳质催化剂都含有两个宽衍射峰，衍射峰位置分别位于 25°和 44°左右，说明了碳质催化剂为无定形碳结构[6]。用 XPS 分析区分了不同催化剂表面 C 元素的化学状态，如图 3－6 所示，高分辨率的 C 1s 光谱可以被解卷积分为以 284.8 eV、285.7 eV 和 288.5 eV 为中心的 3 个反卷积峰，分别对应 C－sp^2、C－sp^3 和 O—C═O。C－sp^3 物种的存在表明这些催化剂都存在丰富的固有缺陷（sp^3 边缘缺陷）[7,8]。其中，S－C、K－C、SK－C、KK－C、NaK－C 和 Na_2K－C 中 C－sp^3 的含量分别为 21.7%、21.3%、23.8%、19.8%、20.5% 和 20.7%，表明 SK－C 上 sp^3 边缘缺陷最为丰富。这是因为 KCl 和 $Na_2S_2O_3$ 的结合作用可以产生丰富的内在结构缺陷，这些缺陷可以作为 PDS 活化的活性位点。通过拉曼光谱

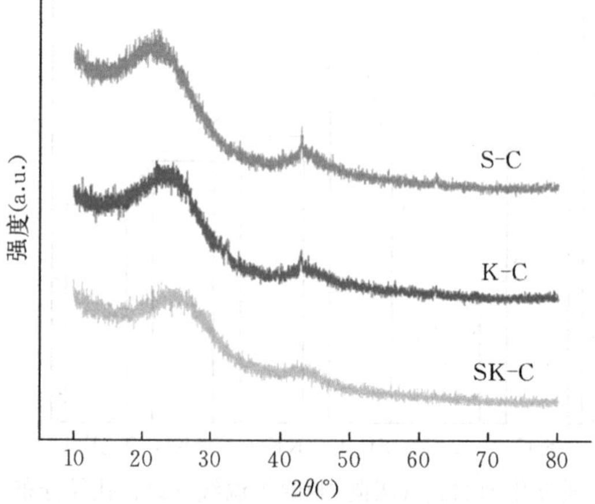

图 3－5 S－C、K－C 和 SK－C 的 XRD 光谱图

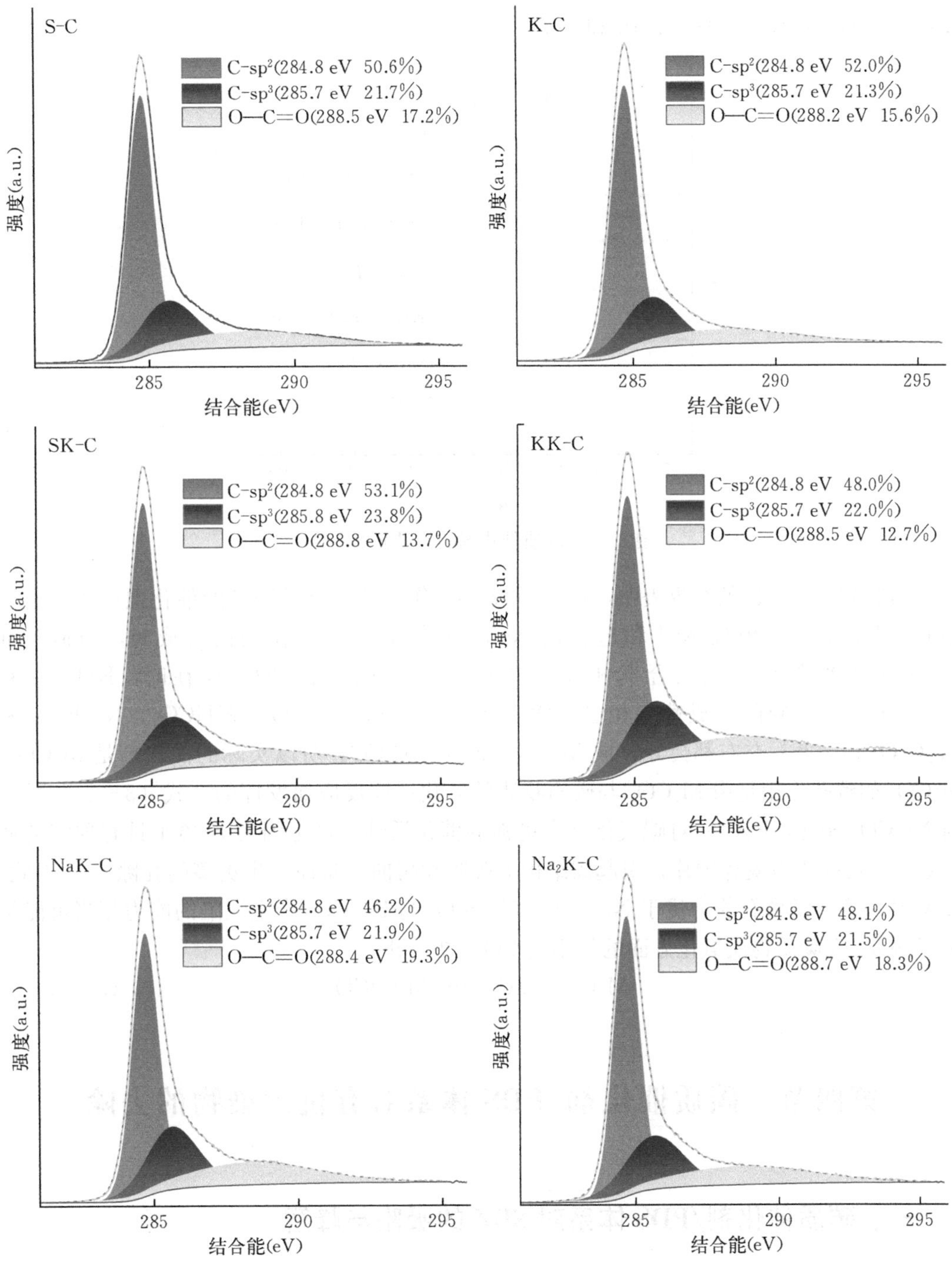

图 3-6　碳质催化剂的 C 1s 能谱图

进一步研究制备的碳质催化剂的结构缺陷。所有催化剂均具有典型的 D 带（峰位置大约位于 1 363 cm^{-1}）和 G 带（峰位置大约位于 1 527 cm^{-1}）。D 带源于碳中的缺陷和无序，而 G 带与相邻的两个碳原子面内、面外的伸缩振动有关，可以反映催化剂的晶体和石墨结构[9,10,11]。因此，它们的强度比（I_D/I_G）可以反映出催化剂的结晶程度以及缺陷程度。

如图 3－7 所示，S－C、K－C、SK－C、KK－C、NaK－C 和 Na_2K－C 的 I_D/I_G 分别为 1.12、1.05、1.16、1.19、1.16 和 1.11。

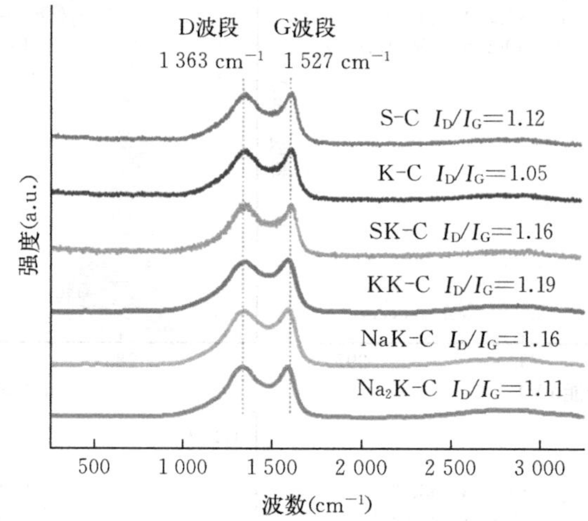

图 3－7　碳质催化剂的拉曼光谱图像

XPS 和拉曼光谱的结果表明，单一模板 KCl 作为熔融介质制备的催化剂产生固有缺陷的能力最差。当模板 KCl 和造孔剂 $Na_2S_2O_3$ 同时参与催化剂的合成时，与造孔剂 $Na_2S_2O_3$ 单独参与催化剂合成相比，缺陷程度明显改善。KCl 存在时，$KHCO_3$ 和 $Na_2S_2O_3$ 的固有缺陷生成性能相当，优于 $NaHCO_3$ 和 $Na_2C_2O_4$。$KHCO_3$、$NaHCO_3$ 和 $Na_2C_2O_4$ 在 200 ℃左右都会分解成 M_2CO_3 和 CO_2 或 CO，所以实际的活化剂是 M_2CO_3。M_2CO_3 的致孔作用是由 M_2CO_3 与碳质物质的氧化还原反应而发挥的 [式 (3－4)][12,13]。与 Na_2CO_3 相比，K_2CO_3 对碳气化具有更强的催化活性，这是因为 K 离子具有独特的插层效应，可插入石墨烯碳片，引起碳结构的肿胀和扭曲，从而产生更多的孔隙[14]。因此，考虑到 K 离子的致孔能力优于 Na 离子，$Na_2S_2O_3$ 与 $KHCO_3$ 产生缺陷的能力相当可能是由于 SO_4^{2-} 在碳质物质氧化方面的作用比 CO_3^{2-} 更突出。

$$M_2CO_3+2C \longrightarrow 2M+3CO \tag{3-4}$$

第四节　碳质催化剂/PDS 体系对有机污染物的去除

一、碳质催化剂/PDS 体系对 SDZ 的吸附与降解

本研究选择 SDZ 作为目标污染物来评估碳质催化剂活化 PDS 降解有机污染物的性能。如图 3－8a 所示，S－C、K－C、SK－C、KK－C、NaK－C 和 Na_2K－C 在 60 min 内对 SDZ 的吸附效率分别为 32.3%、2.6%、42.4%、54.4%、63.1%和 12.7%。当只有 PDS 存在时，SDZ 的去除率仅有 3.0%，可以忽略不计，这表明单独的 PDS 不能氧化 SDZ。而在 PDS 存在的情况下，S－C、K－C、SK－C、KK－C、NaK－C 和 Na_2K－C 在

60 min 内对 SDZ 的去除率分别可以达到 41.2%、19.4%、100.0%、80.3%、76.8%和 45.0%（图 3-8b）。根据拟一阶动力学模型确定不同材料氧化阶段的 k_{obs}（图 3-8c），各个碳质催化剂的 k_{obs} 按大小顺序排列为 SK-C（0.099 3 min^{-1}）>KK-C（0.022 1 min^{-1}）>NaK-C（0.019 3 min^{-1}）>Na_2K-C（0.007 3 min^{-1}）>S-C（0.006 7 min^{-1}）>K-C（0.002 8 min^{-1}）。可以发现，K-C/PDS 体系的降解效果最差，这与 K-C 和 PDS 的比表面积和缺陷程度最低相一致。与 S-C 体系相比，SK-C/PDS 体系的降解效果明显增强，说明在催化剂的制备过程中引入硬模板 KCl 可以提高 S-C 的催化效果。在所有 KCl 与造孔剂的组合处理中，KCl/$Na_2S_2O_3$ 组合所制备的碳质催化剂活化 PDS 降解 SDZ 的效果优于其他所有组合处理。

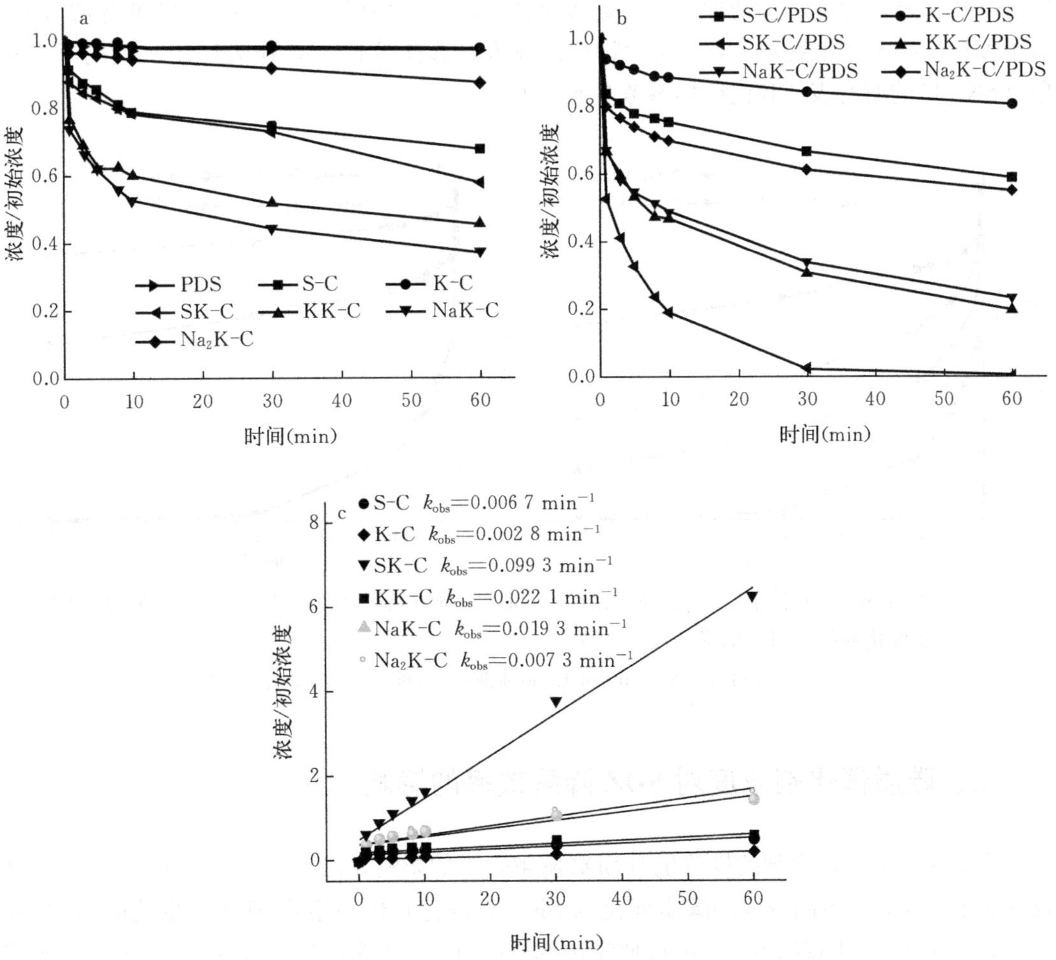

图 3-8 碳质催化剂对 SDZ 的吸附能力（a）、碳质催化剂/PDS 体系对 SDZ 的降解效率（b），以及碳质催化剂/PDS 体系降解 SDZ 的拟一阶动力学常数（c）

注：反应条件为 PDS 浓度=2 mmol/L，碳质催化剂浓度=0.1 g/L，温度=25 ℃。

因此，为了优化模板试剂的掺杂量，不同硬模板 KCl 和造孔剂 $Na_2S_2O_3$ 掺杂量的碳质催化剂被合成，所制备的催化剂命名为 S_XK_Y-C，其中 X 和 Y 分别代表造孔剂

$Na_2S_2O_3$ 和硬模板 KCl 掺杂的质量。在固定造孔剂 $Na_2S_2O_3$ 掺杂量为 2 g 的条件下，考察了硬模板 KCl（0 g、5 g、10 g 和 20 g）不同掺杂量对去除 SDZ 的影响。如图 3-9a 所示，随着硬模板 KCl 掺杂量从 0 g 增加到 10 g，SDZ 的去除率逐渐提高。但是，当硬模板 KCl 的掺杂量持续增加到 20 g 时，SDZ 的去除率并没有显著提升，反而呈现些许抑制的现象。这种现象是由于高温热解过程中过量熔融状态的 KCl 充满了整个催化剂，导致催化剂大量网络结构不完整、不连通，不利于反应进行[15]。同样，在控制硬模板 KCl 掺杂量为 10 g 时，研究了造孔剂 $Na_2S_2O_3$（0 g、1 g、2 g 和 4 g）的掺杂量对 SDZ 去除效果的影响，从图 3-9b 可以看出，随着活化剂 $Na_2S_2O_3$ 掺杂量的增加，SDZ 的去除率越来越高。但是当掺杂量由 2 g 进一步增加到 4 g 时，活化效果没有进一步增强。因此，综合考虑来说，一方面，S_2K_{10}-C 的去除效果略高于 S_4K_{10}-C。另一方面，在活化实验中，$Na_2S_2O_3$ 掺杂量的进一步增加（从 2 g 增加到 4 g）并没有显著提高对 SDZ 的降解效率。为了保持良好的活化效果，节约化学物质的投入，选择 S_2K_{10}-C 作为后续实验的研究对象（SK-C 的所有表征和论证均参考 S_2K_{10}-C）。

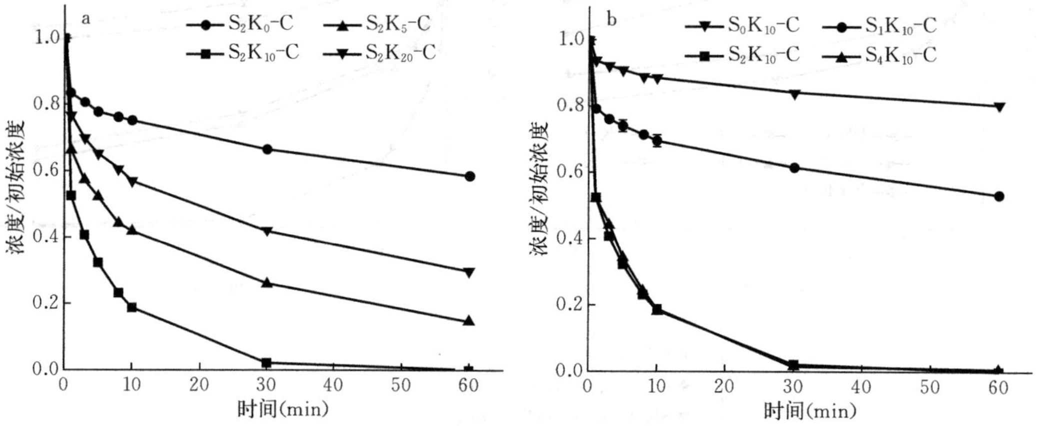

图 3-9　不同 $Na_2S_2O_3$ 掺杂量的碳质催化剂对于 SDZ 的降解效率（a），以及不同 KCl 掺杂量的碳质催化剂对于 SDZ 的降解效率（b）

注：反应条件为 PDS 浓度=2 mmol/L，碳质催化剂浓度=0.1 g/L，温度=25 ℃。

二、碳质催化剂浓度对 SDZ 降解效率的影响

为了探究碳质催化剂的投放量对 SDZ 降解效率的影响，设置了 0.05 g/L、0.1 g/L 以及 0.2 g/L 这 3 组不同浓度的碳质催化剂 SK-C 进行有机污染物 SDZ 的催化降解实验。如图 3-10 所示，随着 SK-C 的投放量由 0.05 g/L 增加到 0.1 g/L，在 60 min 内，SDZ 的去除率由 53.3%提升至 100.0%。这可能是因为 SK-C 的浓度较高，能够提供更多的 PDS 活化位点[16,17]。当进一步增加 SK-C 的投放量至 0.2 g/L 时，可以看到，反应最初的 10 min 内，SDZ 被快速去除，随后反应较慢趋于平稳。但与 0.1 g/L 的 SK-C 的效果相比，0.2 g/L 的 SK-C 对 SDZ 的降解效率并没有显著提高。这表明在 PDS 为 2 mmol/L 时，对于 SDZ 去除来说，SK-C 的最佳使用浓度为 0.1 g/L。

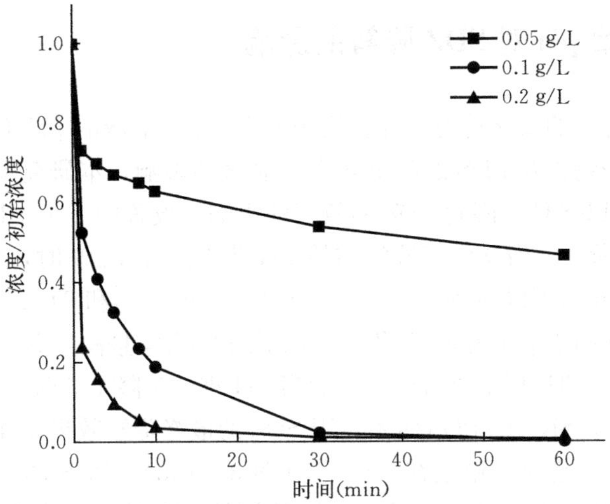

图 3-10　碳质催化剂浓度对 SK-C/PDS 体系降解 SDZ 的影响

注：反应条件为 PDS 浓度=2 mmol/L，SDZ 浓度=20 mg/L，温度=25 ℃。

三、PDS 浓度对 SDZ 降解效率的影响

如图 3-11 所示，探究了不同 PDS 浓度（1 mmol/L、2 mmol/L 以及 4 mmol/L）对 SDZ 去除率的影响。可以看到，当 PDS 的投放量为 1 mmol/L、2 mmol/L 以及4 mmol/L 时，SK-C/PDS 体系对于 SDZ 的去除率在 60 min 时分别达到 95.6%、100.0%和 100.0%。即随着 PDS 投放量的增加，SDZ 的去除率也逐渐增加，这可能是由于适当提高 PDS 的浓度有利于增加 PDS 和 SDZ 之间的相互作用，从而有助于 SDZ 的去除。一般来说，低剂量的 PDS 是污染物降解的限制因素，因此增加 PDS 的浓度可以提高反应速率[18]。

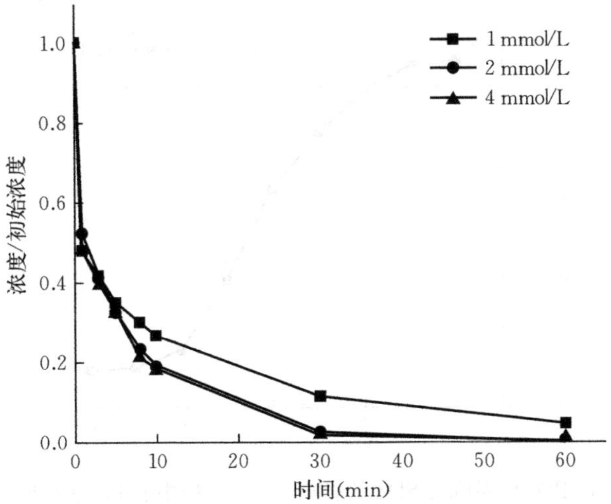

图 3-11　PDS 浓度对 SK-C/PDS 体系降解 SDZ 的影响

注：反应条件为 PDS 浓度=2 mmol/L，SDZ 浓度=20 mg/L，温度=25 ℃。

四、溶液初始 pH 对 SDZ 降解的影响

考虑到有机化合物的氧化动力学可能依赖 pH，反应溶液的 pH 对碳质催化剂的表面电荷状态、有机污染物以及 PDS 的解离状态有显著的影响，本研究探究了不同反应溶液初始 pH 对 SK－C/PDS 体系降解 SDZ 的效率的影响。设置的 4 个不同 pH 分别为 3、5、7、9。如图 3－12a 所示，当反应溶液的初始 pH 为 3、5、7、9 时，SK－C/PDS 体系对于 SDZ 的去除效果分别可以达到 96.4%、100.0%、96.2%和 94.4%。在 pH 为 5 下观察到的降解速率明显高于 pH 为 3、7 和 9 下观察到的降解速率。SK－C 对 SDZ 的降解在 pH 从 9 降至 pH 为 5 的过程中显著增强，而当 pH 进一步降至 3 时，SDZ 的去除率降低。但无论初始 pH 如何，SK－C/PDS 体系对于 SDZ 的最终降解效果是相似的，并且降解后反应体系的最终 pH 都趋向于稳定在 3～3.5（图 3－12b）。PDS 的引入导致溶液 pH 下降，这与 PDS 的酸化有关[19,20]。因此，不同的初始 pH 对 SDZ 的降解影响不大，表明 SK－C/PDS/SDZ 体系可以在较宽的 pH 范围内用于水处理。此外，通过激光粒度仪对不

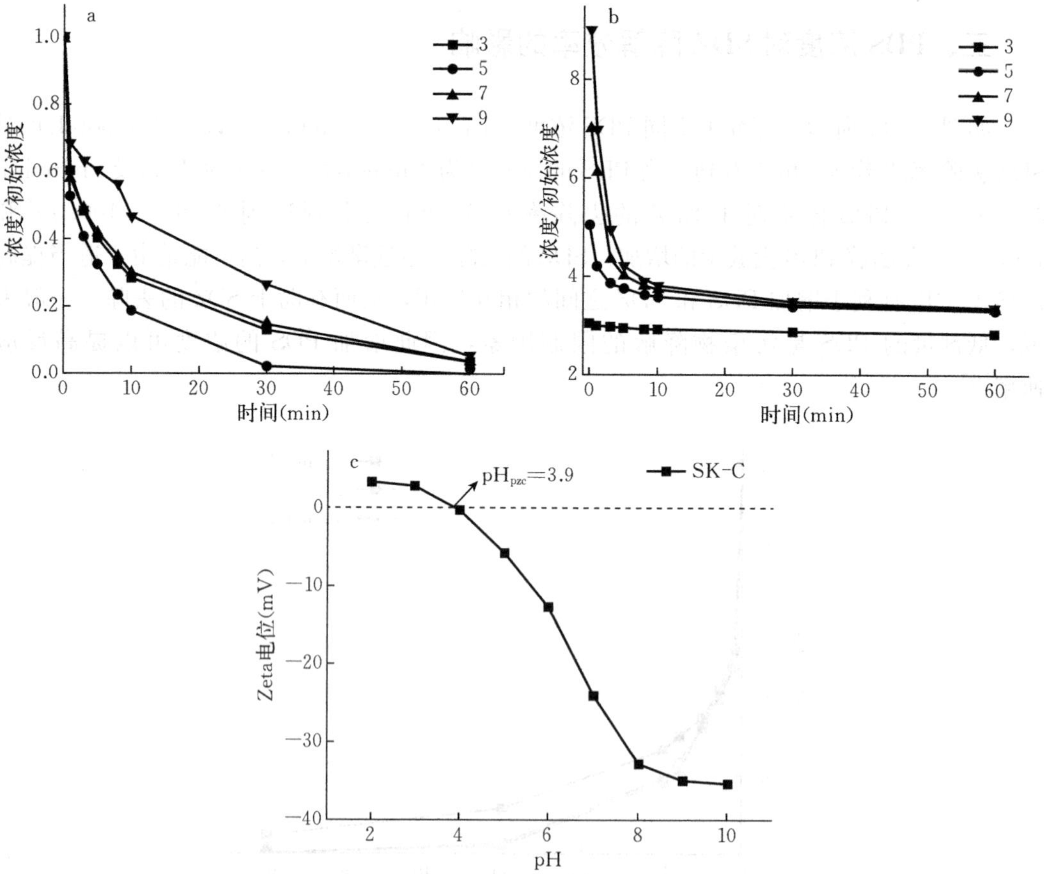

图 3－12　pH 对 SK－C/PDS 体系降解 SDZ 的影响（a）、反应中 pH 的实时监测（b）以及不同初始 pH 中 SK－C 的 Zeta 电位（c）

注：反应条件为 SK－C 浓度＝0.1 g/L，PDS 浓度＝2 mmol/L，SDZ 浓度＝20 mg/L，温度＝25 ℃。

同 pH 条件下碳质催化剂的 Zeta 进行了探究。如图 3－12c 所示，随着反应溶液的 pH 升高，碳质催化剂的 Zeta 降低，SK－C 的等电点为 3.9。表明 SK－C 的表面电荷由于富电子的 N 原子和不饱和的 C 原子的质子化，在 pH<3.9 时带正电荷，带正电荷的表面可能会增强催化剂与 PDS 之间的静电相互作用从而提高催化能力。当反应 pH>3.9 时，静电斥力会阻碍 SDZ 和 PDS 对 SK－C 表面的亲和力，导致表面 SK－C/PDS 活性配合物的生成减少，SDZ 钝化降解[21,22]。总体来说，SK－C/PDS 体系能够在较宽的初始 pH 范围内表现出有效的性能，这对水处理应用非常重要。

五、水中无机阴离子对 SDZ 去除率的影响

由于各种无机阴离子广泛存在于实际水体环境中，即使是微量的阴离子和天然有机物出现在真实的废水基质中，也可能会对催化剂活化 PDS 降解有机污染物的能力产生重要影响。因此在 SK－C/PDS 体系中，考虑了几种实际水体中常见的无机阴离子（NO_3^-、$H_2PO_4^-$、Cl^- 和 HCO_3^-）对 SDZ 去除率的影响。如图 3－13 所示，低浓度的 NO_3^- 和 $H_2PO_4^-$（1～20 mmol/L）略微促进了 PDS/SK－C 系统中 SDZ 的降解，而高浓度的

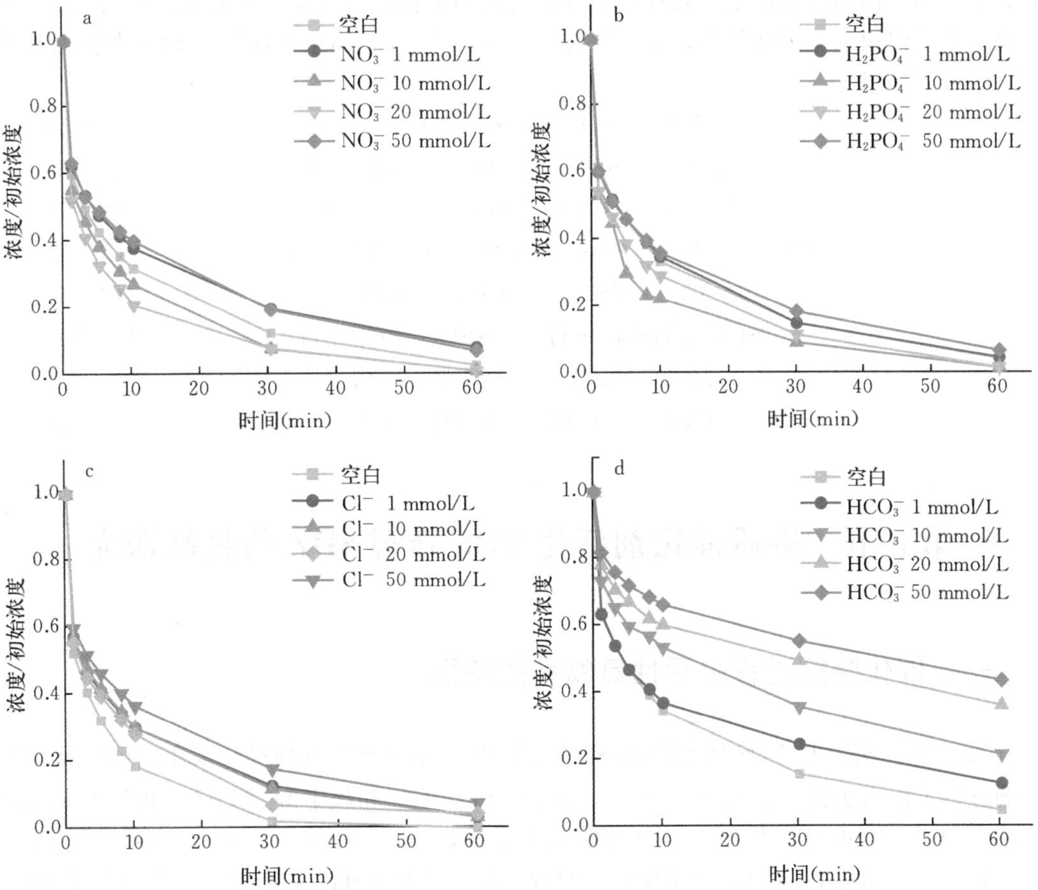

图 3－13 NO_3^-（a）、$H_2PO_4^-$（b）、Cl^-（c）和 HCO_3^-（d）对 SK－C/PDS 体系降解 SDZ 的影响

注：反应条件为 SK－C 浓度＝0.1 g/L，PDS 浓度＝2 mmol/L，SDZ 浓度＝20 mg/L，温度＝25 ℃。

NO_3^- 和 $H_2PO_4^-$（50 mmol/L）轻微抑制了 SDZ 的去除，这是因为 NO_3^- 和 $H_2PO_4^-$ 被消耗而产生具有弱氧化能力的次级自由基［式（3-5）～式（3-7）］。此外，反应液中过量的磷酸盐会吸附在催化剂表面，对催化剂的活性中心产生掩蔽和钝化作用，从而阻碍 PDS 的活化，导致 SDZ 的降解效率低下[23]。随着 Cl^- 浓度从 1 mmol/L 增加到 20 mmol/L，SDZ 的去除效果逐渐轻微减弱，这是由于产生了低氧化能力的 $\cdot Cl$、$ClOH^{\cdot -}$ 以及 ClO_3^-［式（3-8）］。当 Cl^- 浓度增加到 50 mmol/L 时，由于 Cl^- 通过发生了式（3-9）和式（3-10）的反应，产生了强氧化物质 HOCl 和 Cl_2[24]，因此在最初 2 min 内出现轻微的促进作用，加速了 SDZ 的去除。但是总体来说，不同浓度的 NO_3^-、$H_2PO_4^-$ 以及 Cl^- 对SK-C/PDS 体系氧化降解 SDZ 影响不显著。这些实验结果说明了 SK-C 对实际水体中常见的无机阴离子具有较强的抗干扰能力。而从图 3-13 中可以看出，在 SK-C/PDS 体系中，HCO_3^- 对于 SDZ 的去除具有一定的显著抑制效应。可能的原因之一是 HCO_3^- 倾向于通过负电荷辅助氢键与生物炭表面相互作用，并且与磺胺类的—SO_2NH—基团竞争吸附位点。另一个可行的解释是 HCO_3^- 通过式（3-11）和式（3-12）发生自淬灭反应，从而生成了低氧化电位的自由基。且根据先前的报道，在处理污水过程中，由自由基主导的高级氧化过程在氧化降解有机污染物时，更容易受到无机阴离子的影响，这是因为无机阴离子会与自由基反应产生具有较强毒性的有机污染物，或者无机阴离子会作为高氧化活性自由基的淬灭剂。因此猜测，在本研究中，SK-C/PDS 体系氧化降解 SDZ 的过程中存在电子转移途径。

$$2NO^- + SO_4^{\cdot -} \longrightarrow 2\cdot NO_3 + SO_4^{2-} \qquad (3-5)$$

$$H_2PO_4^- + SO_4^{\cdot -} \longrightarrow SO_4^{2-} + 2\cdot H_2PO_4 \qquad (3-6)$$

$$H_2PO_4^- + \cdot OH \longrightarrow OH^- + \cdot H_2PO_4 \qquad (3-7)$$

$$Cl^- + SO_4^{\cdot -} \longrightarrow 2\cdot Cl + H_2O \longrightarrow ClOH^{\cdot -} + ClO_3^- \qquad (3-8)$$

$$Cl^- + HSO_5^- \longrightarrow SO_4^{2-} + HOCl \qquad (3-9)$$

$$2\cdot Cl_2^- + HSO_5^- + H^- \longrightarrow SO_4^{2-} + Cl_2 + H_2O \qquad (3-10)$$

$$HCO_3^- + SO_4^{\cdot -} \longrightarrow CO_3^{\cdot -} + SO_4^{2-} \qquad (3-11)$$

$$HCO_3^- + \cdot OH \longrightarrow CO_3^{\cdot -} + OH^- \qquad (3-12)$$

第五节　碳质催化剂活化 PDS 降解 SDZ 的机制探究

一、催化降解过程中活性氧物种的鉴别

为了确定 SK-C/PDS 体系降解 SDZ 过程中关键的活性氧物种，采用不同的化学清除剂进行了淬灭实验。浓度为 2 mol/L 的乙醇（EtOH）和叔丁醇（TBA）可以鉴定反应体系中 $SO_4^{\cdot -}$ 和 $\cdot OH$ 的作用。因为乙醇可以和 $\cdot OH$［$k=1.9\times10^9$ mol/(L·s)］及 $SO_4^{\cdot -}$［$k=1.6\times10^7$ mol/(L·s)］快速反应，而叔丁醇可以和 $\cdot OH$［$k=6.0\times10^7$ mol/(L·s)］快速反应，但是和 $SO_4^{\cdot -}$［$k=4.0\times10^5$ mol/(L·s)］反应相对缓慢。如图 3-14a 所示，当乙醇和叔丁醇被加入反应体系中，99.0%和 94.6%的 SDZ 可以被去除，表明 $SO_4^{\cdot -}$ 和 $\cdot OH$

对 SDZ 去除有着微不足道的影响。采用 p - BQ 作为 $\cdot O_2^-$ [$k=9.6\times10^8$ mol/(L·s)] 的淬灭剂，同样的，93.6%的 SDZ 被降解，揭示了 $\cdot O_2^-$ 对 SDZ 去除效果的影响可以被忽略。此外，呋喃甲醇（FFA）是一种常用的 $^1O_2$ [$k=2\times10^9$ mol/(L·s)] 清除剂。从图 3 - 14a 中可以看出来，FFA 的存在并不能抑制 SK - C/PDS 体系对 SDZ 的降解，其存在时 98.5%的 SDZ 可以被清除。因此表明，$^1O_2$ 在 SK - C/PDS 体系催化降解 SDZ 的过程中的作用可以被忽略。此外，通过 EPR 技术进一步验证了 SK - C/PDS 体系中产生的活性氧物种，利用 DMPO 作为 $SO_4^{\cdot -}$ 和 ·OH 的自旋捕获剂。如图 3 - 14b 所示，在单独的 PDS 体系中，检测到了一组复杂的信号，包括明显的四重态氢氧化物，$SO_4^{\cdot -}$ 的弱峰，以及一个峰强度比为 1∶1∶1 的未知三重态特征峰。而在其他的碳质催化剂/PDS 体系中未能检测到典型的四重态氢氧化物特征峰以及 $SO_4^{\cdot -}$ 的特征峰，但这种未知的三元组也可以在所有强度更高的碳质催化剂/PDS 体系中找到。这个信号应该归因于 5,5 -二甲基-2 -氧吡咯啉- 1，它是 DMPO 的氧化产物。然而，在 3 种碳催化剂/PDS 体系的 EPR 光谱中均未发现典型的 ·OH 峰。因此，这些碳质催化剂不能活化 PDS 产生 $SO_4^{\cdot -}$、·OH 和 $^1O_2$。

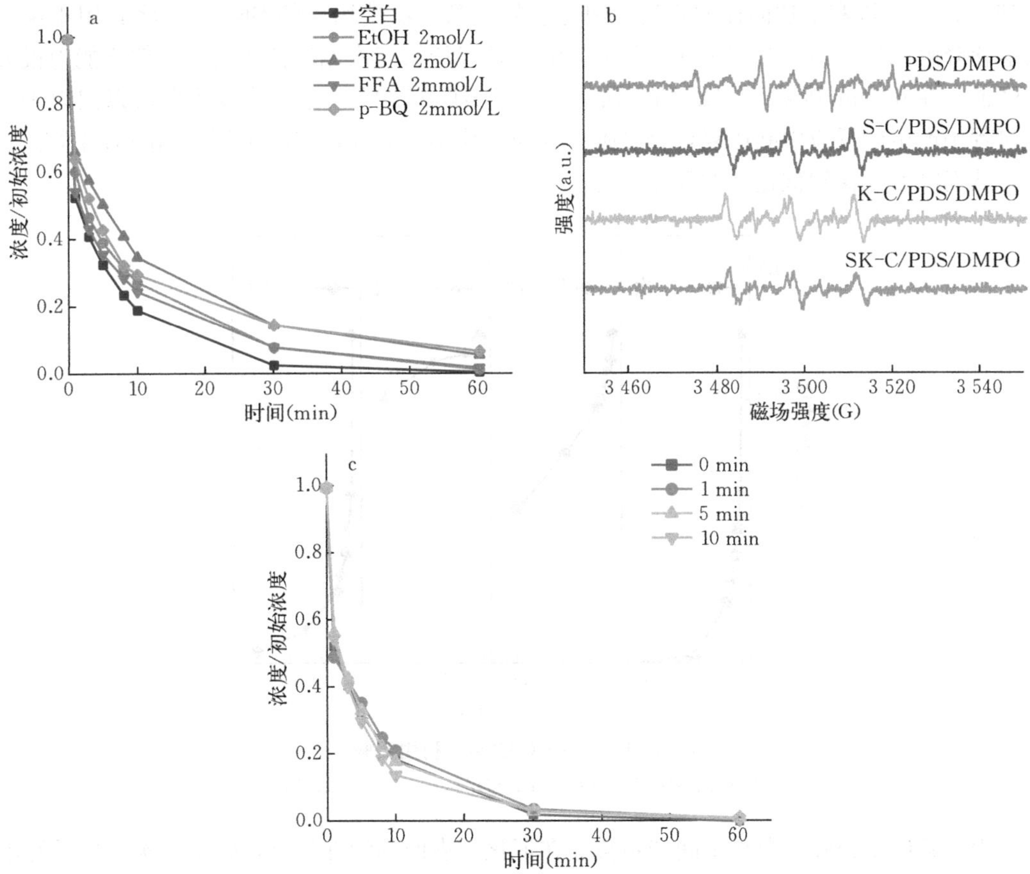

图 3 - 14　EtOH、TBA、FFA 和 p - BQ 对 SK - C/PDS 体系降解 SDZ 的影响（a）、碳质催化剂的 EPR 光谱图像（b）以及预混实验（c）

注：反应条件为 SK - C 浓度=0.1 g/L，PDS 浓度=2 mmol/L，SDZ 浓度=20 mg/L，温度=25 ℃。

为了进一步排除自由基和$^1O_2$的关键作用，将 SK－C 和 PDS 预混合在水溶液中，并在预定的时间段（0 min、1 min、5 min 和 10 min）引入给定浓度的 SDZ（20 mg/L）。如图 3－14c 所示，随着预混时间的增加（从 0 min 到 10 min），预混处理对最终 SDZ 降解的影响可以忽略不计。如果自由基和（或）$^1O_2$贡献较大，则由于 PDS 在预共混阶段的无效消耗，降解效果会随着预共混时间的延长而恶化。因此，在 SDZ 降解过程中验证了自由基和（或）$^1O_2$的作用可以忽略。由于碳质催化剂中不含活性金属，可以合理推测 SK－C/PDS 体系降解过程中电子转移途径参与并主导。

二、SK－C/PDS 体系催化降解 SDZ 过程中活性位点的探究

图 3－15 描绘了 SK－C 经历的 3 次氧化循环对 SDZ 的降解效率以及再次退火后的氧化能力。如图 3－15 所示，新鲜的 SK－C 在 60 min 内可以 100.0%地氧化降解 SDZ。将使用过的 SK－C 通过抽滤装置收集，用蒸馏水洗涤至近中性，在真空干燥箱内以 60 ℃的条件干燥 12 h 后，用玛瑙研钵研磨均匀，进行第二次氧化降解循环。与新鲜的 SK－C 相比，SK－C 在第二次运行时其氧化催化能力明显降低，对于 SDZ 的去除率在 60 min 内下降到 53.5%。以和上述同样的收集处理方法处理第二次使用后的 SK－C，将其用于第三次氧化降解循环。由图 3－15 可以看出，SK－C 经历第三次循环使用时，其催化能力极大地降低，在 60 min 内对于 SDZ 的去除率仅可以实现 19.0%。这一实验现象可以归因于氧化过程中产生的反应中间体复合物吸附在碳质催化剂的表面，屏蔽了催化剂的活性催化位点，从而降低了探知催化剂的催化能力。

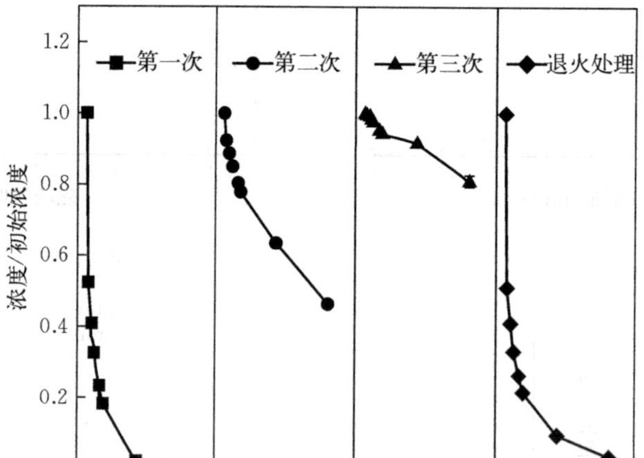

图 3－15　SK－C 的循环利用实验

注：反应条件为 PDS 浓度＝2 mmol/L，SDZ 浓度＝20 mg/L，温度＝25 ℃。

为了验证是否确实存在中间产物覆盖在催化剂表面的活性位点，收集 3 次循环后使用的催化剂，采用 FTIR 法测定了新鲜的催化剂和使用后的催化剂中的官能团。如图 3－16 所示，两者均检测到两个较强的光谱带，分别是源于羟基和羧酸键的拉伸振动产生的位于 3 800～3 000 cm^{-1}处的宽带和属于羟基键的弯曲振动引起的位于 1 635～1 350 cm^{-1}处的吸收

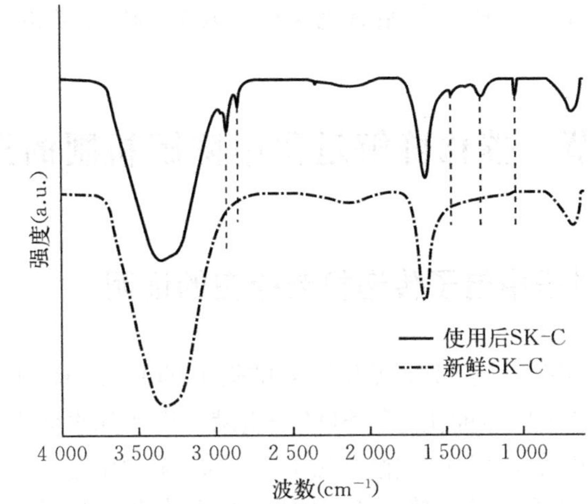

图 3-16　新鲜 SK-C 和使用后 SK-C 的 FTIR

峰。与新鲜的催化剂 FITR 不同的是，在使用后的催化剂 FITR 中出现了一些新的峰。其中，位于 1 275 cm^{-1}和 1 048 cm^{-1}处的条带分别是由于 PDS 中 O═S═O 键的对称振动和非对称振动引起的。此外，可以清晰地检测到位于 1 456 cm^{-1}、2 852 cm^{-1}和 2 920 cm^{-1}处的振动带，这些振动带归因于烷烃键的弯曲和拉伸。因此，这些结果明确地表明反应后确实有试剂和反应中间体吸附在催化剂表面，从而对活性位点有一定的掩蔽影响。

将经过 3 次循环使用后的 SK-C 收集起来，在氮气环境下，以 800 ℃的温度退火 2 h，经过洗涤至 pH 近中性，在真空干燥箱内以 60 ℃的条件干燥 12 h 后，用玛瑙研钵研磨均匀，进行氧化降解实验。实验结果表明，经过退火后的 SK-C 的催化能力大幅度恢复，其在 60 min 内对于 SDZ 的去除率可以达到 96.2%。此外，通过对新鲜的、使用过的以及再次退火的 SK-C 进行 XPS 分析，来探究催化剂表面元素含量及化学状态的变化，以此来揭露 SK-C 活化 PDS 过程中主要的活性位点。如图 3-17 所示，与新鲜的 SK-C 中 C-sp^3 含量相比，使用过的 SK-C 中的 C-sp^3 含量明显下降到 16.0%。而使用过的

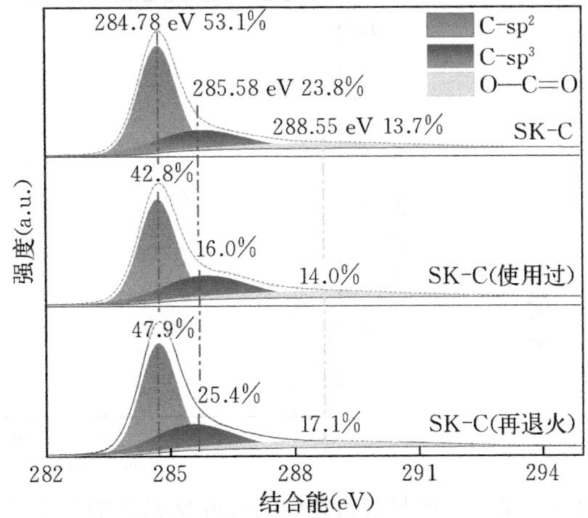

图 3-17　新鲜的、使用过的以及再退火的 SK-C 的 XPS C 1s 光谱

SK－C经过再次退火以后，其 C－sp^3 含量显著增加到 25.4%。这些实验结果进一步验证了 C－sp^3 边缘缺陷是 SK－C/PDS 体系氧化降解 SDZ 过程中主要的活性位点。

第六节　催化降解过程中降解机制的探究

一、催化降解过程中电子传递机制存在的证明

根据上述化学淬灭实验以及 EPR 实验结果排除了 $SO_4^{\cdot-}$、$\cdot OH$、$\cdot O_2^-$ 以及 $^1O_2$ 这些活性氧物种对 SK－C/PDS 体系催化降解 SDZ 的贡献。而实际水体中常见的无机阴离子对于 SK－C/PDS 体系催化降解 SDZ 的能力几乎没有影响。因此，我们初步猜测 SK－C/PDS 体系是通过非自由基途径催化降解 SDZ 的。根据先前的报道，电化学氧化（GOP）过程可以用于证明非均相催化剂介导的电子传递途径的存在。在本研究中，构建了类似的反应体系以探究反应过程中电子转移途径的存在。如图 3－18 所示，将包裹有 SK－C 的石墨片用电击棒固定，分别浸入两个单独的反应池中，其中一个为 SDZ 电解池，一个为 PDS 电解池。两个反应池之间由 U 形玻璃盐桥、铜线以及安培表连接。在此装置条件下，活性氧物种的扩散将会受到限制，因此整个降解过程中只能靠电子传递途径对有机污染物的去除发挥作用。对于整个 GOP 反应过程，实时监测并记录了反应过程中电流的变化、SDZ 的去除效果以及 PDS 的利用率。如图 3－18 所示，对于有涂层处理的体系，即 SK－C/PDS/SDZ 体系，当加入 PDS 后触发反应，电流迅速达到最大值为 78 μA，随着反应的进行电流逐渐降低；在反应进行到 360 min 时可以观察到 95.8%的 SDZ 去除效果。而对于无 SK－C 涂层处理的系统，当反应启动后，达到的电流最大值 44 μA，同样随着反应的进行，电流值逐渐降低；同时，SDZ 的去除效果明显降低为 41.7%。此外，还监测了没有盐桥连接的两个反应池中的 SDZ 降解和 PDS 消耗情况。可以看出，当没有盐桥连接反应时，SDZ 的去除率显著降低。上述 GOP 结果为 SK－C/PDS 降解体系中介导电子转

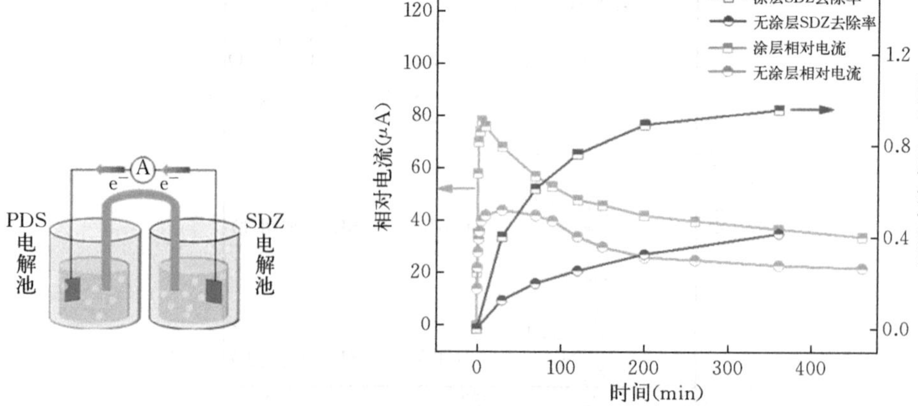

图 3－18　GOP 反应过程中的电流及 SDZ 的去除率

注：反应条件为 PDS 浓度＝2 mmol/L，SDZ 浓度＝20 mg/L，温度＝25 ℃。

移过程的发生提供了直接证据。

此外，线性扫描伏安曲线已被用作判断催化剂与PDS之间相互作用的有效方法。如图3-19所示，当将PDS添加到电解质溶液中后，发现电流明显高于单独的SK-C体系，这可以归因于催化剂和PDS之间产生的亚稳态络合物SK-C/PDS*的指示。随后将SDZ添加到上述电解质中，观察到电流进一步增加，可能是因为SDZ从亚稳态复合物SK-C/PDS*中提取电子而引起自身的分解所导致的。以上现象表明，电子转移发生在SK-C/PDS*和SDZ之间。上述GOP和LSV实验结果共同表明，SK-C介导的电子转移途径在SK-C和PDS系统中是伴随着亚稳态络合物SK-C/PDS*的产生而主导了SDZ降解。

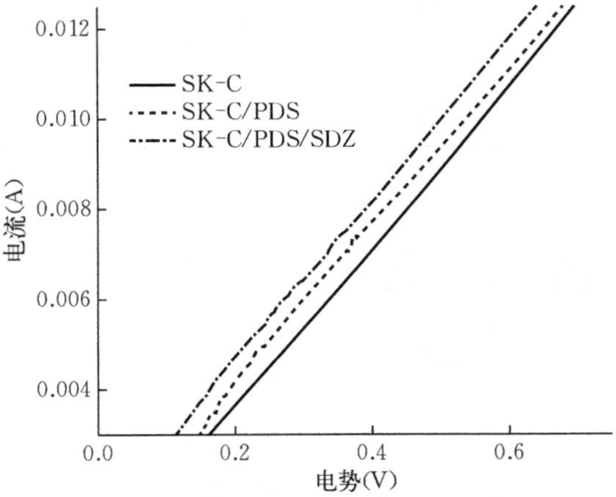

图3-19　SK-C/PDS体系的LSV光谱分析

注：反应条件为PDS浓度=2 mmol/L，SDZ浓度=20 mg/L，温度=25 ℃。

二、催化降解过程中电子传递机制的探究

本研究通过衰减全反射-傅里叶变换红外光谱（ATR-FTIR）和原位拉曼光谱学分析了SK-C/PDS体系中固体和液体界面之间的相互作用。如图3-20a所示，在1 285 cm^{-1}和1 066 cm^{-1}处可以观察到两个明显的红外波段，这两个红外波段归因于$S_2O_8^{2-}$的拉伸振动。对于SK-C/PDS和SK-C/PDS/SDZ这两个体系，可以发现一个新红外波段峰的出现，该峰位置位于1 177 cm^{-1}处。这个新出现的峰是由于$S_2O_8^{2-}$分解产生的SO_4^{2-}中S—O键的拉伸振动引起的。此外，可以发现对比于单独的PDS体系，SK-C/PDS和SK-C/PDS/SDZ体系中位于1 285 cm^{-1}处的红外峰均发生了红移，分别移动至1 275 cm^{-1}和1 269 cm^{-1}处，此红移现象可以归因于SK-C和PDS之间相互作用产生的亚稳态络合物SK-C/PDS*。再次证明了SK-C介导的电子转移途径在SK-C和PDS系统中是伴随着亚稳态络合物SK-C/PDS*的产生而主导了SDZ降解。此外，通过原位拉曼光谱再次鉴定了$S_2O_8^{2-}$的分解和亚稳态络合物SK-C/PDS*的形成。如图3-20b所示，对于单独的PDS体系，可以观察到位于836 cm^{-1}和107 cm^{-1}的2个峰，这2个峰归因于$S_2O_8^{2-}$中的O—O键。当在PDS体系中引入SK-C后，可以检测到一个位于809 cm^{-1}处的新峰，这是由于亚稳态络合物SK-C/PDS*中延长的O—O键的弯曲振动所导致的。与此同时，在

SK-C/PDS 体系中，在 974 cm^{-1}出现了另一个属于 SO_4^{2-} 的新峰，这是由于 PDS 的自分解形成的。对于 SK-C/PDS/SDZ 体系，由于 SDZ 分子消耗 SK-C/PDS* 和同时产生 SO_4^{2-}，809 cm^{-1}处的峰强度明显降低，974 cm^{-1}处的峰强度明显增强。

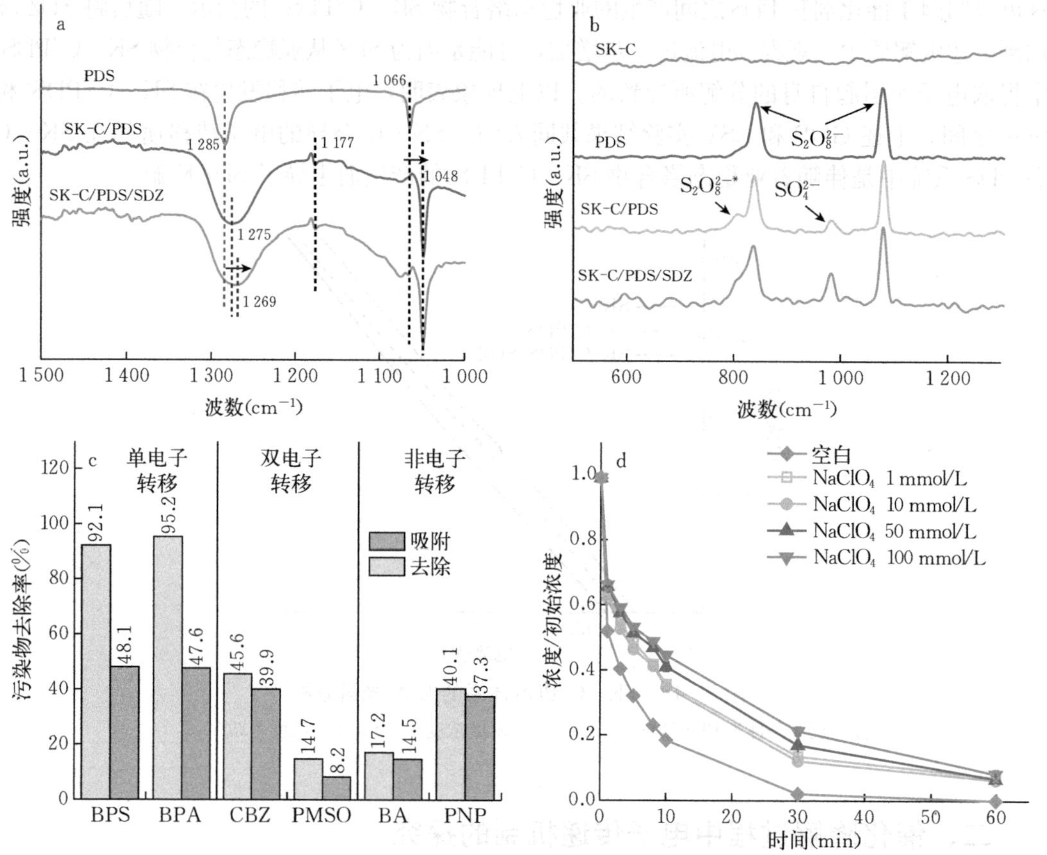

图 3-20 不同处理下反应溶液的 ATR-FTIR (a)，PDS/SK-C/SDZ、PDS/SK-C、PDS 以及 SK-C 溶液的原位拉曼光谱 (b)，SK-C/PDS 体系对于 3 类典型污染物的去除率 (c) 以及离子强度 ($NaClO_4$) 对于 SK-C/PDS 体系去除 SDZ 效率的影响 (d)

注：反应条件为 PDS 浓度=2 mmol/L，SDZ 浓度=20 mg/L，温度=25 ℃。

此外，我们选取了 3 类典型的有机污染物作为目标分子，以进一步了解 SK-C/PDS 降解体系中的电子转移机制。作为缺乏电子的典型代表有机污染物，PNP 和 BA 很难进行电子转移来实现降解反应，双酚 A 和双酚 S 容易通过单一的电子转移途径进行反应而实现降解，CBZ 和 PMSO 的降解更倾向于通过双电子的转移途径进行反应。如图 3-20c 所示，SK-C/PDS 体系对双酚 A（BPA）和双酚 S（BPS）的降解作用明显，而对于 CBZ、PMSO、PNP 和 BA 的氧化作用较差。这些结果表明，SK-C/PDS 体系主要通过单电子转移途径发挥催化降解活性，而非自由基途径或双电子转移途径。另外，众所周知，碳质催化剂和 PDS 降解过程中的电子转移途径依赖于催化剂和具有强氧化能力的 PDS 之间形成的亚稳态络合物。催化剂与 PDS 之间的络合作用可分为两种类型：外球络合作用和内球络合作用。外球络合作用归因于静电键，内球络合作用归因于共价键或离子键和共价键的缔合。因此，离子强度的增加可以显著影响球外相互作用的平衡和动力学，而球内络合则不受离子强度变化的影响。通过引入浓度为 1 mmol/L、10 mmol/L、50 mmol/L、100 mmol/L 的$NaClO_4$，探究了离子强度对 SK－C/PDS 体系降解性能的影响。如图 3－20d 所示，$NaClO_4$ 的引入对 SDZ 的降解效果没有显著的影响，这就表明了碳质催化剂 SK－C 和 PDS 之间存在强烈的内球相互作用。

三、SK－C/PDS 体系对于酚类有机污染物的选择性降解

先前的研究报道，在 AOPs 过程中，不同的酚类化合物的选择性降解可以作为电子传递途径的证据之一，其电子传递的速率受这些不同酚类化合物的电离电位的影响。本研究选取了几种不同官能团的酚类化合物作为目标污染物，研究了 SK－C/PDS 体系对酚类化合物的选择性降解。如图 3－21 所示，SK－C/PDS 体系对这些有代表性的酚类化合物具有不同的氧化能力。含给电子基团的 AcP 和 PE 在 60 min 内的降解效率分别为 100%和 81.8%。含吸电子基团的 HBAc、HBAl 和 HAP 在 60 min 的去除率分别可以达到 51.8%、65.7%和 63.5%。通过建立表观速率常数（k_{obs}）与不同酚类化合物的标准电极电势（E^0）的线性拟合关系发现，二者之间具有较好的线性相关，其相关系数 R^2 为 0.98，这一结果表明，酚类化合物的氧化是由能量势垒和有效碰撞决定的。公式 13 中的系数 α 是评价电子传递理论动态模型的关键参数。一般来说，α 值在 1.0 左右表示反应效率主要受电荷传递过程的限制，而 α 值在 0.5 以下则表示反应速率可能受传质过程的控制。为了深入研究 SK－C/PDS 降解体系中的速率限制步骤是电子传递还是质量传递，我们将图 3－21 所示的斜率代入公式（3－13）中计算 α 值。结果表明，α 值为 0.19，表明 SK－C/PDS 体系的速率决定步骤是 PDS 和酚类化合物向碳质催化剂的传质过程。该结果可以解释为 SK－C 与 PDS 之间亚稳态络合物 SK－C/PDS* 的形成速率或亚稳态络合物 SK－C/PDS* 与酚类化合物的接触速率对降解结果起着至关重要的作用。

$$\lg k_{obs}=-\alpha\frac{E^0}{0.059}+\beta \tag{3-13}$$

式中，α 是透射系数，β 是常数。

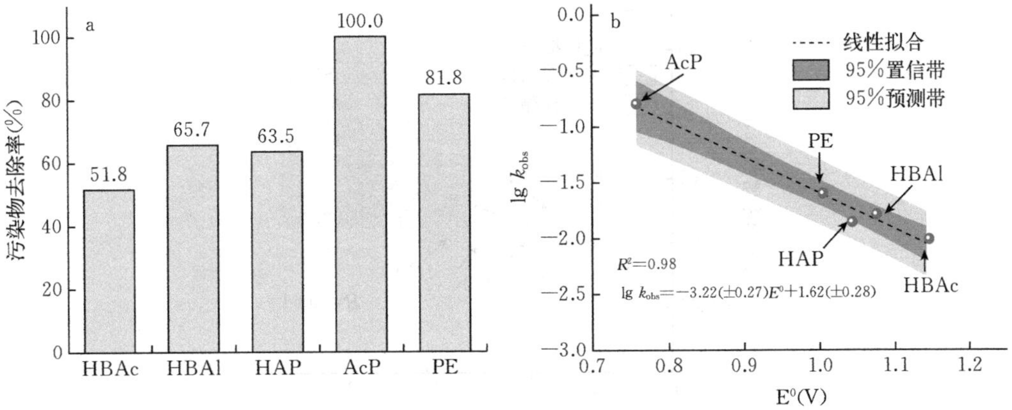

图 3－21　SK－C/PDS 体系对于不同酚类污染物的降解曲线（a）以及相对应的表观速率常数与污染物的标准电极电势的相关性（b）

注：反应条件为 PDS 浓度＝2 mmol/L，SDZ 浓度＝20 mg/L，温度＝25 ℃。

第七节 碳质催化剂 SK－C 具有最佳催化性能的原因

通常来说，催化剂的物化特性与其催化能力有一定的关系。因此，这里针对本书制备的一系列碳质催化剂，详细讨论了它们的典型性能对其催化性能的影响，包括比表面积和缺陷程度（以 I_D/I_G 或 C－sp^3 含量表示）。在这里，通过建立比表面积或缺陷程度与 k_{obs}之间的关系，以揭示影响催化能力的关键性质。通过所建立的关系可以发现，如图 3－22a 所示，比表面积与 k_{obs}之间的相关性较差（R^2＝0.49）。从图 3－22b 中可以看出，I_D/I_G 与 k_{obs}之间发现了显著的独立性（R^2＝0.15）。C－sp^3 含量与 k_{obs}之间的关系相对前两者来说更好一点，但仍不令人满意，其相关性 R^2 为 0.61（图 3－22c）。众所周知，拉曼光谱中以 D 带为代表的缺陷包含边缘/空间、拓扑缺陷、C－sp^3、官能团或杂原子。而 I_D/I_G 与 k_{obs}的相关性低于 C－sp^3 含量与 k_{obs}的相关性，这就表明 C－sp^3 含量与 k_{obs}的相关性比其他类

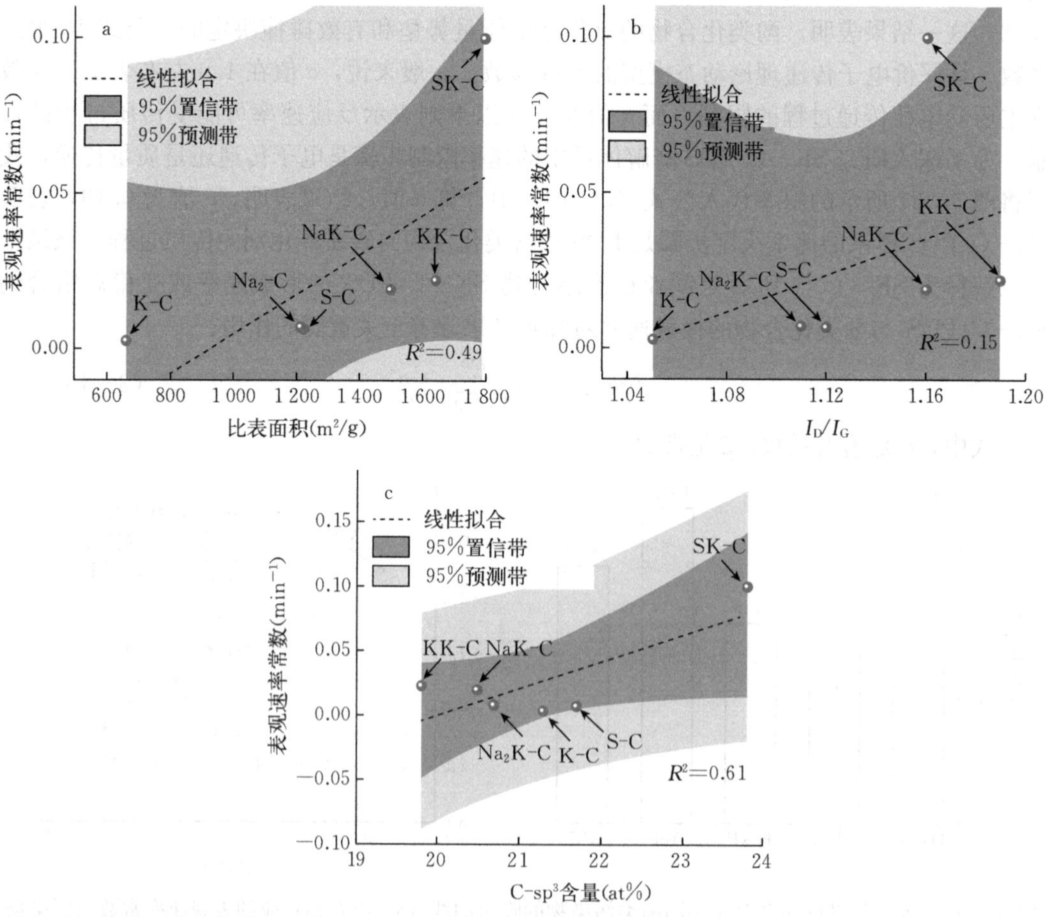

图 3－22 表观速率常数与比表面积的相关性（a）、表观速率常数与 I_D/I_G 的相关性（b）以及表观速率常数与 C－sp^3 含量的相关性（c）

型的缺陷更加密切。基于上述单个特征与 k_{obs} 之间关系不佳的事实，可以合理地推测这些性质可能会共同对催化降解性能产生交织影响。较大的比表面积和孔隙率可以为催化剂提供更多的空间和通道来吸附和转移反应物及产物。然而，具有较大的比表面积和孔隙率的催化剂不能保证较好的降解效果，因为催化剂中反应活性中心的数量可能不足以驱动降解反应的进行。因此，在这里我们建立了以碳质催化剂的比表面积和 C - sp^3 含量为独立变量、k_{obs} 为因变量的多元变量构效关系，以全面评价催化剂这些固有特性与其催化性能之间的相关性。由公式（3 - 14）可以知道，探知催化剂的比表面积、C - sp^3 含量与 k_{obs} 之间存在较好的多元线性相关，其相关系数 $R^2=0.91$。由此可见，碳质催化剂的比表面积与 C - sp^3 含量的组合与其催化降解性能具有定量关系。

$$k_{obs}=-0.41+(5.01E-5)\times SSA+0.02\times(C - sp^3 \text{ 含量}) \qquad (3-14)$$

第八节　SK - C/PDS 降解 SDZ 的可能降解途径的确定

本实验通过高效液相色谱-质谱联用技术（UHPLC - MS）检测了 SK - C/PDS 体系降解 SDZ 过程中可能存在的中间转化产物（TPs），并根据这些反应中间转化产物的质荷比（m/z）、MS 和 MS^2 谱提出了它们可能的结构。如图 3 - 23 所示，共鉴定出 13 种中间转化产物。根据先前的研究，SDZ 可行的解离位点位于其嘧啶环上的Ⅰ～Ⅳ位点，分别对应 H—N、N—C、N—S 和 N—C 键。基于 UHPLC - MS 测定出的 13 种转化产物，提出了 SDZ 在 SK - C/PDS 体系中 4 种可能的降解途径。值得一提的是，根据 Hirschfield 电荷，苯环上的硫原子以及氮原子具有最负的凝聚态双重描述符值，这就使得它们最容易受到亲核物质或者亲电物质攻击。

第一种可行的途径是 SDZ（$m/z=251$）的 S—N 键（Ⅲ位置）被直接切断，产生反应中间体 TP 97（$m/z=97$）和 TP 174（$m/z=174$），这可以归因于具有较强氧化能力的亚稳态络合物 SK - C/PDS* 的攻击。反应中间体 TP 174 迅速发生羟基化，转化为中间产物 TP 114（$m/z=114$）。然后 TP 114 通过嘧啶环的开环被进一步氧化，生成反应中间产物 TP 165（$m/z=165$）。反应中间体 TP 97 可以通过自由基的攻击进一步转化为产物 TP 126（$m/z=126$）。对于第二种可能的降解途径，首先在具有正电荷的苯胺基的碳原子上发生亲核攻击反应，其中嘧啶环上具有高负电性的氮起到亲核作用，导致分子间 Smile 型重排的发生。然后触发 SO_2 挤压反应生成中间体 TP 187（$m/z=187$）。接着经过氨基氧化反应，TP 187 可转化为产物 TP 199（$m/z=199$）。第三种可能的方式是亚稳态络合物 SK - C/PDS* 攻击 SDZ 取代基上的 N—C 键。首先破坏 SDZ 的 N—C 键，然后羟基化生成化合物 TP 286（$m/z=286$）。在不断的攻击下，TP 286 可能会通过嘧啶环和 N—C 键的破坏转换为 TP 200（$m/z=200$）。根据以往的研究，TP 214（$m/z=214$）的形成源于嘧啶环的裂解。在第四种可能的降解途径中，亚稳态络合物 SK - C/PDS* 可能破坏 SDZ 中的嘧啶环，进而发生羟基化反应，生成中间产物 TP 227（$m/z=227$）。此外，母体物质 SDZ 可以先被质子化，然后被质子化的 SDZ 很可能发生羟基化反应生成 TP 265（$m/z=265$）。

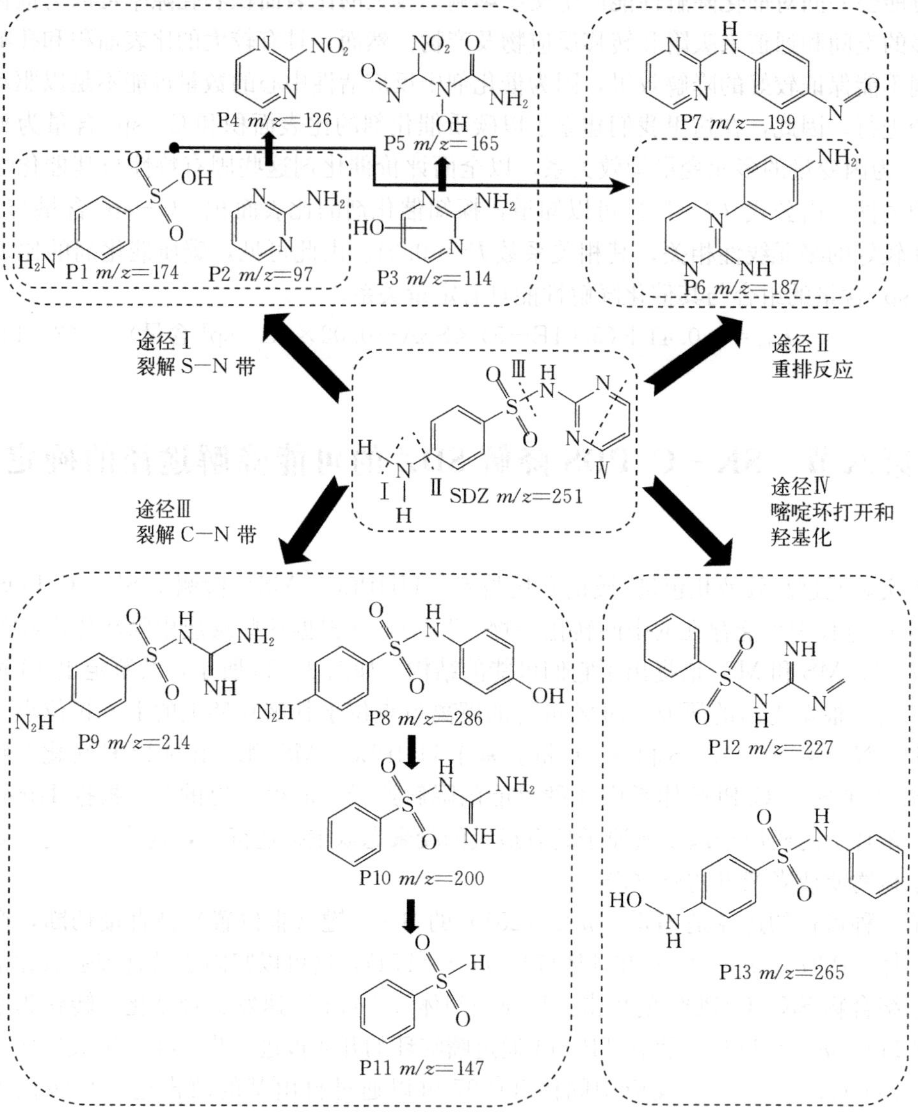

图 3-23　SK-C/PDS 体系降解 SDZ 时可能存在的降解途径

与此同时，本书利用 ECOSAR 计算了 SDZ 以及其降解过程中不同的转化产物对于 3 种营养水生生物（鱼、水蚤和绿藻）的潜在生态毒性。如图 3-24 和表 3-2 所示，根据全球化学品分类和标签协调系统的分类，SDZ 对水蚤的毒性为极毒，慢性毒性值为 0.15 mg/L。与原始 SDZ 相比，所产生的大多数转化产物在急性和慢性毒性方面均表现出较小的毒性或者无害。虽然中间转化产物 TP 97 对水蚤的毒性比 SDZ 大，但其转化产物 TP 126 对所有物种的毒性都要小得多。同样，转化产物 TP 187 比原始 SDZ 分子具有更强的毒性，但其转化产物 TP 199 对水生生物的危害最小。并且最终这些转化产物会在活性氧存在的条件下被矿化为二氧化碳和水。

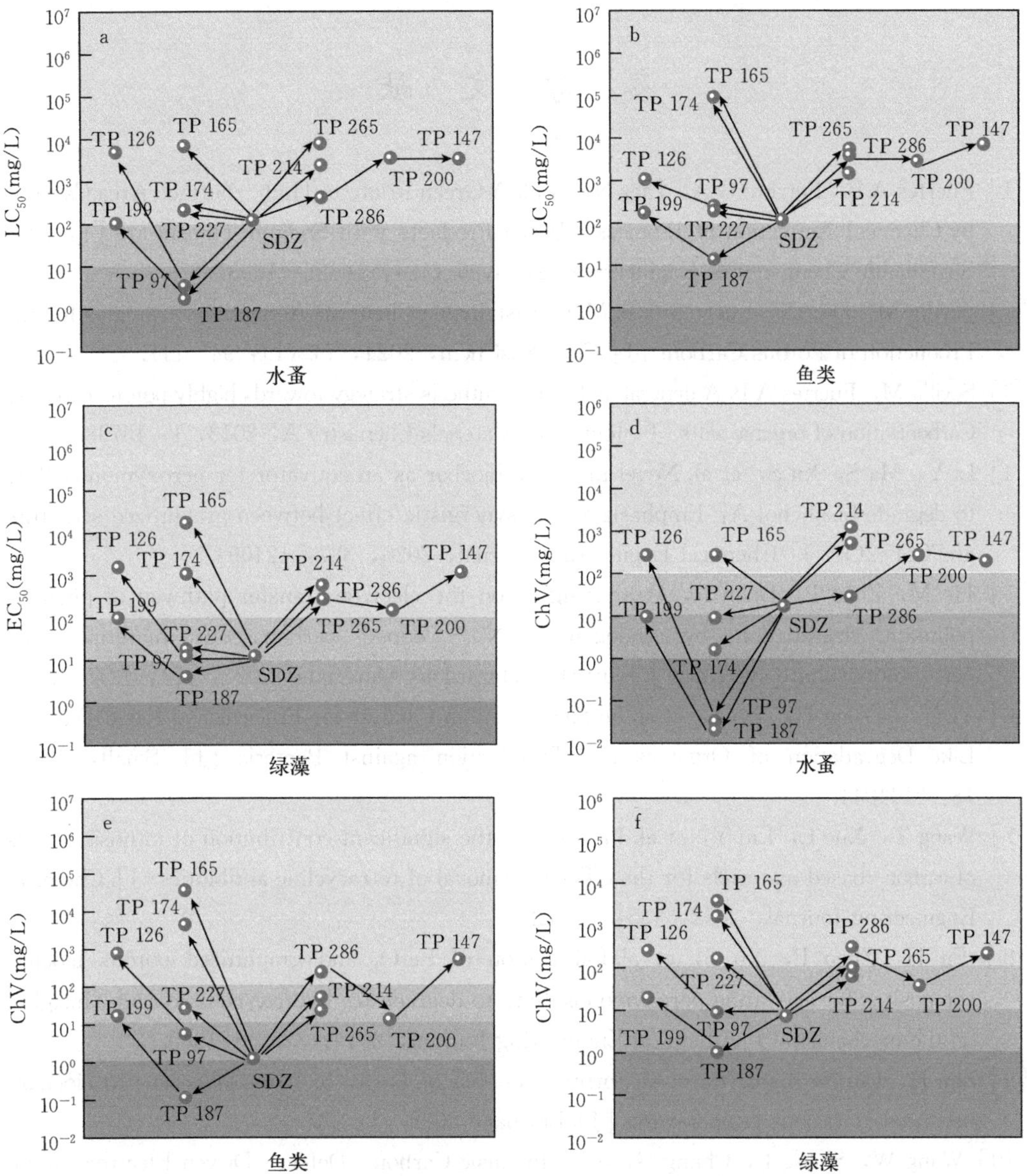

图 3-24　SK-C/PDS 体系中 SDZ 及其中间转化产物的 ECOSAR 生态毒性估算（LC_{50} 为半致死浓度，EC_{50} 为半有效浓度，ChV 为慢性毒性）

表 3-2　基于全球化学品分类和标签制度的毒性分类

毒性范围（mg/L）	级别
$\eta \leqslant 1$	剧毒
$1 < \eta \leqslant 10$	有毒
$10 < \eta \leqslant 100$	有害
$\eta > 100$	无害

注：η 表示每升水体毒性物质致死含量。

参 考 文 献

[1] Fuertes A B, Ferrero G A, Diez N, et al. A Green Route to High - Surface Area Carbons by Chemical Activation of Biomass - Based Products with Sodium Thiosulfate [J]. ACS Sustainable Chemistry & Engineering, 2018, 6 (12): 16323 - 16331.

[2] Sevilla M, Díez N, Fuertes A B. More Sustainable Chemical Activation Strategies for the Production of Porous Carbons [J]. ChemSusChem, 2021, 14 (1): 94 - 117.

[3] Sevilla M, Fuertes A B. A general and facile synthesis strategy towards highly porous carbons: Carbonization of organic salts [J]. Journal of Materials Chemistry A, 2013, 1: 13738.

[4] Li Y, Ma S, Xu S, et al. Novel magnetic biochar as an activator for peroxymonosulfate to degrade bisphenol A: Emphasizing the synergistic effect between graphitized structure and CoFe2O4 [J]. Chemical Engineering Journal, 2020, 387: 124094.

[5] He M, Zhao P, Duan R, et al. Insights on the electron transfer pathway of phenolic pollutant degradation by endogenous N - doped carbonaceous materials and peroxymonosulfate system [J]. Journal of Hazardous Materials, 2022, 424: 127568.

[6] Yang L, Yang H, Yin S, et al. Fe Single - Atom Catalyst for Efficient and Rapid Fenton - Like Degradation of Organics and Disinfection against Bacteria [J]. Small, 2022, 18: 2104941.

[7] Wang T, Xue L, Liu Y, et al. Insight into the significant contribution of intrinsic defects of carbon-based materials for the efficient removal of tetracycline antibiotics [J]. Chemical Engineering Journal, 2022, 435: 134822.

[8] Fu H, Zhao P, Xu S, et al. Fabrication of Fe_3O_4 and graphitized porous biochar composites for activating peroxymonosulfate to degrade p - hydroxybenzoic acid: Insights on the mechanism [J]. Chemical Engineering Journal, 2019, 375: 121980.

[9] Zhu H, Liu X, Jiang Y, et al. Sorption kinetics of 1, 3, 5 - trinitrobenzene to biochars produced at various temperatures [J]. Biochar, 2022, 4: 32.

[10] Wang W, Shang L, Chang G, et al. Intrinsic Carbon - Defect - Driven Electrocatalytic Reduction of Carbon Dioxide [J]. Advanced Materials, 2019, 31 (19): 1808276.

[11] Zhang B, Li X, Akiyama K. Elucidating the Mechanistic Origin of a Spin State - Dependent Fe—N x—C Catalyst toward Organic Contaminant Oxidation via Peroxymonosulfate Activation [J]. Environmental Science & Technology, 2022, 56 (2): 1321 - 1330.

[12] Jian Z, Luo W, Ji X. Carbon Electrodes for K - Ion Batteries [J]. Journal of the American Chemical Society, 2015, 137 (36): 11566.

[13] Raymundo - Piñero E, Azaïs P, Cacciaguerra T, et al. KOH and NaOH activation mechanisms of multiwalled carbon nanotubes with different structural organisation [J], Carbon, 2005, 43 (4): 786 - 795.

[14] Wang J, Hou K P, Wen Y, et al. Interlayer Structure Manipulation of Iron Oxychloride by Potassium Cation Intercalation to Steer H_2O_2 Activation Pathway [J]. Journal of the American Chemical Society, 2022, 144 (10): 4294-4299.

[15] Ren W, Xiong L, Yuan X, et al. Activation of Peroxydisulfate on Carbon Nanotubes: Electron Transfer Mechanism [J]. Environmental Science and Technology, 2019, 53 (24): 14595-14603.

[16] Zhu K, Wang X, Geng M, et al. Catalytic oxidation of clofibric acid by peroxydisulfate activated with wood - based biochar: Effect of biochar pyrolysis temperature, performance and mechanism [J]. Chemical Engineering Journal, 2019, 374: 1253-1263.

[17] Tang X, Ma S, Xu S, et al. Effects of different pretreatment strategies during porous carbonaceous materials fabrication on their peroxydisulfate activation for organic pollutant degradation: Focus on mechanism [J]. Chemical Engineering Journal, 2023, 451: 138576.

[18] Li W, Liu B, Wang Z, et al. Efficient activation of peroxydisulfate (PDS) by rice straw biochar modified by copper oxide (RSBC-CuO) for the degradation of phenacetin (PNT) [J]. Chemical Engineering Journal, 2020, 395 (3-4): 125094.

[19] Guan C, Jiang J, Pang S, et al. Oxidation Kinetics of Bromophenols by Nonradical Activation of Peroxydisulfate in the Presence of Carbon Nanotube and Formation of Brominated Polymeric Products [J]. Environmental Science & Technology, 2017, 51 (18): 10718-10728.

[20] Sun F, Chen T, Chu Z, et al. The synergistic effect of calcite and Cu^{2+} on the degradation of sulfadiazine via PDS activation: A role of Cu (Ⅲ) [J]. Water research: A journal of the international water association, 2022, 219: 118529.

[21] Ren W, Xiong L, Yuan X, et al. Activation of Peroxydisulfate on Carbon Nanotubes: Electron Transfer Mechanism [J]. Environmental Science and Technology, 2019, 53 (24): 14595-14603.

[22] Liang J, Duan X, Xu X, et al. Persulfate Oxidation of Sulfamethoxazole by Magnetic Iron-Char Composites via Nonradical Pathways: Fe (Ⅳ) Versus Surface-Mediated Electron Transfer [J]. Environmental Science & Technology, 2021, 55 (14): 10077-10086.

[23] Wu L, Lin Q, Fu H, et al. Role of sulfide - modified nanoscale zero - valent iron on carbon nanotubes in nonradical activation of peroxydisulfate [J]. Journal of Hazardous Materials, 2021, 422: 126949.

[24] Zhai P, Liu H, Sun F, et al. Carbonization of methylene blue adsorbed on palygorskite for activating peroxydisulfate to degrade bisphenol A: An electron transfer mechanism [J]. Applied Clay Science, 2016, 216: 106327.

第四章

壳聚糖基生物炭活化过一硫酸盐降解对羟基苯甲酸的效能和机制

第一节 研究意义

随着工农业的快速发展以及现代化建设的不断加快，各种有机化合物被应用于人类生活的方方面面。有机化合物在生产、使用以及运输过程中不可避免地会进入环境中，对水环境以及人类健康存在着重大威胁。对羟基苯甲酸（hydroxy benzoic acid，HBA）作为一种常用的有机化合物主要应用于各种精细化工产品的生产。其进入水体后会导致水体酸化、水生生物的组成结构发生变化、有机物的分解率降低，严重时可能会导致湖泊、河流中鱼类减少或死亡。HBA 毒性较强且难以降解。在众多有机废水处理技术中，基于过硫酸盐的高级氧化技术被认为是最能高效降解有机污染物的方法。相比于光催化、电催化、声催化、热催化这些高耗能的活化 PMS 的方法，催化剂活化以价格低廉、操作简单受到了越来越多的关注。基于过渡金属（Co^{2+}、Fe^{2+}、Mn^{2+}、Ni^{2+}、Cu^{2+}）的活化剂已经被证明可以打破过硫酸盐中的 O—O 键，导致高活性反应物种的形成，在有机污染物降解过程中表现出卓越的活化性能。但在高氧化还原条件下，过渡金属的泄漏会对水环境造成二次污染。

近年来，无金属的碳材料由于易于获得、易于功能化、环境友好，已经成为活化过硫酸盐有前景的替代品。原始的碳材料具有有限的催化活性，氮掺杂可以打破原有碳网络的电子惰性，是有效提高碳材料催化活性的改性手段之一。但目前氮掺杂碳基材料的制备通常是先将外源氮前体（如尿素、三聚氰胺和硫脲）与碳前体混合，然后进行高温热解。此种制备过程烦琐并存在堵塞管式炉系统的风险，且制备的材料活化 PMS 的性能不佳。因此，优化氮掺杂活化剂的制备过程以及提高氮掺杂活化剂的氧化活性有待进一步研究。此外，根据以往的研究发现，在 PMS/壳聚糖基活化剂体系中，$^1O_2$ 是主要的活性物质。但由于表征手段以及化学淬灭实验的缺陷，$^1O_2$ 在有机污染物降解过程中的作用饱受争议。因此，PMS/壳聚糖基活化剂体系的降解机制有待进一步探讨。

第二节 研究内容与技术路线

本章利用价格低廉、含氮量高、易于获取的壳聚糖作为前体，以碳酸氢钾作为造孔剂。在不同温度下（650 ℃、700 ℃、750 ℃、800 ℃、850 ℃）热解制备了一系列分级多孔氮掺杂生物炭材料，并利用其活化 PMS 降解 HBA。利用扫描电子显微镜（SEM）、透射电子显微镜（TEM）、比表面积仪（BET）、热重分析仪（TGA）、X 射线衍射仪（XRD）以及 X 射线光电子能谱（XPS）等对材料的形貌结构、孔径分布、物理化学性质进行了表征。通过降解实验，探究了材料浓度、污染浓度、PMS 剂量以及共存离子、腐殖酸对多孔生物炭活化 PMS 降解 HBA 的影响。通过化学淬灭实验、电子顺磁共振（EPR）、电化学探究了多孔生物炭活化 PMS 的机制。本研究为壳聚糖的资源化利用以及电子传递介导的 PMS 活化机制的研究提供了新见解。具体技术路线如图 4－1 所示。

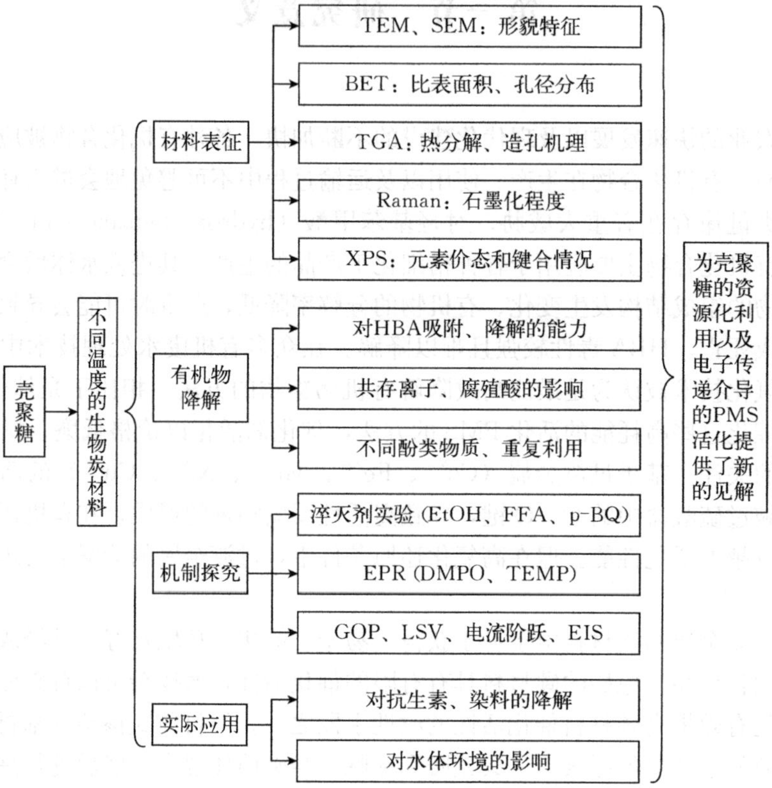

图 4－1　技术路线

第三节　催化剂物理化学性质表征结果与分析

一、基于壳聚糖多孔生物炭 SEM 和 TEM 表征结果

为了了解合成的生物炭材料的形貌结果，对其进行了 SEM 和 TEM 表征，结果如图 4－2 和图 4－3 所示。从图 4－2a～f 扫描电镜图像中可以看出，所有的生物炭都具有明显的相互连接的多孔三维碳结构，孔隙直径在几百到几十纳米之间变化[1]。可以明显看出，随着热解温度从 650 ℃升高到 850 ℃，生物炭材料的孔径面积以及孔径数量增加，材料的粗糙程度增加。从图 4－3a～e 的透射电镜图像中可以看出，基于壳聚糖的多孔生物炭具有明显的介孔和微孔结构。对于 PC650 来说，几层扁平的多孔碳片的堆叠形成了其碳构架。随着制备温度的升高，孔隙数量逐渐增多，整体结构厚度明显降低，孔径边缘发生断裂并产生皱缩[2]。这是由于随着热解温度的升高，碳酸氢钾的造孔能力逐渐增强，导致制备的多孔生物炭的比表面积增大、孔径数量增多、结构紊乱以及缺陷增多。从 PC800

广角环形暗场扫描透射电子显微镜图像（图 4-3f）可以更加清晰地看到，PC800 具有分级多孔结构。从图 4-3g～i 的元素分布图形中可以看出，C、N、O 均匀地分布在碳构架的表面。这可能归因于在壳聚糖分子式主链的两端分别均匀地分布着大量羟基和氨基。

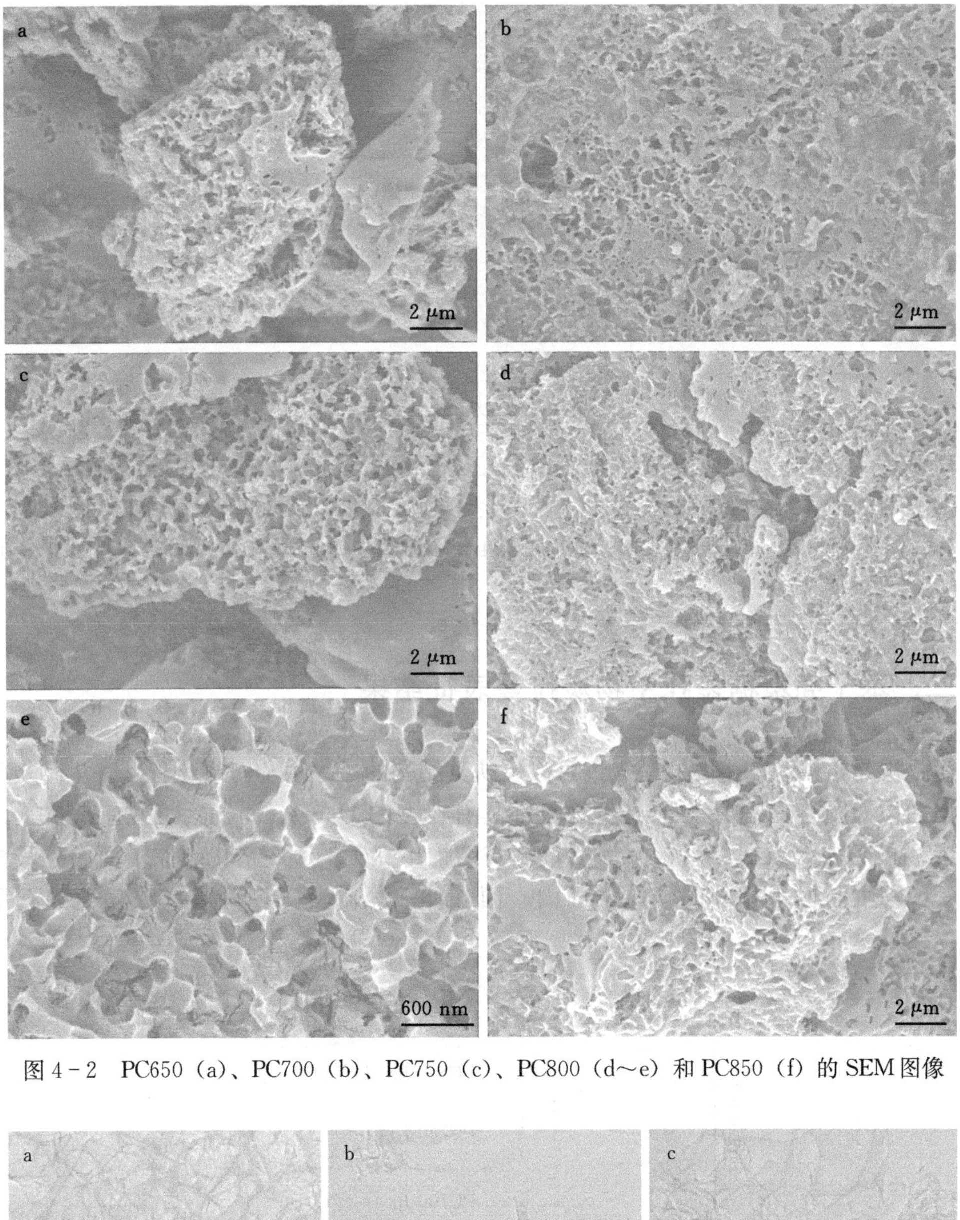

图 4-2　PC650（a）、PC700（b）、PC750（c）、PC800（d～e）和 PC850（f）的 SEM 图像

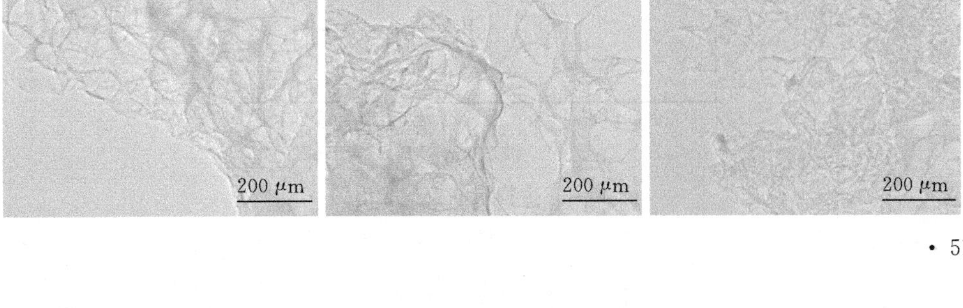

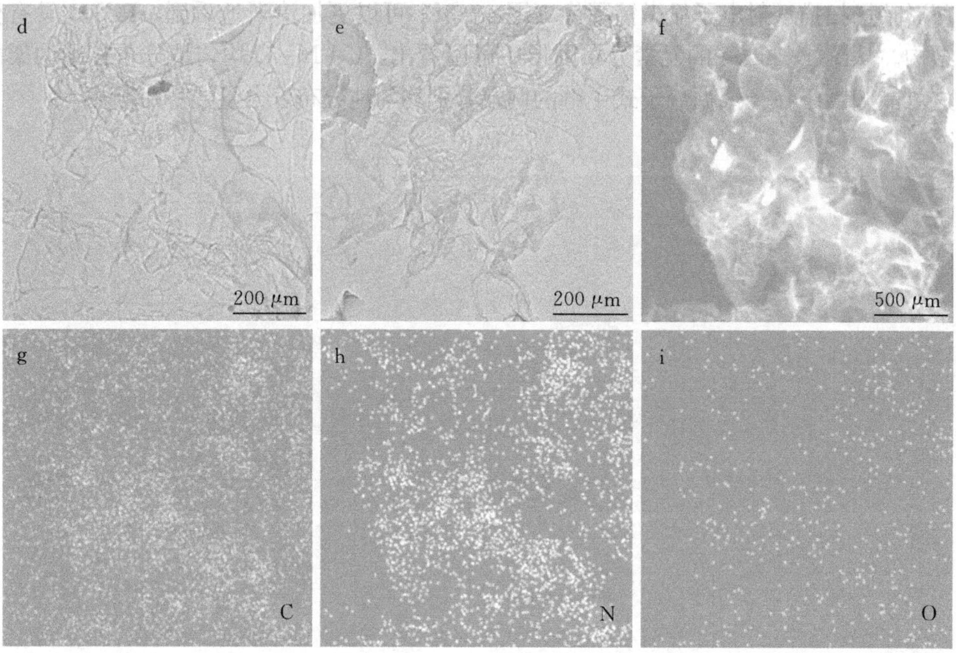

图 4-3　PC650（a）、PC700（b）、PC750（c）、PC800（d）和 PC850（e）的 TEM 图像以及 PC800（f）的广角环形暗场扫描透射电子显微镜图像和 PC800（g～i）EDS 元素分布图像

二、基于壳聚糖多孔生物炭拉曼表征结果

生物炭晶格振动产生的拉曼光谱可以反映其结构的无序性和石墨化程度，生物炭的拉曼光谱图像如图 4-4 所示，所有生物炭都具有典型的 D 峰（峰位置大致在 1 350 cm^{-1}）和 G 峰（峰位置大致在 1 580 cm^{-1}），D 峰与结构不完美的 sp^2 杂化碳原子面内呼吸模式有关。G 峰则与两个相邻的碳原子面内、面外伸缩振动有关，可以反映完美的石墨晶

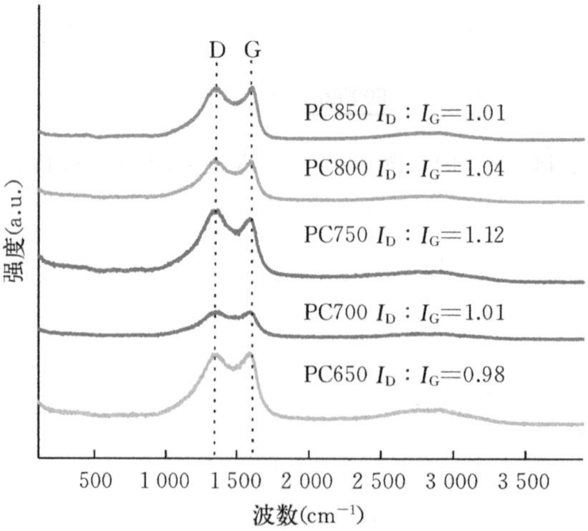

图 4-4　生物炭的拉曼光谱图

体[3]。D 峰和 G 峰的强度比（I_D/I_G）可以反映出生物炭的结晶度及缺陷程度[4]。PC650、PC700、PC750、PC800 和 PC850 的 I_D/I_G 分别为 0.98、1.01、1.12、1.04 和 1.01。随着热解温度从 650 ℃升高至 750 ℃，生物炭的 I_D/I_G 逐渐增大，这可能是由于在高温下碳酸氢钾的造孔作用增强，产生了更多的缺陷，如锯齿形/扶手椅形边缘和空位[5]。然而，随着热解温度进一步升高至 800 ℃或 850 ℃，生物炭的 I_D/I_G 逐渐下降。在较高温度下，碳材料主要经历两个过程即原子重排导致的碳骨架修复以及造孔剂的造孔作用导致无序性增加。当碳骨架修复作用大于造孔剂的造孔能力时，导致生物炭的无序性下降，石墨化程度增加，I_D/I_G 下降[6]。

三、基于壳聚糖多孔生物炭 X 射线衍射表征结果

为了探究材料的晶体结构对制备的生物炭材料进行了 XRD 表征。如图 4－5 所示，所有的生物炭样品都有两个宽峰，峰位置在 20°～25°和 44.3°左右。其中前者代表材料中的无定型碳，而后者代表材料中的石墨化碳[5]。随着热解温度从 650 ℃升高至 850 ℃，无定型碳的特征峰强度逐渐降低，相反地，石墨碳的特征峰强度逐渐增强。这表明在较高温度下无定型碳可以向石墨碳转化。随着热解温度的升高，位置在 44.3°左右的宽峰向左发生了移动，发生这种现象可能是由于在高温热解情况下含氧官能团发生分解以及生物炭中石墨氮含量增加所致[7]。

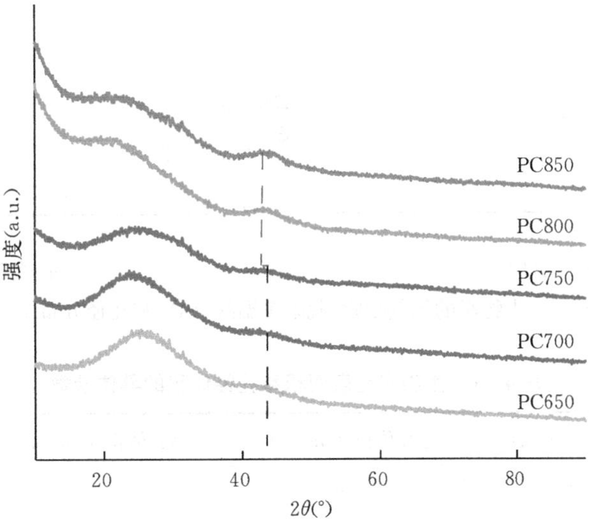

图 4－5　生物炭的 XRD 光谱图

四、基于壳聚糖多孔生物炭比表面积以及孔径分布表征结果

通过氮气吸附-解吸方法测定了生物炭材料的比表面积、孔体积以及孔径分布。具体的结果如图 4－6 和表 4－1 所示。从表 4－1 可以看出，不同温度下制备的多孔生物炭的比表面积和总孔体积变化范围分别为 207.99～2 172.8 m^2/g 和 0.398 4～1.025 4 cm^3/g，

且随着热解温度的升高，生物炭材料的比表面积以及孔体积逐渐增加。然而，值得注意的是，PC650 拥有最小的比表面积和孔体积，与 700 ℃以上制备的材料相比，不在同一个数量级，造成这一现象的原因在下文 TGA 表征中做出了具体解释。从图 4-6 可以看出，所有的氮气吸附-解吸等温线均为典型的混合型Ⅰ/Ⅳ等温线，制备的生物炭材料的孔主要由微孔和介孔组成[8-9]。等温线开始时的上升速率反映了微孔体积的大小，从小到大的顺序依次为 PC650＜PC700＜PC750＜PC800＜PC850。随着合成温度的升高，氮气吸收在 0.1～0.9 的相对压力范围内明显增强，标志着孔隙结构由微孔向介孔转变。此外，在相对压力＞0.4 时，这些生物炭的氮气回滞带逐渐变宽，表明在高温下碳酸氢钾可以诱导产生更多的介孔。所有生物炭的 H2-型回滞环都属于 H4-型回滞环，没有明显的饱和吸附平台表明生物炭的孔隙结构为不规则的窄缝状孔隙。通过非定域密度泛函理论计算得到了孔径分布结果，制备的生物炭材料拥有两种孔径体系，包括直径集中在 0.6 nm 左右狭窄的微孔以及直径大于 0.1 nm 的大孔。从图 4-6b 中可以看出，随着热解温度的升高，大孔孔隙的数量明显增加。总体来说，热解温度对生物炭的整体结构有显著影响，高温有利于材料的比表面积、总孔体积、微孔体积和介孔体积的增大，其中 PC850 的比表面积、总孔体积、微孔体积和介孔体积最大。

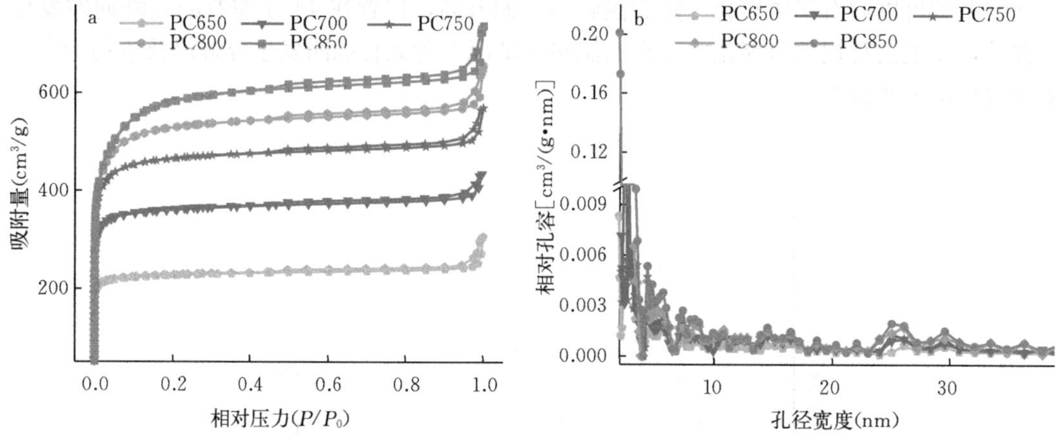

图 4-6 生物炭的氮气吸附-脱附等温线（a）和孔径分布图（b）

表 4-1 生物炭比表面积和孔径体积的具体参数

样品	比表面积（m^2/g）	总孔体积（cm^3/g）	微孔体积（cm^3/g）	介孔体积（cm^3/g）
PC650	207.99	0.398 4	0.352 4	0.046 0
PC700	1 441.5	0.636 3	0.561 1	0.075 2
PC750	1 844.7	0.815 8	0.728 4	0.087 4
PC800	2 081.0	0.915 4	0.832 9	0.082 5
PC850	2 172.8	1.025 4	0.911 7	0.113 7

五、基于壳聚糖多孔生物炭热重分析表征结果

对壳聚糖、碳酸氢钾以及壳聚糖/碳酸氢钾混合物进行了热重分析（TGA）和差热重

分析（DTG）表征，以揭示生物炭前体的热解行为和造孔机制。如图4-7所示，对于壳聚糖，在100℃以下物质的失重归因于水的蒸发，当温度为230～510℃时，质量的迅速减轻归因于壳聚糖的碳化。正如碳酸氢钾的TGA曲线所示，当热解温度达到200℃时，曲线有一个明显的峰，这是由于在150～210℃下，碳酸氢钾分解为碳酸钾、二氧化碳和水。二氧化碳和水以气体的形式挥发导致物质质量的下降[10]。对于壳聚糖/碳酸氢钾混合物，DTG曲线在大约50℃时的峰归因于水的蒸发导致的物质损失，而在150℃时的物质损失峰归因于碳酸氢钾的分解。与之前的报道类似，混合物中物质损失所需的温度低于纯壳聚糖和碳酸氢钾物质损失所需温度[6]。在混合物的TGA曲线上可以观察到，在230℃和280℃处有两个相邻的物质损失峰，这归因于壳聚糖的碳化以及碳酸氢钾对碳化的壳聚糖的活化。随着温度上升至700℃，碳酸钾逐渐熔融为液态。液态碳酸钾对碳化壳聚糖的浸渍加速了固体C到CO的氧化腐蚀，从而导致多孔碳骨架的形成。这些现象充分解释了为什么PC700的比表面积和总孔体积显著高于PC650。随着温度从700℃上升到900℃，碳酸钾的熔化速率逐渐加快。因此，固体C的损失在860℃左右达到最大，这也揭示了PC850具有最大比表面积和孔体积的原因。

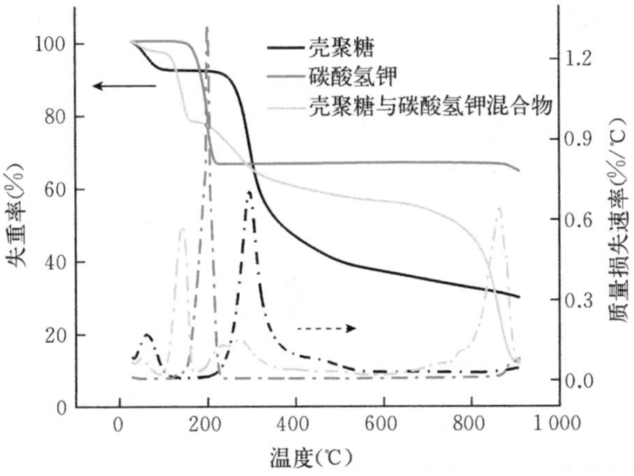

图4-7　壳聚糖、碳酸氢钾和壳聚糖/碳酸氢钾混合物的TGA和DTG图

注：测试时，升温速率为5℃/min，气氛为氮气。

六、基于壳聚糖多孔生物炭X射线光电子能谱表征结果

对制备的生物炭进行了XPS表征以探究生物炭的元素组成，具体结果如表4-2和图4-8所示。从表4-2可以看出，PC650、PC700、PC750、PC800和PC850的O/C分别为0.244、0.186、0.183、0.165和0.140，表明热解温度的升高会导致生物炭中含氧官能团损失量增加[11]。随着热解温度从650℃升高至850℃，生物炭中N/C也逐渐下降，这是由于C—N键在较高的温度下更容易发生断裂，加快了N的挥发。由于一直有报道称N物种在PMS活化过程中起着重要作用[12-13]，因此，这里对高分辨率N 1s XPS光谱进行了研究。如图4-8所示，所有生物炭的N 1s峰都可以分解为4种N键合构型，分别是结合能为398.6 eV的结合吡啶N，结合能为400.3 eV的吡咯N，结合能为401.6 eV的

石墨 N 以及结合能为 403.6 eV 的氧化 N[14]。随着热解温度从 650 ℃升高到 850 ℃，生物炭碳骨架中石墨 N 的含量从 0.564 at% 增加到 0.703 at%。结合吡啶 N 和吡咯 N 含量随温度变化的趋势可以得出结论：结合吡啶 N 在高温下倾向于转化为热稳定性更高的石墨 N。据报道，氧化 N 不具备活化 PMS 的性能[15]。在其余 3 种 N 物种中，石墨 N 具有最高的电负性，更容易导致碳骨架中的电子重排以促进 PMS 活化。

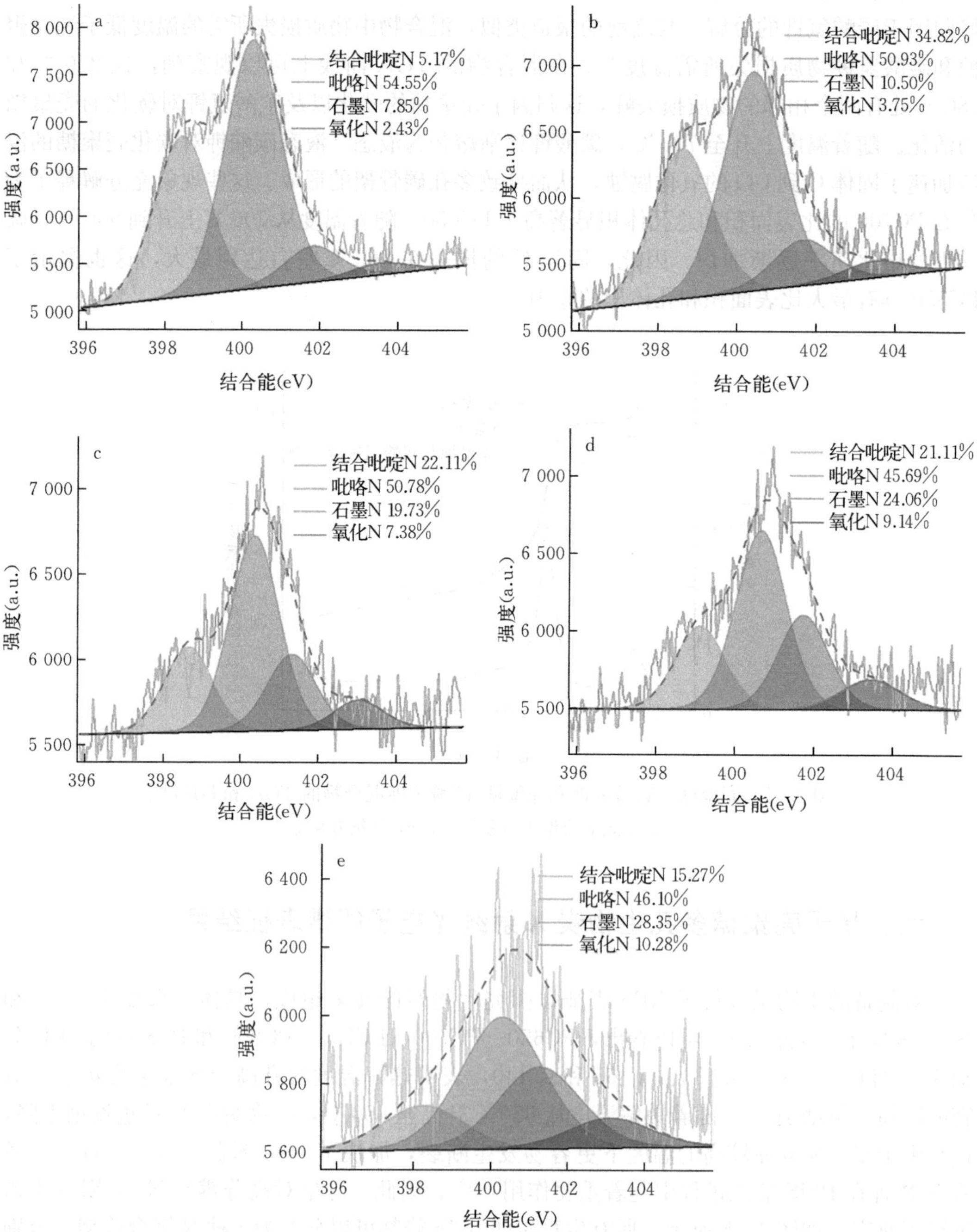

图 4－8　生物炭的 N 1s XPS 能谱图

表 4-2　生物炭中各种元素含量及其比例

元素	PC650	PC700	PC750	PC800	PC850
C (at%)	74.60	79.98	81.61	83.35	85.57
O (at%)	18.21	14.77	14.95	13.74	11.95
N (at%)	7.19	5.87	3.44	2.91	2.48
N/C	0.096	0.073	0.042	0.035	0.029
O/C	0.244	0.186	0.183	0.165	0.140

第四节　生物炭/PMS 氧化体系对有机污染物的去除

一、生物炭/PMS 氧化体系对 HBA 的降解与吸附

选取 HBA 作为有机污染物的模型以评估各种生物炭对 PMS 活化的能力。如图 4-9b 所示，在 30 min 内，单独 PMS 对 HBA 的去除率仅为 2.34%，几乎可以忽略不计。如图 4-9 b 所呈现的，未经碳酸氢钾活化的生物炭活化 PMS 去除 HBA 的能力极差。多孔生物炭对 HBA 表现出较差的吸附效率，吸附效率的变化范围为 0.45%～8.23%。上述吸附体系的溶液 pH 约为 5，而 PMS 存在时即降解系统的溶液 pH 较低，约为 3。因此，在 pH 为 3 时，PC 对 HBA 的吸附效果应该被研究。结果如图 4-9a 所示，在较低的 pH 下，PC 对 HBA 表现出稍有提高的吸附效率，吸附效率的变化范围为 12.88%～20.46%。在 PMS 和 PC 共存的条件下，当合成生物炭的热解温度低于 800 ℃时，HBA 的降解效果随着热解温度的增加而明显提升。但进一步将热解温度从 800 ℃升高到 850 ℃，多孔生物炭的催化活性表现出非常有限的增加。与 PC650/PMS 体系相比，在 PC800/PMS 体系中，HBA 降解速率的拟一阶动力学常数提高了 9.5 倍以上（图 4-9d）。这些结果表明，将热解温度从 650 ℃升高至 800 ℃可以显著改善 PC 的氧化活性，但进一步提高合成温度至 850 ℃后，活化效果没有明显增加。因此，我们选择 PC800 作为最佳材料，用于最佳反应条件以及机制的探究。

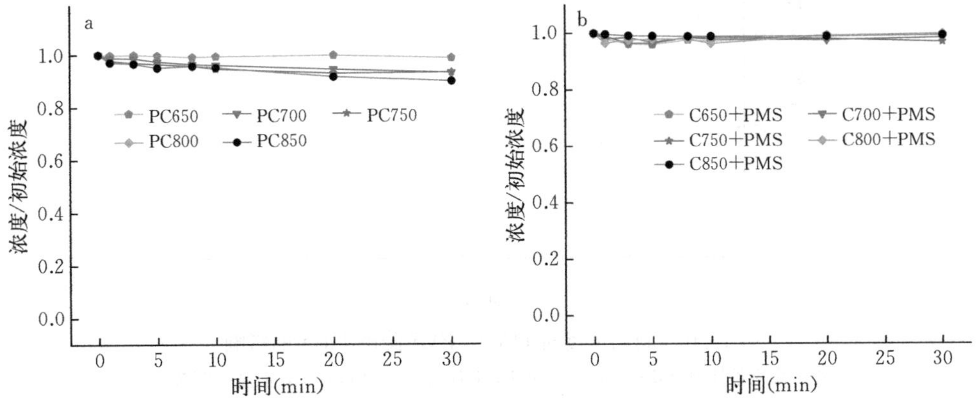

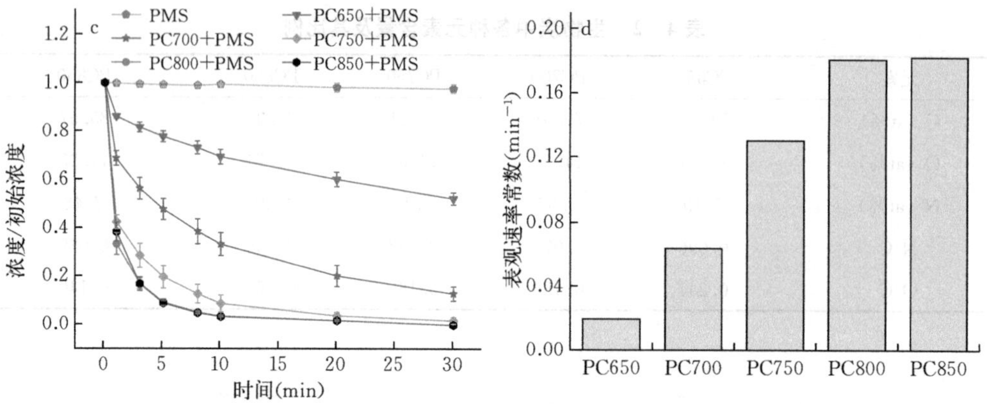

图 4-9 生物对 HBA 的吸附效率（a）、生物炭（未经碳酸氢钾活化）/PMS 体系对 HBA 的去除率（b）、PMS 或 PMS/生物炭对 HBA 的去除率（c）以及生物炭/PMS 体系去除 HBA 拟一阶动力学常数（d）

注：反应条件为 PMS 浓度=0.4 g/L，活化剂浓度=0.1 g/L，HBA 浓度=10 mg/L，温度=25 ℃。

二、材料浓度对氧化降解的影响

为了研究 PC800 添加量对氧化降解的影响，设置 4 组不同浓度的 PC800（0.025 g/L、0.05 g/L、0.1 g/L 和 0.2 g/L）进行催化降解实验。如图 4-10 所示，随着 PC800 的初始浓度从 0.025 g/L 增加到 0.1 g/L，在 30 min 内，HBA 的去除率从 62.74%增加到 100%。进一步将 PC800 的初始浓度增加到 0.2 g/L，可以发现在最初 10 min 内，HBA 被快速地去除，但随着反应的持续进行 HBA 浓度又不断升高。这可能是因为在反应开始的阶段，HBA 的去向可以分为两个：一个是 HBA 被反应氧物种降解，另一个是 HBA 被吸附在 PC800 的表面产生被降解的假象。在高氧化还原条件下，吸附在 PC800 上的 HBA 脱附到反应溶液中，导致 HBA 浓度的升高[8]。

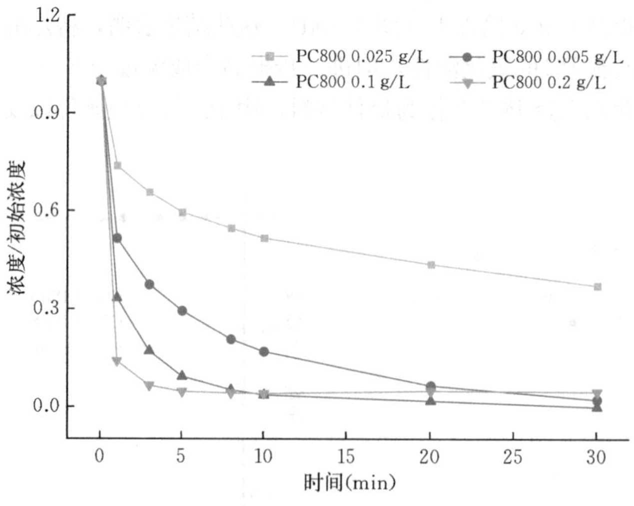

图 4-10 材料浓度对 PC800/PMS 降解 HBA 的影响

注：反应条件为 PMS 浓度=0.4 g/L，HBA 浓度=10 mg/L，温度=25 ℃。

三、HBA浓度对氧化降解的影响

如图4-11所示，当HBA的初始浓度从5 mg/L增加至10 mg/L时，将其完全去除所需要的时间从10 min延长至30 min。进一步将HBA的初始浓度提高至15 mg/L或者20 mg/L时，在30 min内，HBA的去除率分别为98.74%和98.65%，说明污染物浓度越高，将其完全降解所需的活性物质越多，反应时间越长。

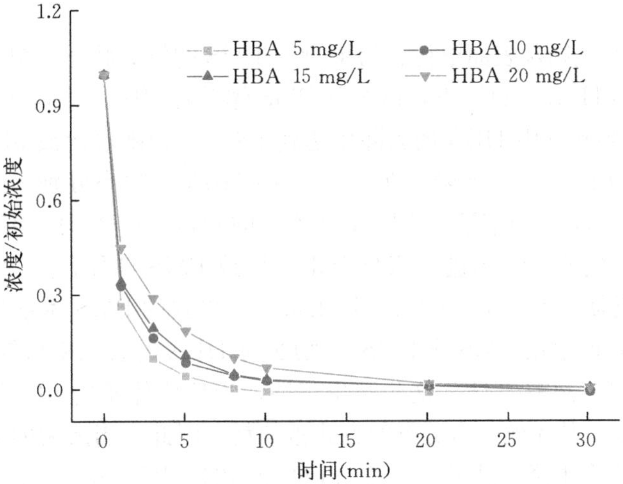

图4-11　HBA浓度对PC800/PMS降解HBA的影响

注：反应条件为PMS浓度=0.4 g/L，PC800浓度=0.1 g/L，温度=25 ℃。

四、PMS浓度对氧化降解的影响

图4-12为不同浓度的PMS添加量（0.1 g/L、0.2 g/L、0.4 g/L和0.6 g/L）对

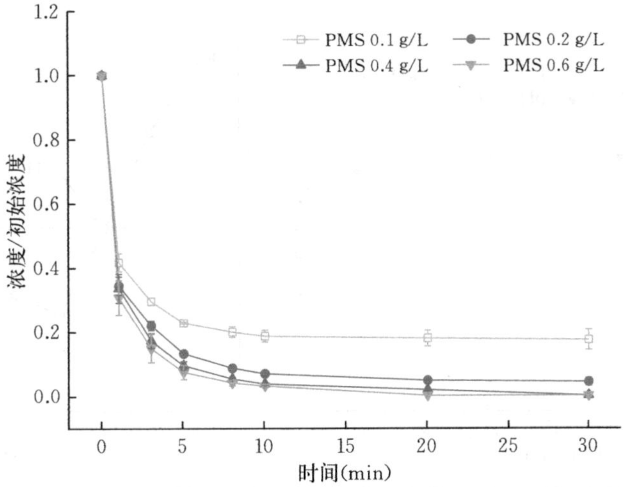

图4-12　PMS浓度对PC800/PMS降解HBA的影响

注：反应条件为PC800浓度=0.1 g/L，HBA浓度=10 mg/L，温度=25 ℃。

HBA 降解影响的示意图。当 PMS 的初始浓度为 0.1 g/L、0.2 g/L 和 0.4 g/L 时，在 30 min 内，在 PC800/PMS 体系中 HBA 的去除率分别为 82.63%、95.74%、100%。即随着 PMS 初始浓度的逐渐增加，HBA 的去除率逐渐增加，这可能是由于高浓度的 PMS 有助于增加 PMS 和 PC800 之间的相互作用，导致 HBA 的快速去除[9]。进一步增加 PMS 的初始浓度至 0.6 g/L，HBA 的去除率增加得微不足道。

五、溶液 pH 对氧化降解的影响

由于溶液 pH 对生物炭表面电荷、污染物和 PMS 的解离状态有显著的影响，本研究测定了在不同溶液 pH（3～11）下，PC800/PMS 体系对 HBA 的氧化降解的效率。当 pH 从 3 提高到 5 时，30 min 内 HBA 的去除率达到 100%。但随着溶液 pH 继续增加到 7、9 和 11 时，HBA 的去除率明显下降，在 30 min 内 HBA 去除率分别为 88.60%、77.83% 和 26.07%（图 4-13a）。当溶液 pH 超过 HSO_5^- 的 pKa（9.3）时，溶液中会存在大量的 SO_5^{2-}，可对 HSO_5^- 的 O—O 键进行亲核攻击，导致 PMS 自分解产生 $^1O_2$。然而，$^1O_2$ 对 HBA 的降解没有贡献。由电子顺磁共振结果可知，单独的 PMS 体系和 PMS/HBA 系统产生的 $^1O_2$ 量相同，而根据 PMS 或 PMS/生物炭对 HBA 的去除率可知，单独 PMS 处理对 HBA 降解效果可以忽略不计。这些结果表明，当反应体系的 pH 大于 HSO_5^- 的 pKa 时，更多的 PMS 以一种无效的自分解的方式被消耗。因此，当溶液的 pH 从 9 上升到 11 时 HBA 的降解效率会下降。此外，溶液的 pH 会影响 HBA（pKa=4.48）在反应体系中的存在形式以及生物炭的表面电荷。使用激光粒度仪对不同 pH 下多孔生物炭的 Zeta 电位进行了测定。结果如图 4-13b 所示，多孔生物炭的 Zeta 电位随溶液 pH 的升高而降低，PC800 的等电点为 4。当降解体系的 pH 为 3 时，由于静电吸引，以羧酸为主的中性 HBA 分子极易被吸附于带正电的生物炭表面。而当降解体系的 pH 为 5 时，即溶液 pH 大于 HBA 的 pKa 以及 PC800 的等电点时，带负电荷的生物炭由于静电的排斥作用，阻止了阴离子态 HBA 在 PC800 表面的吸附，从而导致降解速率减慢[16]。

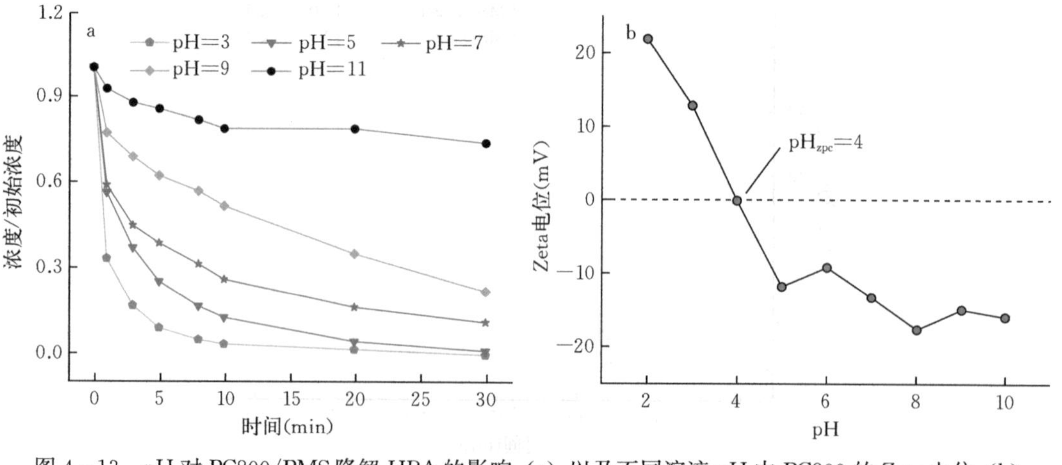

图 4-13 pH 对 PC800/PMS 降解 HBA 的影响（a）以及不同溶液 pH 中 PC800 的 Zeta 电位（b）

注：反应条件为 PMS 浓度=0.4 g/L，PC800 浓度=0.1 g/L，HBA 浓度=10 mg/L，温度=25 ℃。

六、水中共存离子以及天然有机物对氧化降解的影响

实际水环境中广泛存在各种阴离子和天然有机污染物，可能会对材料活化 PMS 能力有重要影响。在本研究中，3 种常见的阴离子（Cl^-、NO_3^-、$H_2PO_4^-$）和腐殖酸（HA）被选择作为实际水环境中广泛存在的共存杂质，研究了其对 PC800/PMS 体系氧化降解 HBA 的影响。从图 4 - 14 中可以看出，不同浓度的 Cl^-、NO_3^-、$H_2PO_4^-$ 和 HA 对 HBA 在 PC800/PMS 系统中的氧化降解影响不显著。这些结果表明，PC800 具有较强的抵抗典型阴离子和天然有机物干扰的能力。根据以往的报道，在实际水处理过程中，自由基主导的高级氧化过程降解有机污染物的效率会受无机离子和天然有机物的影响。因为它们作为具有高氧化活性的自由基的淬灭剂可能会与自由基反应产生毒性更强的有机污染[17]。因此我们初步推测，在本研究中，PC800/PMS 系统降解 HBA 过程中存在电子转移途径。

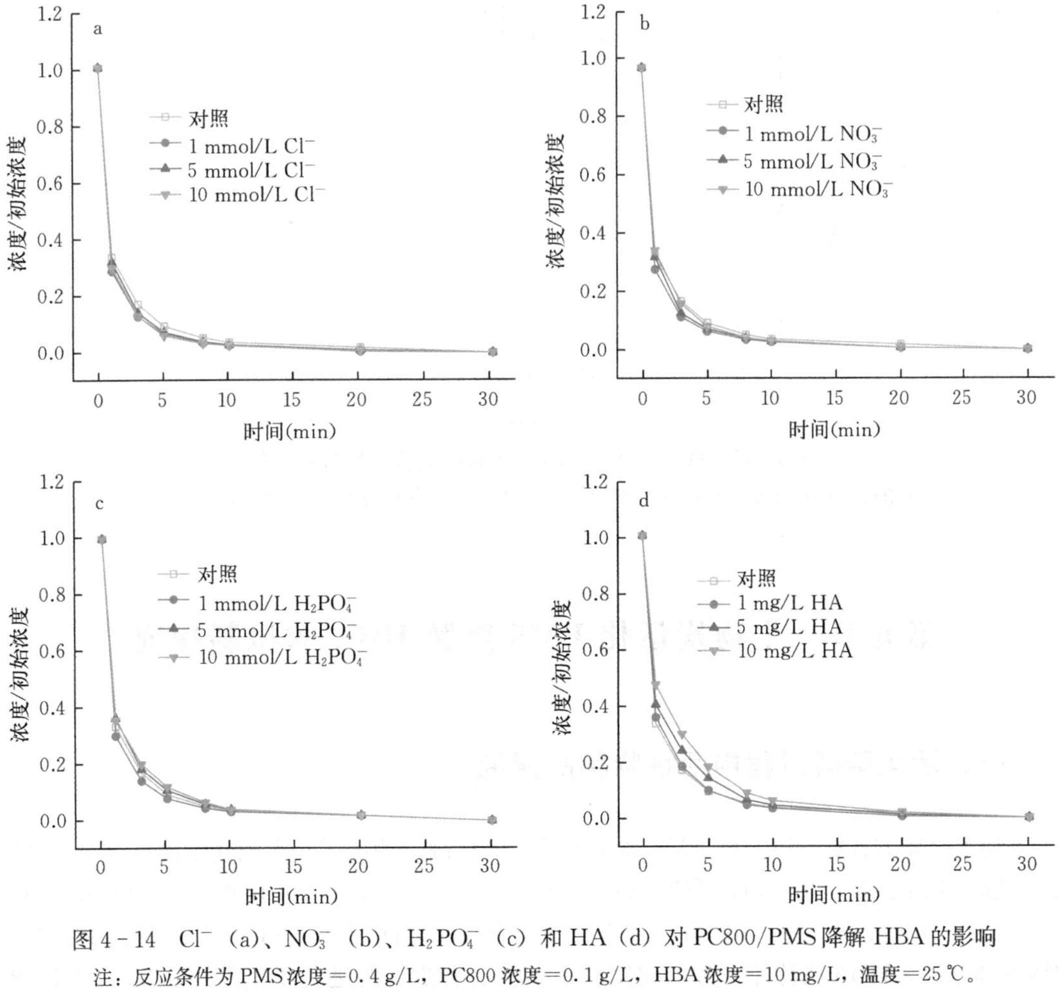

图 4 - 14　Cl^-（a）、NO_3^-（b）、$H_2PO_4^-$（c）和 HA（d）对 PC800/PMS 降解 HBA 的影响

注：反应条件为 PMS 浓度=0.4 g/L，PC800 浓度=0.1 g/L，HBA 浓度=10 mg/L，温度=25 ℃。

七、PC800/PMS 对酚类污染物的选择性降解

根据以往的报道可知，在生物炭/PMS 系统中，不同酚类化合物的选择性降解可以作为电子传递路径存在的证据，电子传递的速率在很大程度上依赖于这些有机物的半波电位和电离电位[18-19]。在本研究，选择对苯二酚（HQ）、对甲氧基苯酚（MOP）、苯酚（PE）、对羟基苯甲酸（HBA）和对硝基苯酚（NP）作为典型的具有不同取代基的各种酚类化合物。PC800/PMS 系统的降解效果如图 4-15 所示。正如所预期的，各种酚类化合物在 PC800/PMS 体系中的降解效果截然不同。对于含有供电子基团的对苯二酚和对甲氧基苯酚，PC800/PMS 系统可以在 1 min 内将其完全去除；而对于含吸电子基团的对羟基苯甲酸和对硝基苯酚，PC800 和 PMS 系统在 30 min 内对两者的去除率分别为 100% 和 62.6%。PC800/PMS 体系对于酚类污染物的选择性降解进一步说明 HBA 降解的途径不是自由基途径，而是非自由基途径。

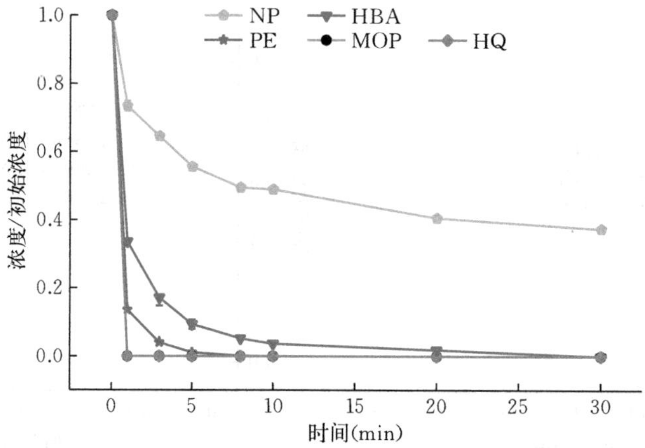

图 4-15　PC800/PMS 体系对各种酚类污染物的去除率

注：反应条件为 PMS 浓度=0.4 g/L，PC800 浓度=0.1 g/L，污染物浓度=10 mg/L，温度=25 ℃。

第五节　生物炭活化 PMS 降解 HBA 的机制探究

一、活化降解过程中活性物种的探究

为了探究 HBA 在 PC800/PMS 体系中的降解机制，测试了一系列化学淬灭剂对 HBA 的降解效率的影响。乙醇可以作为 $SO_4^{\cdot-}$ [$k=1.6\times10^7\sim7.7\times10^7$ mol/(L·s)] 和 ·OH [$k=1.2\times10^9\sim2.8\times10^9$ mol/(L·s)] 的淬灭剂[20]。当加入 0.65 mol/L 乙醇到 PC800/PMS 体系中，HBA 去除率下降的幅度很小。将乙醇浓度的进一步扩大到 3.25 mol/L 和 6.25 mol/L，对降解效果的影响仍然微弱，说明 $SO_4^{\cdot-}$ 和 ·OH 对 HBA 降解的贡献都不

大。如图 4-16 所示，将 $\cdot O_2^-$ 的淬灭剂对苯醌引入催化降解体系中，3 mmol/L 的对苯醌对 HBA 去除率的影响几乎可以忽略不计，说明 $\cdot O_2^-$ 未参与 HBA 降解过程。在基于过硫酸盐的高级氧化技术中，常见的 $^1O_2$ 淬灭剂主要有 *L*-组氨酸、叠氮化钠和呋喃甲醇[21]。由于高浓度的 *L*-组氨酸和叠氮化钠可以与过硫酸盐反应导致氧化效率降低，因此呋喃甲醇作为 $^1O_2$ 更安全有效的清除剂。在 PC800/PMS 体系中加入 2 mmol/L 呋喃甲醇时，HBA 去除率略有下降，当呋喃甲醇的浓度增加到 5 mmol/L 和 10 mmol/L 时，抑制效果略有增加。这些结果表明 $^1O_2$ 可能存在于 HBA/PMS 系统中。

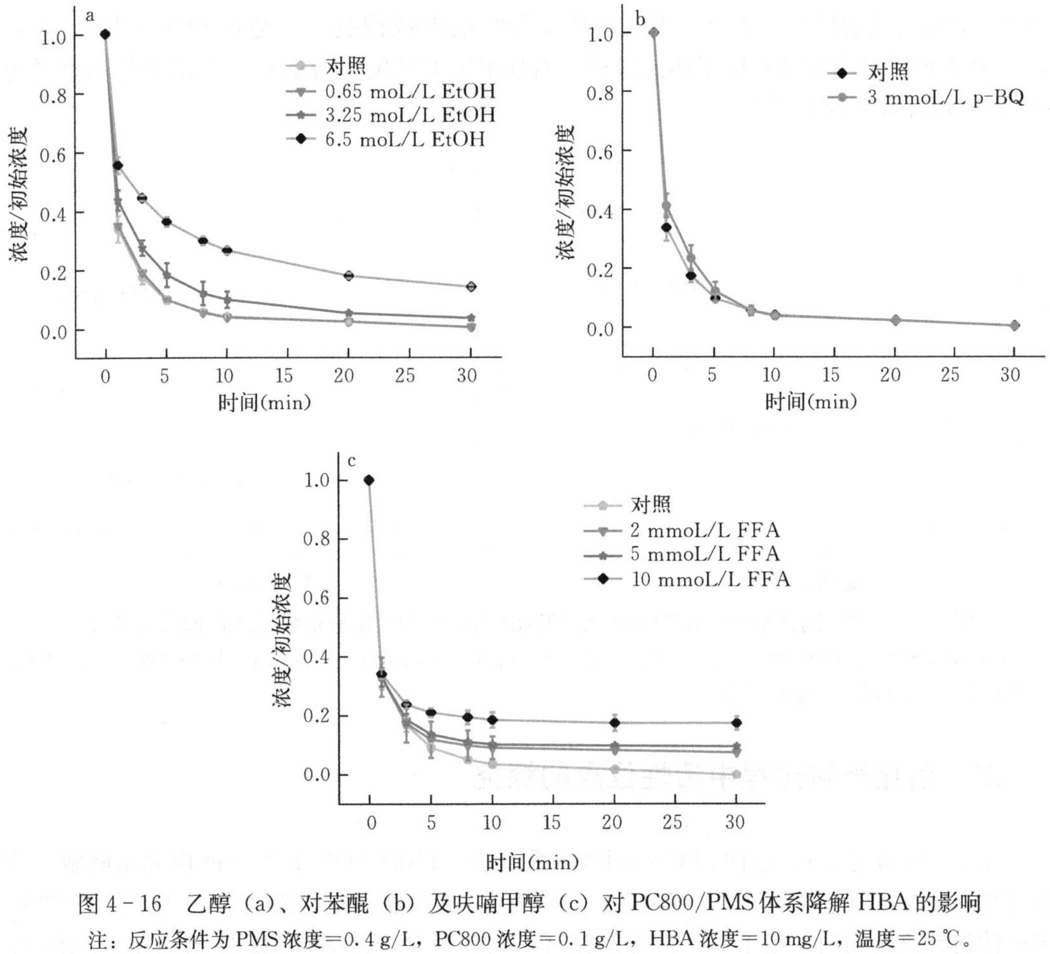

图 4-16 乙醇（a）、对苯醌（b）及呋喃甲醇（c）对 PC800/PMS 体系降解 HBA 的影响

注：反应条件为 PMS 浓度＝0.4 g/L，PC800 浓度＝0.1 g/L，HBA 浓度＝10 mg/L，温度＝25 ℃。

为了进一步确定 HBA 降解过程中的主要活性物质，分别利用 DMPO（5,5-二甲基-1-吡咯啉-N-氧化物）作为 $SO_4^{\cdot -}$ 和 $\cdot OH$ 的自旋捕获剂，2,2,6,6-四甲基-4-哌啶酮（TEMP）作为 $^1O_2$ 的自旋捕获剂，对材料进行电子顺磁共振表征。在单独的 PMS 体系中，检测到了弱的 DMPO-OH 和 DMPOX 信号，这表明 PMS 自分解可以产生非常有限的活性氧物种[21]。加入 HBA 到 PMS 体系中，几乎没有引起 FER 信号的变化。这一现象说明 PMS 自分解产生的反应活性物质对 HBA 催化降解是没有作用的。当加入 PC800 到 PMS 溶液中，DMPO-SO_4 和 DMPOX 混合信号峰被检测到，表明 PC800 可以激活 PMS 生成 $SO_4^{\cdot -}$。加入 HBA 到 PC800/PMS 反应体系中，由于 $SO_4^{\cdot -}$ 参与 HBA 的降解反应，

$DMPO-SO_4$ 特征峰的信号消失，仅检测到 DMPOX 的 EPR 信号[21]。用 TEMP 捕捉$^1O_2$ 在催化降解过程中的动态变化，结果如图 4－17b 所示。对于单独的 PMS 体系，PMS 可以发生自分解反应产生$^1O_2$，典型的 1∶1∶1 三线态的 $TEMP-^1O_2$ 信号的出现证实了这一点。PMS/HBA 体系产生的 EPR 的峰型以及强度与单独的 PMS 体系相同，表明 PMS 自分解产生的$^1O_2$ 不能引起 HBA 降解。将加入 PC800 到 PMS 溶液中后，$TEMP-^1O_2$ 的 EPR 信号减弱。在 PC800/PMS/HBA 反应系统中，$TEMP-^1O_2$ 的 EPR 信号峰消失，说明$^1O_2$ 对 HBA 的非均相降解没有贡献。这一结果与高浓度的呋喃甲醇对 HBA 降解有抑制作用相矛盾，产生这一矛盾的原因可能有两个方面，一是高浓度的呋喃甲醇可以消耗 PMS，导致反应活性物质减少，导致 HBA 降解效果被抑制。二是在 PC800/PMS 体系中，HBA 的降解主要通过电子传递路径，而高浓度的呋喃甲醇通过干扰电子传递路径导致 HBA 降解效率的下降[19]。

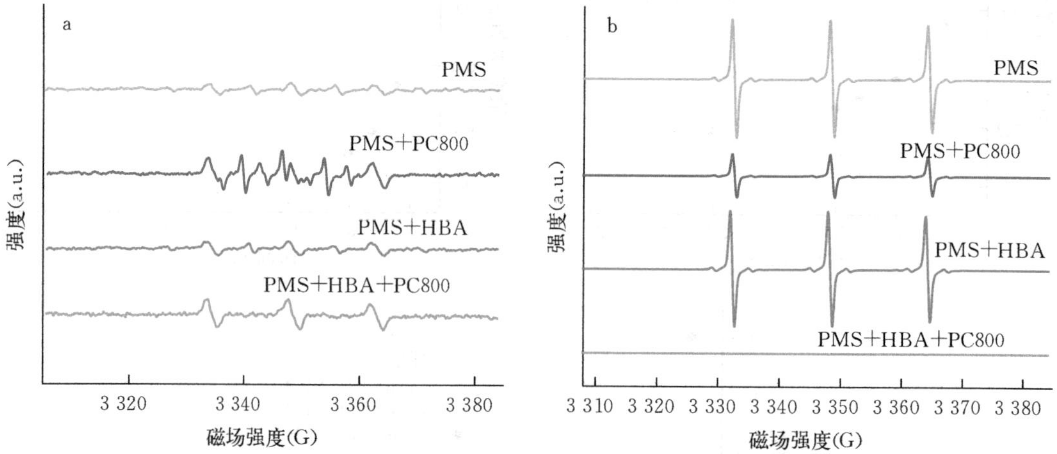

图 4－17　在不同体系用 DMPO（a）和 TEMP（b）作为自旋捕获剂得到的 EPR 光谱图

注：反应条件为 PMS 浓度＝0.4 g/L，PC800 浓度＝0.1 g/L，HBA 浓度＝10 mg/L，DMPO 浓度＝0.1 mol/L，TEMP 浓度＝2 mmol/L，温度＝25 ℃。

二、活化降解过程中活性位点的探究

图 4－18 描述了在新鲜的 PC800/PMS 系统中，HBA 可以在 30 min 内完全降解。用抽滤装置收集使用过的 PC800，用去离子水清洗至中性，在真空干燥箱中 60 ℃下干燥 12 h，用研钵将其研磨均匀，用于下一次降解循环。与新鲜的 PC800/PMS 体系相比，HBA 在用过的 PC800/PMS 体系中的降解速率显著降低，在 30 min 内仅有 58.9%的 HBA 被移除。造成这一现象的原因可能是由于第一次降解循环产生的反应中间体覆盖在生物炭的表面，导致暴露的活性位点减少，从而引起 HBA 降解效果恶化[11]。为了去除吸附在生物炭表面的中间产物，根据相似相容原理，在超声波下，用甲醇将第一次使用过的 PC800 清洗至中性，烘干研磨，用于催化降解实验。相比于用过的 PC800/PMS 体系，在甲醇洗过的 PC800/PMS 系统，HBA 的降解效率明显提高。这一现象表明，降解中间体覆盖在活性位点表面使暴露的活性位点减少并不是导致 HBA 降解效果恶化的唯一原因，氧化反应本身引起的活性位点丧失也可能是导致 HBA 降解效果恶化的原因之一。因此，为了恢复

失活的活性位点，将第二次使用过的 PC800 在管式炉中，氮气氛围 800 ℃下煅烧 2 h。如预期的那样，PC800 的催化性能得到了再生，并且在 20 min 内 HBA 的降解效果达到了 100%。

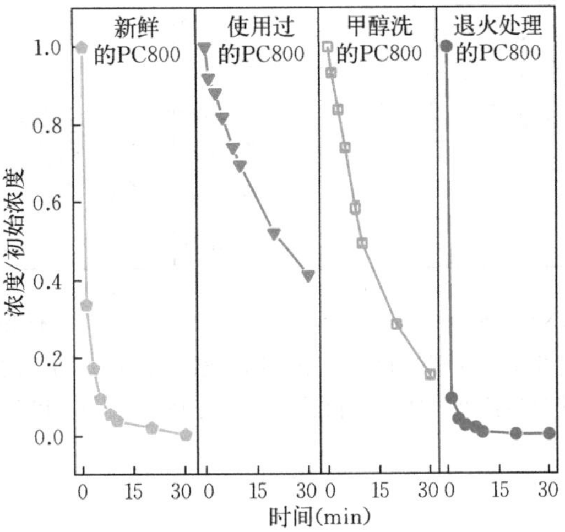

图 4-18　新鲜、使用过、甲醇洗和退火处理的 PC800 活化 PMS 降解 HBA 的效果

注：反应条件为 PMS 浓度=0.4 g/L，催化剂浓度=0.1 g/L，HBA 浓度=10 mg/L，温度=25 ℃。

对新鲜、使用过和退火处理的 PC800 进行了 XPS 光谱表征，探究了生物炭材料表面元素含量以及化学状态的改变，揭示了 PC800 活化 PMS 主要的活性催化位点。图 4-19 a～b 展示了新鲜、使用过和退火的 PC800 中不同元素含量的变化以及不同 N 含量的变化。相比于新鲜的 PC800，用过的 PC800 中石墨 N 含量降低，而退火之后的 PC800 中的石墨 N 含量升高。另外，还发现生物炭中石墨 N 的含量与 HBA 去除率之间的变化趋势相符，因此对生物炭中石墨 N 含量和 HBA 降解效率拟一阶动力学常数做了线性相关分析，结果如图 4-19c 所示，新鲜、使用过和退火处理的 PC800 中石墨 N 含量与 HBA 降解效率拟一阶动力学常数之间存在良好的线性关系（$R^2=0.88$）。除此之外，如图 4-19d 所示，对于在不同温度下制备的 5 种生物炭材料（PC），石墨 N 含量与 HBA 的去除率拟一阶动力学常数之间也可以建立良好的线性相关关系，相关系数为 0.97。因此可以得出结论 PC800 活化 PMS 的活性位点是石墨 N。根据以前的报道，与吡咯 N 和结合吡啶 N 相比，石墨 N 更容易作为 π 电子自由流动的通道[12]。

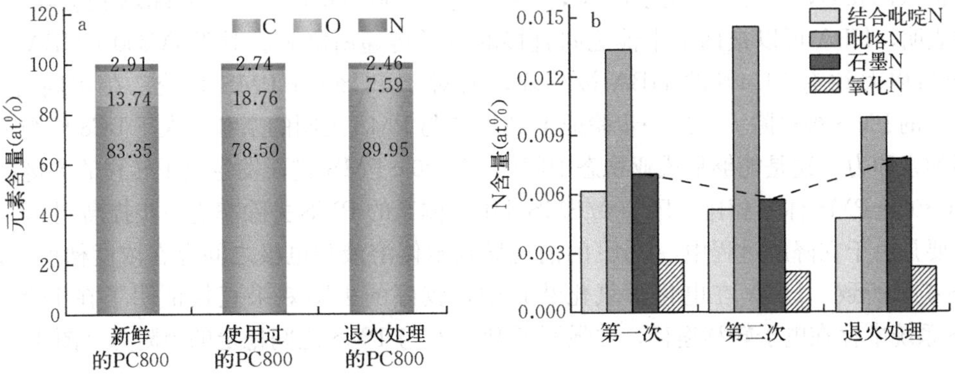

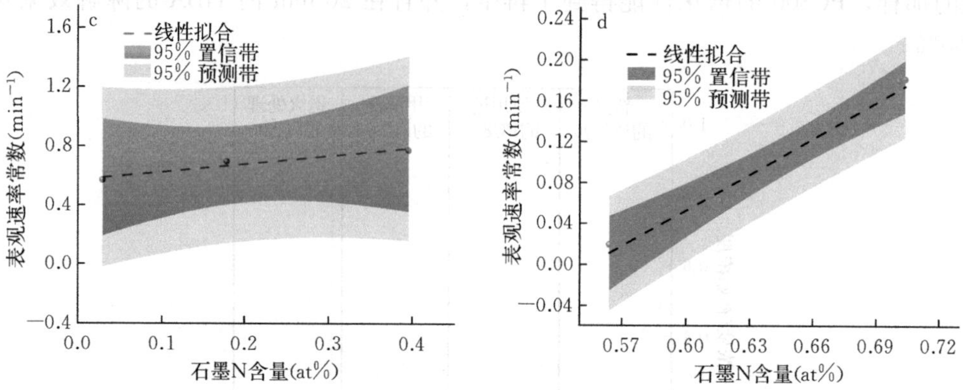

图 4-19 新鲜、使用过和退火处理的 PC800 中不同元素含量（a）与不同 N 含量的变化（b），以及表观速率常数与新鲜、使用过和退火处理的 PC800（c）和 PC（d）中石墨 N 含量之间的相关性

第六节 催化降解过程中降解路径的探究

一、催化降解过程中存在电子传递机制的证明

根据化学淬灭实验和电子顺磁共振结果排除了 $SO_4^{\cdot-}$、$\cdot OH$、$\cdot O_2^-$ 和 $^1O_2$ 的关键作用。根据水中共存无机因子以及天然有机物对催化降解没有影响以及 PC800/PMS 对酚类有机污染物的选择性降解，初步推断 PC800/PMS 降解 HBA 是通过非自由基路径。根据以往的报道可知，电化学氧化过程可以作为电子传导路径存在的直接证据[13]。将涂有 PC800 的石墨片电极浸泡在两个分别含有 HBA 和 PMS 的半池中，形成了电化学氧化装置。用铜线将两个电极连接，两个半池用盐桥连接。因此，活性氧物种的扩散受到了抑制，降解过程中只有电子转移途径起作用。在整个电化学氧化过程中，记录了 HBA 去除率、PMS 利用率和电流变化。对于 PC800/PMS/HBA 系统，在 20 min 时电流迅速达到最大值（78 μA），然后逐渐减小，当反应时间持续 360 min 时，90%的 HBA 被去除。上述结果表明，HBA 可以被两个半池之间直接的电子传递所降解。对于 PC800+HBA 系统，360 min 内大约有 54.4%的 HBA 被移除，而对于 PC800+PMS 系统，在相同时间内 89.9%的 PMS 被移除。这进一步验证了 PC800 与 PMS 之间的亲和力大于 PC800 与 HBA 之间的亲和力。这是能够形成亚稳态中间体 PC800-PMS^* 进而发生电子转移的关键前提。与 PC800+PMS 体系相比，PC800/PMS/HBA 体系的 PMS 去除率进一步提高到 97.0%，这主要是由于在降解过程中，PMS 的消耗导致本体溶液与电极之间存在浓度梯度，诱导 PMS 扩散所致。HBA 在电化学氧化装置中，较好的去除效果直接证明了在 PC800 和 PMS 系统中存在电子转移途径，并强调了 PC800 与 PMS 之间稳定的吸附力（图 4-20）。

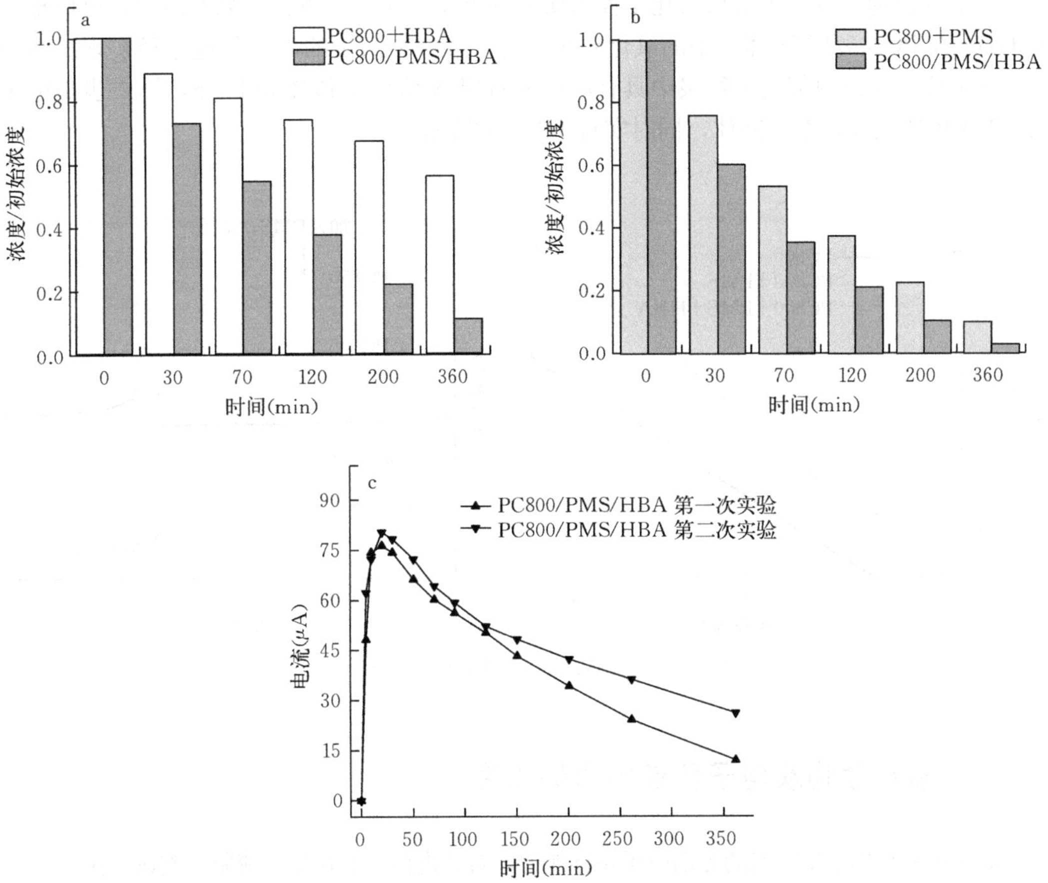

图 4-20　电化学氧化过程中 HBA 的去除率（a）、PMS 利用率（b）和电流变化（c）

注：反应条件为 PMS 浓度=0.4 g/L，PC800 浓度=0.1 g/L，HBA 浓度=10 mg/L，温度=25 ℃。

二、催化降解过程中电子传递路径的探究

从图 4-21a 可以看出，在电解质中加入 PMS 后电流会明显增大。可以解释为 PMS 和 PC800 之间存在很强的亲和力，PMS 和 PC800 的结合形成了亚稳态中间体从而导致电流增加。加入 HBA 后电流进一步增加可能是因为 HBA 从亚稳态中间体提取电子导致自身降解，而电子的传递引起电流的进一步增加。图 4-21b 描述了三电极电化学系统中的计时电流曲线，将 PMS 加入反应体系中，电流有轻微的增加，这可能是由于在亚稳态中间体内部，电子从生物炭向 PMS 转移所致。众所周知，掺杂的石墨 N 可以破坏石墨碳骨架的电子排列的惰性，使离域的 p-π 共轭电子从相邻碳原子向电负性较高的 N 原子不平衡分布。生物炭中含有的电子自旋密度较高的石墨 N 与 PMS 之间存在较强的亲和力，因此在亚稳态中间体内部形成了电子转移的通道。然而，在将 PMS 加入电解质溶液之后，出现了一个更尖锐的电流跳跃。这种电流响应归因于外部电子从 HBA 转移到亚稳态中间体。与上述内部电子转移相比，我们定义这一过程为外部电子转移，HBA 与生物炭之间

的亲和力较差，两者的接触主要是通过 HBA 与生物炭表面的碰撞实现的，并没有形成一个稳定的复合物。将上述结果与化学淬灭实验和电子顺磁共振测试结果相结合，可以推断出 HBA 在 PC800/PMS 体系中的氧化降解主要通过一个两步的电子传递途径实现。第一步是在亚稳中间体内部的生物炭中具有活性的石墨 N 将电子传递到 PMS，第二步是电子从 HBA 传递到亚稳态中间体，同时实现 HBA 的降解。

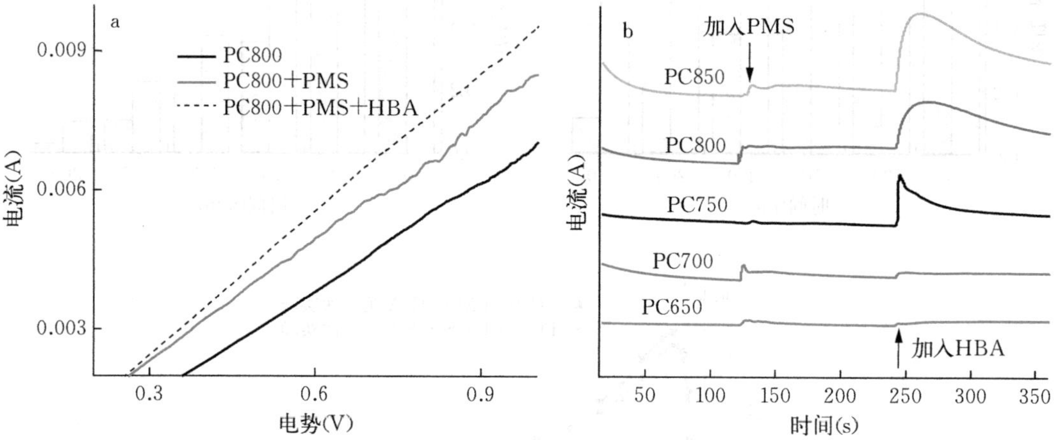

图 4-21　LSV（a）和计时电流（b）图

三、多孔生物炭电子传递能力的探究

为了进一步确定生物炭的界面电子转移能力，对其进行了电化学交流阻抗测试。图 4-22a 描述了电化学阻抗谱的尼奎斯特图和相应的拟合等效电路图，可以看出，随着热解温度的升高，弧直径逐渐减小，即生物炭的电荷转移电阻逐渐减小。根据拟合结果可知 PC650、PC700、PC750、PC800 和 PC850 的界面电荷转移电阻分别为 160.8 Ω、141.2 Ω、129.8 Ω、105.3 Ω、104.3 Ω。这些结果表明，在较高温度下制备的生物炭具有较好的界面电子转移性能。由循环利用实验以及 XPS 表征结果可知，PC800 活化 PMS 的活性位点为石墨 N，且石墨 N 作为 PMS 和 PC800 的电子传递通道。生物炭的电荷转移电阻小，可能是因为其石墨 N 含量较高。从电荷转移电阻（R_{CT}）与石墨 N 线性相关结果（图 4-22c）可以看出，生物炭的电荷转移电阻与石墨 N 含量之间存在拟合良好的负线性相关关系（$R^2=0.90$），说明较高的热解温度可以诱导产生更多石墨 N，有利于提高生物炭的界面电子传递性能。通过化学淬灭实验，EPR 测试、电化学氧化、LSV 及电流响应可知：在 PC800/PMS/HBA 体系中，HBA 的降解主要是由 PMS 与 PC800 之间的内部电子传递及 HBA 与亚稳态中间体之间的内部电子传递共同导致。生物炭的界面电荷转移能力越强，可能使生物炭的催化降解污染物的能力越好。因此，对生物炭的电荷转移能力与 HBA 降解效率拟一阶动力学常数进行了相关性分析，发现两者之间存在较好的负线性相关关系（$R^2=0.96$）。基于上述交流阻抗的结果，可以得出结论，PC800 具有较高的石墨 N 含量，优良的界面电荷转移能力使其成为 HBA 向亚稳态中间体转移电子的最佳介质。

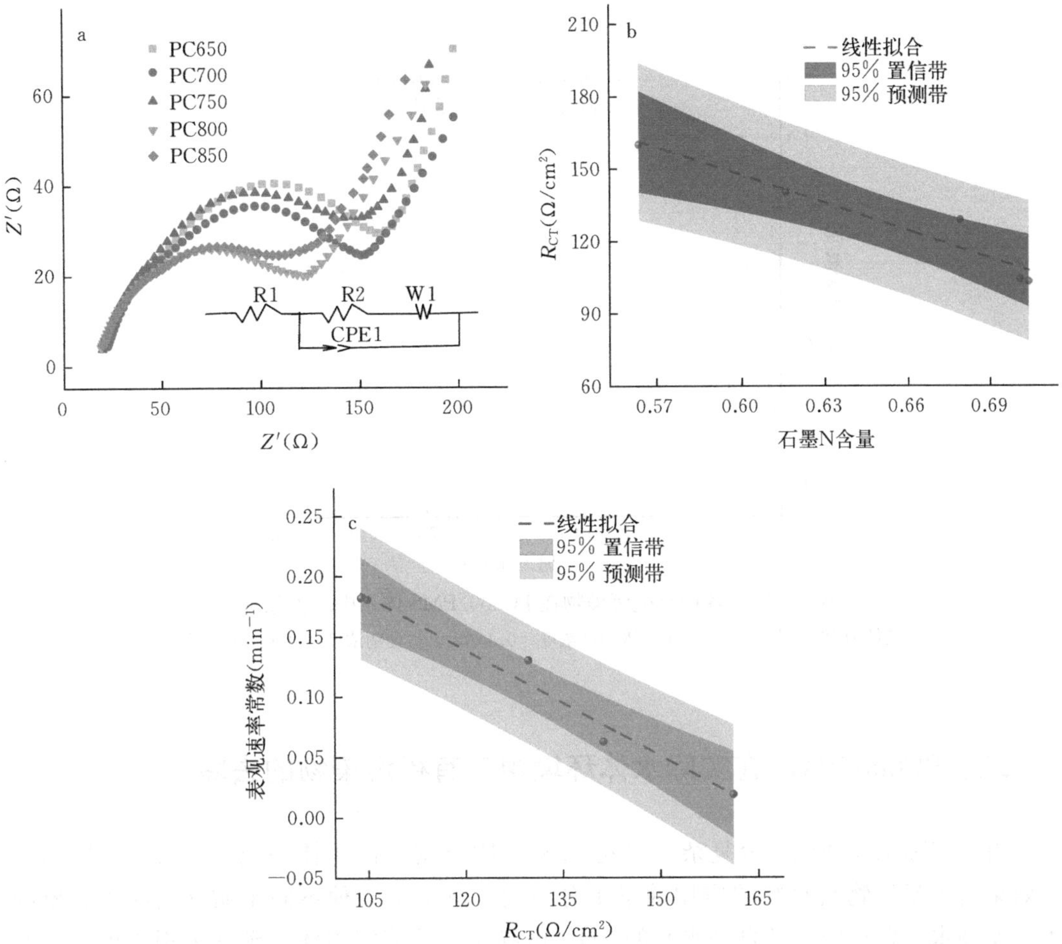

图 4-22 电化学阻抗谱的尼奎斯特图（a），以及生物炭的电荷转移电阻和石墨 N 含量（b）与表观速率常数（c）的相关性

第七节 PC800/PMS 体系的应用前景

一、PC800/PMS 对各种难降解有机污染物的去除

生物炭材料的实际应用前景对其大规模生产应用起着关键性的作用。选择天然抗生素（四环素和环丙沙星）和染料（橙黄Ⅱ、罗丹明 B）作为典型的有机污染物，测定了 PC800 活化 PMS 对有机污染物的降解能力。如图 4-23 所示，在 20 min 内四环素的去除率达到了 100%，在 30 min 内环丙沙星、橙黄Ⅱ和罗丹明 B 的去除率分别为 93.40%、99.15%和 100%。这个结果可以证明 PC800 在活化 PMS 降解各种有机污染物中具有卓越的性能。

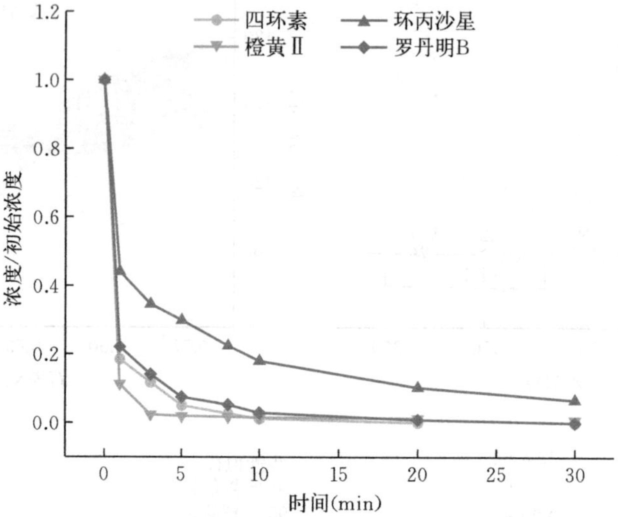

图 4-23　各种有机污染物在 PC800/PMS 体系中的去除率

注：反应条件为 PMS 浓度=0.4 g/L，PC800 浓度=0.1 g/L，污染物浓度=10 mg/L，温度=25 ℃。

二、PC800/PMS 在实际水体环境中对有机污染物的去除

由于实际水体环境成分复杂，探究 PC800/PMS 对实际水体环境中有机污染物的降解效果对衡量生物炭材料的应用前景十分重要。测定了 5 种不同水质（黄河水、象湖水、龙湖水、贾鲁河水及自来水）的 pH、电导率、总溶解固体、碳酸氢根浓度、硫酸根浓度及氯离子浓度，具体结果见表 4-3。探究了不同实际水质环境对 PC800 活化 PMS 降解 HBA 的影响。结果如图 4-24 所示，在 5 种水中环境中，在 30 min 内，HBA 的去除率均达到了 100%。表明在各种复杂水质环境中 PC800 都具有良好的活化 PMS 的能力。

表 4-3　不同水质环境的水质参数

项目	黄河水	象湖水	贾鲁河水	龙湖水	自来水
pH	7.3	7.4	7.14	7.22	7.26
电导率（μS/cm）	452	792	618	861	217
总溶解固体（mg/L）	211	340	263	381	103
HCO_3^-（mg/L）	231	197	370	104	139
SO_4^{2-}（mg/L）	481	310	406	194	41.8
Cl^-（mg/L）	304	241	389	149	19.5

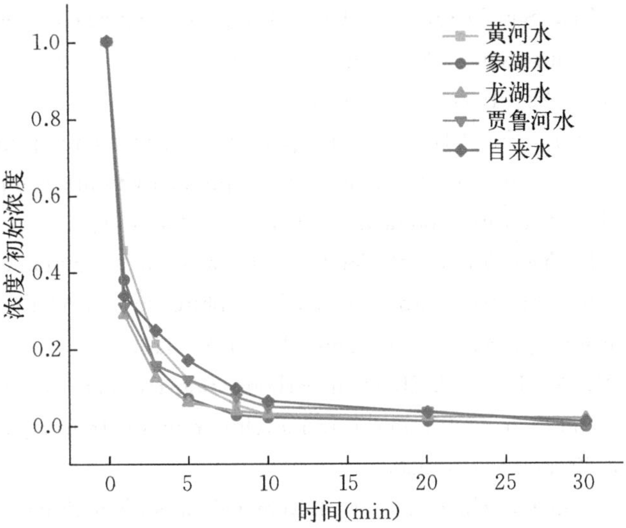

图 4-24　不同水质对 PC800/PMS 降解 HBA 的影响

注：反应条件为 PMS 浓度=0.4 g/L，PC800 浓度=0.1 g/L，污染物浓度=10 mg/L，温度=25 ℃。

参 考 文 献

[1] Bo S F，Luo J M，An Q D，et al. Circular utilization of Co（Ⅱ）adsorbed composites for efficient organic pollutants degradation by transforming into Co/N-doped carbonaceous catalyst [J]. Journal of Cleaner Production，2019，236：117630.

[2] Sun P，Liu H，Feng M B，et al. Strategic combination of N-doped graphene and g-C_3N_4：efficient catalytic peroxymonosulfate-based oxidation of organic pollutants by non-radical-dominated processes [J]. Applied Catalysis B：Environmental，2020，272（5）：119005.

[3] Hoekstra J，Beale A M，Soulimani F，et al. Base metal catalyzed graphitization of cellulose：acombined raman spectroscopy，temperature-dependent X-ray diffraction and high-resolution transmission electron microscopy study [J]. Journal of Physical Chemistry C，2015，119（19）：10653-10661.

[4] Fu H C，Zhao P，Xu S J，et al. Fabrication of Fe_3O_4 and graphitized porous biochar composites for activating peroxymonosulfate to degrade p-hydroxybenzoic acid：Insights on the mechanism [J]. Chemical Engineering Journal，2019，375（1）：121980.

[5] Chen L W，Yang S J，Zuo X，et al. Biochar modification significantly promotes the activity of Co_3O_4 towards heterogeneous activation of peroxymonosulfate [J]. Chemical Engineering Journal，2018，354（15）：856-865.

[6] Deng J，Xiong T Y，Xu F，et al. Inspired by bread leavening：one-pot synthesis of hierarchically porous carbon for supercapacitors [J]. Green Chemistry，2015，17（7）：4053-4060.

[7] Wan Z H, Xu Z B, Sun H Q, et al. Critical impact of nitrogen vacancies in nonradical carbocatalysis on nitrogen - doped graphitic biochar [J]. Environmental Science & Technology, 2021, 22 (10): 7004 - 7014.

[8] Wang Y B, Wu P T, Engel B A, et al. Application of water footprint combined with a unified virtual crop pattern to evaluate crop water productivity in grain production in China [J]. Science of The Total Environment, 2014, 497 - 498 (1): 1 - 9.

[9] Xu M J, Li J, Yan Y, et al. Catalytic degradation of sulfamethoxazole through peroxymonosulfate activated with expanded graphite loaded $CoFe_2O_4$ particles [J]. Chemical Engineering Journal, 2019, 369 (1): 403 - 413.

[10] Li B, Zhang Y, Xu J, et al. Effect of carbonization methods on the properties of tea waste biochars and their application in tetracycline removal from aqueous solutions [J]. Chemosphere, 2021, 267: 129283.

[11] Shang Y N, Chen C, Zhang P, et al. Removal of sulfamethoxazole from water via activation of persulfate by Fe_3C@NCNTs including mechanism of radical and nonradical process [J]. Chemical Engineering Journal, 2019, 375 (1): 122004.

[12] Wang Y X, Sun H Q, Duan X G, et al. N - doping - induced nonradical reaction on single - walled carbon nanotubes for catalytic phenol oxidation [J]. ACS Catalysis, 2015, 5 (2): 553 - 559.

[13] Peng J Y, Zhou P, Zhou H Y, et al. Insights into the electron - transfer mechanism of permanganate activation by graphite for enhanced oxidation of sulfamethoxazole [J]. Environmental Science & Technology, 2021, 55 (13): 9189 - 9198.

[14] Miao J, Geng W, Alvarez P J J, et al. 2D N - doped porous carbon derived from polydopamine - coated graphitic carbon nitride for efficient nonradical activation of peroxymonosulfate [J]. Environmental Science & Technology, 2020, 54 (13): 8473 - 8481.

[15] Duan X G, Sun H Q, Ao Z M, et al. Unveiling the active sites of graphene - catalyzed peroxymonosulfate activation [J]. Carbon, 2016, 107: 371 - 378.

[16] Li D, Duan X G, Sun H Q, et al. Facile synthesis of nitrogen - doped graphene via low -temperature pyrolysis: The effects of precursors and annealing ambience on metal - free catalytic oxidation [J]. Carbon, 2017, 115: 649 - 658.

[17] Duan X G, O'Donnell K, Sun H Q, et al. Sulfur and nitrogen co - doped graphene for metal - free catalytic oxidation reactions [J]. Small, 2015, 11 (25): 3036 - 3044.

[18] Hu P D, Su H R, Chen Z Y, et al. Selective degradation of organic pollutants using an efficient metal - free catalyst derived from carbonized polypyrrole via peroxymonosulfate activation [J]. Environmental Science & Technology, 2017, 51 (19): 11288 - 11296.

[19] Ren W, Xiong L L, Yuan X H, et al. Activation of peroxydisulfate on carbon nanotubes: electron transfer mechanism [J]. Environmental Science & Technology, 2022, 56 (1): 78 - 97.

[20] Tian W J, Zhang H Y, Sun H Q, et al. Template - free synthesis of N - doped carbon

with pillared - layered pores as bifunctional materials for supercapacitor and environmental applications [J]. Carbon, 2017, 118: 98 - 105.

[21] Yun E T, Lee J H, Kim J S, et al. Identifying the nonradical mechanism in the peroxymonosulfate activation process: singlet oxygenation versus mediated electron transfer [J]. Environmental Science & Technology, 2018, 52 (12): 7032 - 7042.

第五章
大豆秸秆生物炭活化过硫酸盐降解四环素的效能和机制

第一节　研究意义

抗生素因其大量生产和消费而成为新兴污染物，对生态环境和人类健康造成危害。四环素作为廉价的广谱抗生素，已成为中国使用最广泛的兽医广谱抗生素[1]，超过 75%的四环素以活性形式通过尿液和粪便排出人与动物体外释放到环境中，在饮用水、河流和土壤中均检测到较高浓度的残留[2]。四环素在水环境中的半衰期高达 34～329 h，环境中存在的四环素会加剧病原微生物的污染，促进抗性细菌的产生并对生态系统和人类健康构成严重威胁。吸附法和生物降解法是去除水中四环素最常用的方法，然而，由于四环素具有稳定不易被破坏的化学结构且对生物降解具有抗性，导致传统的废水处理技术无法有效去除四环素[3]。因此，迫切需要高效、经济的处理技术来消除水环境中的四环素。

高级氧化技术（AOPs）因其可以高效降解四环素而受到广泛关注。其中，基于过硫酸盐高级氧化技术（PS-AOPs）可产生多种具有强氧化能力的活性氧物种，具有 pH 适用范围广、溶解性高、可操作性强等优点[4]，在处理水环境中的难降解污染物方面具有广阔的应用前景[5]。近年来，生物炭作为一种极具应用潜力的新兴材料，因制备简单、成本低廉、来源丰富等优点，在气体储存、微生物燃料电池、超级电容器、吸附剂及环境修复中的催化剂等方面受到广泛关注，并已广泛应用于活化过硫酸盐以实现水介质中污染物的高效降解[6]。

生物炭能够有效活化过硫酸盐，产生活性氧物种降解有机污染物，因而在水处理领域表现出巨大的潜力。考虑到环境效益，生物炭的原料主要来自农业生物质和固体废弃物，这反过来有助于消除碳排放[7]。目前，已经报道了多种经济有效的农工废弃物用于生物炭生产，包括木质材料[8]、农作物残渣[8]、畜禽粪便和污泥[9]。大豆是世界上重要的食物来源，全球年产量约 3.34 亿 t，是世界特别是巴西、美国、阿根廷和中国的重要食物来源[10]。大豆秸秆作为最丰富、廉价、可再生的生物质之一，是一种木质纤维材料，由于其木质化程度高，动物饲料利用率极低，大豆秸秆多被用于饲料补充剂[11]。此外，大豆秸秆大部分被作为废弃物处理或直接焚烧，大量的大豆秸秆被随意丢弃或不合理利用，造成了资源的损失同时还对环境造成了危害[12]。因此，选用大豆秸秆作为生物质制备生物炭，不仅能实现其资源化利用，还可以显著提高大豆秸秆的附加值，同时有利于环境保护。

第二节　研究内容

本章以大豆秸秆作为原材料，采用简单的热解方法在不同的热解温度下（600 ℃、700 ℃、800 ℃、900 ℃和 1 000 ℃）制备了一系列大豆秸秆生物炭，实现了对大豆秸秆的资源化利用。采用多种方法和手段对制备的大豆秸秆生物炭的理化性质进行表征与分析，旨在明确不同制备条件下大豆秸秆生物炭理化性质和结构特征的变化趋势。选取四环素

（TC）作为目标污染物，探究不同热解温度下制备的大豆秸秆生物炭（SSBs）活化过硫酸盐（PS）的潜力，考察 SSBs/PS 体系去除水中抗生素四环素的效能差异。对制备的材料活化过硫酸盐去除四环素的效果差异进行了深度挖掘，探究热解温度对生物炭活化过硫酸盐降解四环素效能的影响，并探究 SSB1000/PS 体系中四环素的降解机制和途径。

第三节　结果与讨论

一、大豆秸秆生物炭的形态学特征

通过 SEM 和 TEM 研究了大豆秸秆生物炭（SSBs）的形貌。图 5-1 中的 SEM 图像揭示了 SSBs 表面和结构的变化，表面粗糙的 SSBs 形貌差别不大，所有材料均保留了生物质纤维固有的片状/棒状结构形貌，且外部孔体积随温度升高而增大。这与 TEM 图像（嵌入图）中的现象一致。此外，TEM 图像揭示了碳相的非晶态性质，可以看出随着热解温度的升高，有更多不规则尺寸和形状的介孔出现。由图 5-1f 可知，C、O、N 在材料表面均匀分布，表明成型条件良好。

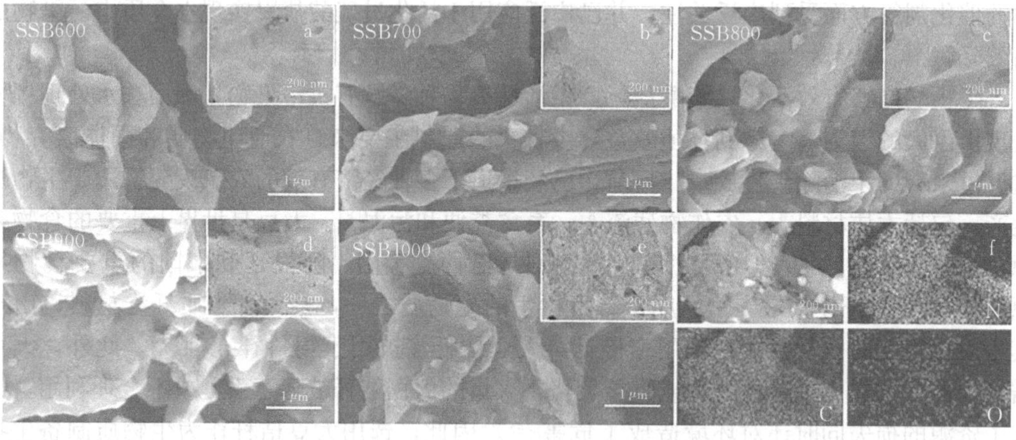

图 5-1　SSB600（a）、SSB700（b）、SSB800（c）、SSB900（d）和 SSB1000（e）的 SEM 和 TEM 图像（嵌入图），以及 SSB1000（f）的 TEM 图像相应的 C、N 和 O 的元素映射图像

二、大豆秸秆生物炭的结构信息

采用比表面积分析仪对 SSBs 的比表面积及孔径进行测定。根据国际纯粹与应用化学联合会的分类标准，观察到材料的氮气吸附-脱附等温线均呈现具有 H4 回滞环的Ⅳ型等温线（图 5-2a），即在较低的相对压力下吸附量迅速上升，说明材料中存在微孔（<2 nm），在低的相对压力（P/P_0）下形成单层吸附，随着相对压力的增大则形成多层吸附，因而在脱附过程中形成了介孔（2～50 nm）结构特有的回滞环，该分级多孔结构（微孔、介

孔和大孔）可以使物质传质阻力最小化，有利于将反应物有效地传输到活化剂表面。较高的热解温度会促进生物质热化学分解，提高孔隙度发育。同时，在较高的热解温度下会产生更多的挥发性物质（如生物油）和其他气体（如 CO、CO_2 等），采用 BET 公式拟合出 SSBs 的比表面积（S_{BET}），可以清楚地观察到随着热解温度从 600 ℃增加到 800 ℃，SSBs 的比表面积（S_{BET}）和总孔体积（V_{tot}）呈增加趋势，而当温度继续升高时（900 ℃ 和 1 000 ℃），由于孔塌陷，S_{BET}和 V_{tot}均减小。采用非定域密度泛函理论（NLDFT）方法对孔径分布进行分析（图 5-2b），进一步证明了 SSBs 中存在丰富的微孔和介孔，体现了 SSBs 的分级多孔结构，与材料的 S_{BET}类似，微孔体积（V_{mic}）随热解温度的升高表现出先增大后减小的趋势，其中，SSB800 具有最大值，具体质构参数变化如表 5-1。值得注意的是，介孔体积（V_{mes}）与热解温度显示出正相关性，其中 SSB1000 具有最大的 V_{mes}（0.038 7 cm^3/g），这不仅有利于有机污染物的吸附，还可以暴露更多的表面反应活性位点，为过硫酸盐的活化创造了有利条件[13]。

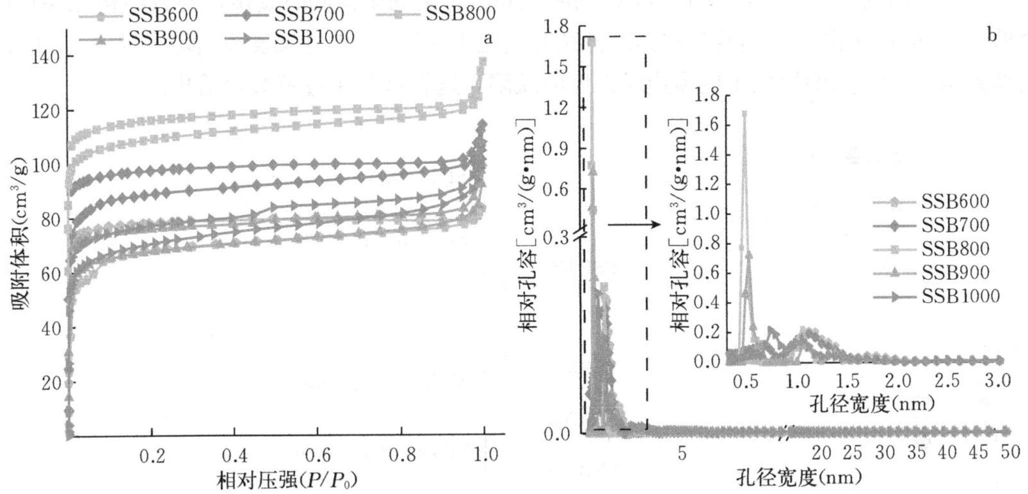

图 5-2　材料 SSBs 的 N_2 吸附-解吸等温线（a）及孔径分布图（b）

表 5-1　NLDFT 法计算的样品孔径分布的相关数值

样品	总孔体积（V_{tot}）(cm^3/g)	平均孔径 (nm)	微孔体积（V_{mic}）(cm^3/g)	介孔体积（V_{mes}）(cm^3/g)	比表面积（S_{BET}）(cm^2/g)
SSB600	0.125 1	1.988 6	0.101 3	0.023 8	251.6
SSB700	0.160 1	1.907 4	0.133 1	0.027 0	335.7
SSB800	0.180 2	1.891 1	0.146 8	0.033 3	381.1
SSB900	0.133 0	2.025 4	0.097 5	0.035 5	262.6
SSB1000	0.123 5	2.204 4	0.084 8	0.038 7	224.1

使用 X 射线粉末衍射（XRD）图谱鉴定了 SSBs 的晶体结构和物相组成（图 5-3a）。可以看到，在 23°和 43°附近有两个明显的衍射峰（2θ），可分别归属于无定形碳的（002）晶面和结晶碳的（100）晶面[14]。这些衍射峰说明 SSBs 均为高度无序的无定形碳材料，

且随着热解温度升高并未出现明显的变化，与 SEM 结果一致，所有材料均保留了生物质纤维固有的形貌。此外，SSBs 均在 29°、39°和 48°处观察到几个意想不到的峰，归属于大豆秸秆生物质中方解石的结晶矿物（JCPS 05－0586）[15]。同样，由于硅是一种植物生长必需的营养元素，在植物中普遍存在，在 SSB600 中观察到石英（SiO_2，JCPS 46－1045）的存在，且随着热解温度的升高，该衍射峰消失，这可能是由于高温下 SiO_2 发生了进一步反应。

通过拉曼光谱进一步探究了 SSBs 的碳结构特征（图 5－3b）。扫描结果显示，SSBs 的光谱在 1 350 cm^{-1}和 1 590 cm^{-1}附近有两个主要的重叠谱带，分别对应于多孔碳中缺陷程度 D 带和有序晶态石墨结构的 G 带。其中，不同热解温度的 SSBs 的 D 带和 G 带的相对强度（I_D/I_G），可以揭示碳材料缺陷和无序结构的比例。高温热解可以诱导更多的无序结构和更低的石墨化程度，可以看到，随着热解温度从 600 ℃增加到 800 ℃，I_D/I_G 的值从 0.86 增加到 1.04，表明在热解过程中形成了大量孔隙，这与 S_{BET}和 V_{tot}的趋势一致[16]。当热解温度达到 900 ℃时，由于化学键的断裂和碳骨架的重构同时发生，导致结构无序程度降低、I_D/I_G 的值降低。随着热解温度持续升高至 1 000 ℃，碳骨架发生坍塌，导致 I_D/I_G 的值增大至 1.00，表明形成了更多边缘无序的缺陷，这将有利于过硫酸盐活化。

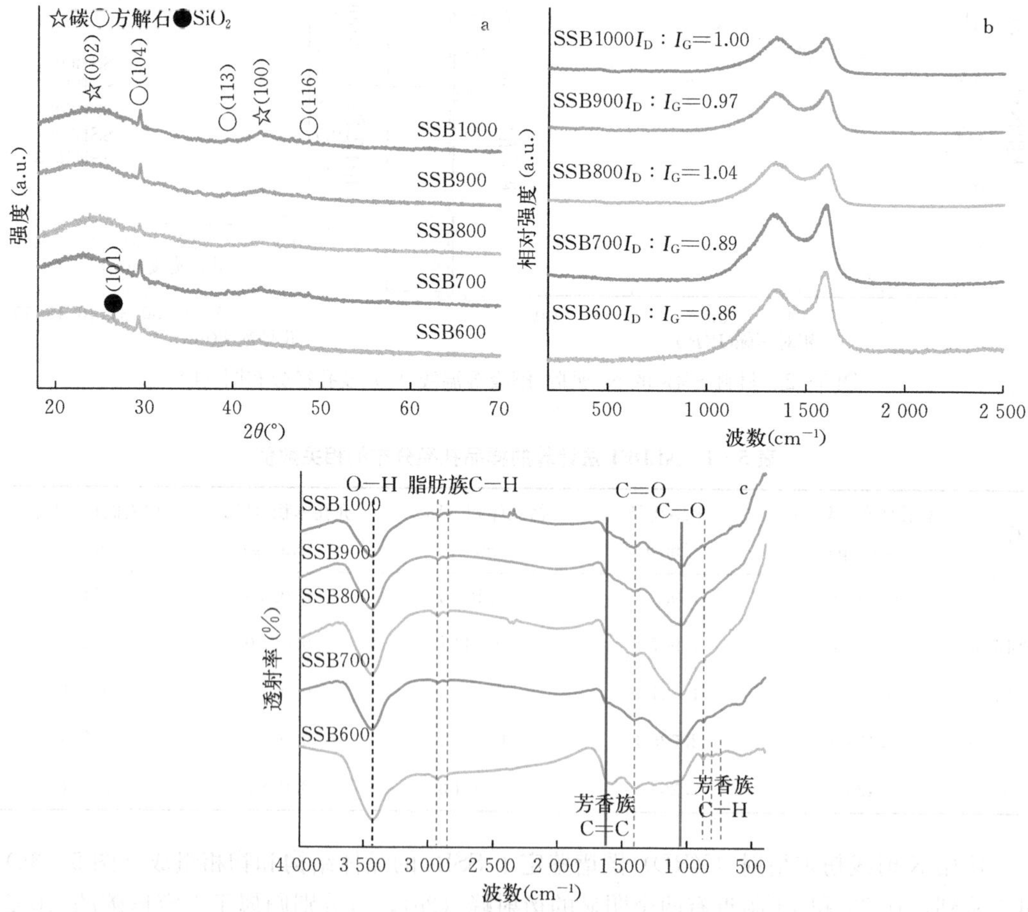

图 5－3　SSBs 的 XRD 图谱（a）、拉曼光谱图（b）和 FTIR 光谱图（c）

图 5-3c 为材料 SSBs 的 FTIR 图谱，在 3 420 cm^{-1}左右出现的特征峰为羟基的伸缩振动[17]，且峰强度随着热解温度的升高而降低，表明材料表面的—OH 随着热解温度升高逐渐消失。1 060 cm^{-1}附近的一系列峰表明生物炭表面具有大量的烷氧基（C—O），可能是醇类、酚类和羧基[18]。SSB600 在 1 585 cm^{-1}、1 420 cm^{-1}和 880 cm^{-1}处的结构吸收峰，分别表明材料表面存在芳香 C═C[19]和酮 C═O 的伸缩振动及芳香 C—H[20]。随着热解温度从 600 ℃升高到 1 000 ℃，引起了 C—OH 基团的脱水和部分烃类物质的急剧分裂，芳香族 C—H 基团的振动强度降低，相反，C═O 呈增加趋势。总之，从 FTIR 谱图中，可以发现 SSBs 表面存在大量官能团，这些官能团可能在活化过硫酸盐反应中起着至关重要的作用。

三、大豆秸秆生物炭的化学成分表征

通过 XPS 分析了 SSBs 的表面化学组成。XPS 能谱显示在 285 eV 处有明显的 C 1s 峰，532 eV 处为 O 1s 峰，400.5 eV 处有微小的 N 1s 峰（图 5-4a）。SSBs 的元素组成随制备条件改变无明显变化，而 C 1s、O 1s 和 N 1s 特征峰的含量变化呈现多样性，其中随着热解温度的升高，N 1s 的含量降低，这可能是由于高温有利于挥发性含氮化合物的形成。所有活化物的 C 1s 光谱可以反褶积为位于 284.8 eV、285.7 eV 和 288.8 eV 附近的三个峰，分别归属于 C—C/C═C、C—O/C—N 和 C═O[21]（图 5-4b）。随着热解温度从 600 ℃增加到 1 000 ℃，C—C/C═C 的含量从 56.79%减少至 40.70%（表 5-2），这一现

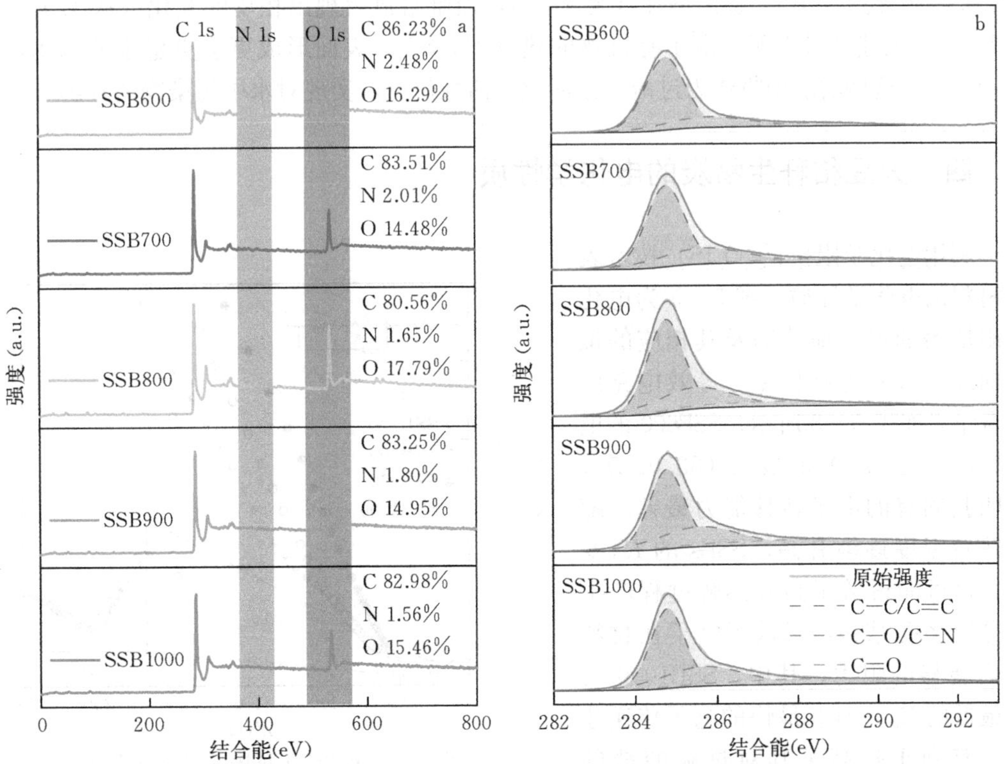

图 5-4　SSBs 的 XPS 全谱（a）和 C 1s 的高分辨率 XPS 光谱及其拟合峰（b）

象可以归因于高温下芳香族结构的逐步冷凝[22]，同时材料的碳化程度增加，这也解释了SSBs从600 ℃到800 ℃ S_{BET}和V_{tot}的显著增加。与之相反，C═O的含量明显增加，从6.21%提高到17.83%，这可能由于在更高的温度下，不稳定的C—O被加速转化，而富含电子的C═O作为Lewis碱性位点可以同时作为过硫酸盐活化的活性位点，产生活性氧物种[23]。

表5-2　SSBs的XPS峰拟合结果

材料	元素含量（%）							
	C 1s			O 1s		N 1s		
	C—C/C═C	C—O/C—N	C═O	C═O	C—OH/C—O—C	吡啶氮	吡咯氮	石墨氮
SSB600	56.79	18.23	6.21	5.49	10.81	0.30	1.90	0.27
SSB700	51.04	23.64	8.83	7.38	7.11	0.43	1.27	0.32
SSB800	46.48	23.50	10.58	10.59	7.20	0.39	0.90	0.36
SSB900	42.29	24.83	16.13	10.71	4.24	0.79	0.47	0.53
SSB1000	40.70	24.46	17.83	12.49	2.97	0.77	0.28	0.50

对O 1s光谱进行分峰拟合，得到结合能位于531.6和533.2 eV附近的两个峰，分别归属于羰基氧（C═O）和非羰基氧（C—OH/C—O—C）[24]。同样地，N 1s信号可以被拟合为吡啶氮（约398.8 eV）、吡咯氮（约400.5 eV）和石墨氮（约401.8 eV）三个基团[25]，且随着热解温度的升高，观察到吡啶氮（从0.30%到0.77%）和石墨氮含量（从0.27%到0.50%）逐渐增加（表5-2），而吡咯氮表现出相反的变化（从1.90%到0.28%）。上述结果表明，由于有机物的热分解，SSBs表面形成更多更稳定的基团，如C═O[21]，这些功能团将作为过硫酸盐活化的活性位点，实现对水中污染物的降解。

四、大豆秸秆生物炭的电化学性质

利用电化学阻抗谱（EIS）技术表征材料的电化学性质。图5-5为电化学阻抗谱的尼奎斯特图及其相应的拟合曲线和等效电路模型。等效电路的拟合结果如表5-3所示，SSB600的电荷转移电阻（R_{ct}）值最大（53.02 Ω），说明其固有的电子转移能力最差。随着热解温度逐渐升高，SSBs的R_{ct}变小，这可能得益于高温热解过程产生的分级多孔结构，降低了电子在材料表面转移的阻力。其中，SSB1000具有最低的R_{ct}，具有最快的电子传递速率，有利于提高了其对过硫酸盐的活性。

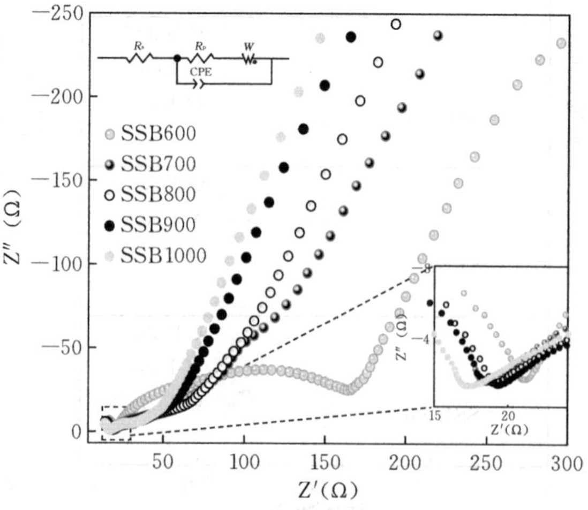

图5-5　电化学阻抗谱的尼奎斯特图

表 5-3　拟合等效电路的阻抗参数

样品	Rs（Ω/cm²）	Rct（Ω/cm²）	韦伯阻抗（Ω/cm²）
SSB600	20.36	53.02	0.895 1
SSB700	17.24	50.38	0.115 4
SSB800	16.91	40.79	0.991 3
SSB900	16.88	40.02	0.102 5
SSB1000	16.32	30.45	0.288 7

五、大豆秸秆生物炭和过硫酸盐体系降解性能评价

如图 5-6a 所示，在只有 SSBs 存在的情况下，1 min 内溶液中四环素（TC）的浓度急剧下降，表明发生了 SSBs 对四环素的快速吸附。SSBs 在 15 min 内对溶液中 TC 的去除率为 30.88%～46.36%，并呈现出随热解温度升高吸附量增大的趋势。研究表明，大部分未经改性的秸秆生物炭对 TC 的吸附性能有限，吸附量为 22.7～38.0 mg/g，而改性生物炭的吸附量可达 82.6～584.2 mg/g。SSB1000 吸附容量（9.4 mg/g）与作为吸附剂而设计的生物炭相比并无优势。如图 5-6b 所示，单独使用过硫酸盐（PS）在 15 min 内对TC 的氧化效果仅为 9.56%，说明 PS 本身的 TC 降解能力较差。而在 PS 和 SSBs 共存的情况下，与单独使用 SSBs 或单独使用过硫酸盐处理相比，TC 去除率均显著提高。其中，SSB1000/PS 体系表现出最佳的去除效果，15 min 内实现 TC 的完全去除，其次是 SSB900/PS 体系（98.82%）、SSB800/PS 体系（97.03%）、SSB700/PS 体系（90.84%）和 SSB600/PS 体系（73.95%），这应该归因于 SSBs 对 PS 的激活产生了活性氧化物质。生物炭的吸附效果取决于其表面特征和活性吸附点，SSB1000 相对较大的 S_{BET} 和 V_{mes} 有利于更多的 TC 分子附着在其表面，这可能有利于增加反应物之间的接触概率。为了进一步研究该反应的动力学，使用拟一阶动力学方程拟合了不同 SSBs/PS 体系的 TC 去除曲线，由公式（5-1）计算得到 SSB1000/PS 体系、SSB900/PS 体系、SSB800/PS 体系、SSB700/PS 体系和 SSB600/PS 体系对应的准一级速率常数（k_{obs}），分别为 0.530 8 min^{-1}、0.384 1 min^{-1}、0.197 6 min^{-1}、0.119 8 min^{-1} 和 0.059 5 min^{-1}。

$$\ln(C_t/C_0)=-k_{obs}t \tag{5-1}$$

式中，C_0 和 C_t 分别表示初始和特定时间（t）下污染物的浓度，k_{obs} 为表观速率常数（min^{-1}），t 为反应时间（min）。

与其他生物质衍生的未改性生物炭基 PS 高级氧化技术去除 TC 的效果相比（表 5-4），SSB1000/PS 体系表现出优异的 TC 去除效能。金属负载和杂原子掺杂制备改性生物炭，是提高生物炭活化催化能力最常用的方法[26]，即使相较于表 5-4 中的改性生物炭，SSB1000/PS 体系也表现出优异的 TC 去除效果。综上所述，SSB1000 可以有效地活化 PS，实现水体中 TC 的快速去除。

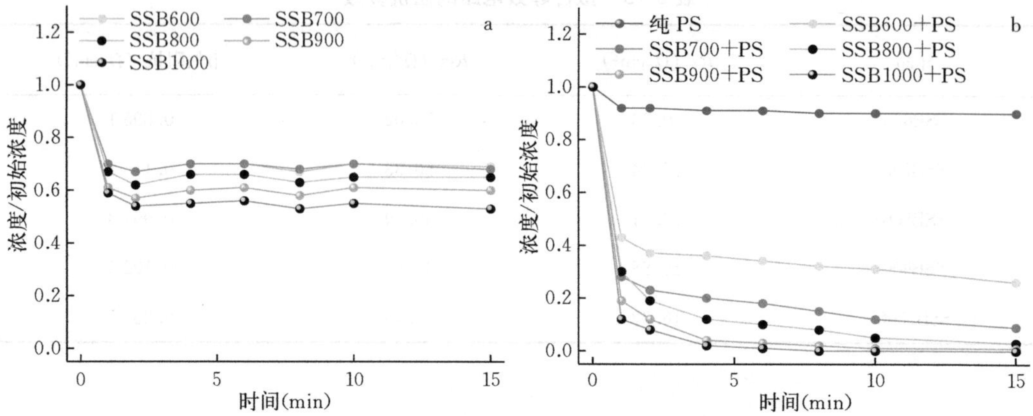

图 5-6 SSBs 对 TC 的吸附效果（a）和 PS 存在下不同体系对 TC 的去除效果（b）

表 5-4 生物炭基 PS 高级氧化技术对四环素去除效果的对比

生物炭种类		浓度			去除率	反应时间 (min)
		生物炭（g/L）	污染物（μmol/L）	PS（mmol/L）		
原始生物炭	苎麻纤维生物炭	0.1	41.6	1	87.2%	150
	小麦秸秆生物炭	0.2	69.1	1	37.0%	240
	咖啡渣生物炭	0.4	20	2	44.5%	60
	玉米芯生物炭	0.2	207.8	4.2	82.9%	180
	油茶籽壳生物炭	0.4	41.6	10	37.2%	60
	大豆秸秆生物炭	1	41.6	6	100.0%	15
	大豆秸秆生物炭	1	41.6	1	99.9%	30
		0.5	41.6	4	100.0%	60
改性生物炭	N 掺杂生物炭	0.1	41.6	1	100.0%	150
	N/B 共掺杂小麦秸秆生物炭	0.2	69.1	1	80%	240
	N/S 共掺杂多孔炭	0.4	20	2	100.0%	60
	N/Cu 共掺杂生物炭	0.2	41.6	2	100.0%	120
	磁铁矿改性生物炭	0.4	41.6	10	92.3%	60

六、SSB1000/PS 体系的应用性能

（一）SSB1000/PS 体系的循环性能

测试了 SSB1000/PS 体系的重复使用性。通过抽滤回收降解反应后的 SSB1000 样品，经水和乙醇交替洗 3 次后，烘干得到的黑色粉末记为 TC-1 st，如图 5-7a 所示，第二次循环中 TC-1st/PS 体系的降解性能明显劣于新鲜 SSB1000，对 TC 的去除率下降至 46.0%，TC 去除性能的下降主要是由于 SSB1000 表面失去了活性位点和降解中间产物的覆盖[27]。值得注意的是，经过对循环两次后的材料进行简单的热处理（氮气氛围中 1 000 ℃

热解 1 h)，反应体系去除 TC 的效率得到大幅恢复，可以看到，TC - RC/PS 体系在 30 s 内即完成水体中 20 mg/L TC 的去除（退火处理），这意味着掩蔽活性位点的四环素或其中间产物很容易被高温去除。

（二）SSB1000/PS 体系对其他有机污染物的去除效果

如图 5 - 7b 所示，考察了 SSB1000/PS 体系对其他常见有机污染物的去除效果。SSB1000/PS 体系对苯酚（Phenol）、磺胺嘧啶（SDZ）、环丙沙星（CPFX）和双酚 A（BPA）也表现出出色的降解性能，15 min 内去除率分别为 95.6%、99.3%、75.8%和 99.8%，对应 k_{obs} 分别为 0.187 0 min^{-1}、0.287 0 min^{-1}、0.080 5 min^{-1} 和 0.259 2 min^{-1}，说明 SSB1000/PS 体系对水体中污染物的去除具有一定的普适性。

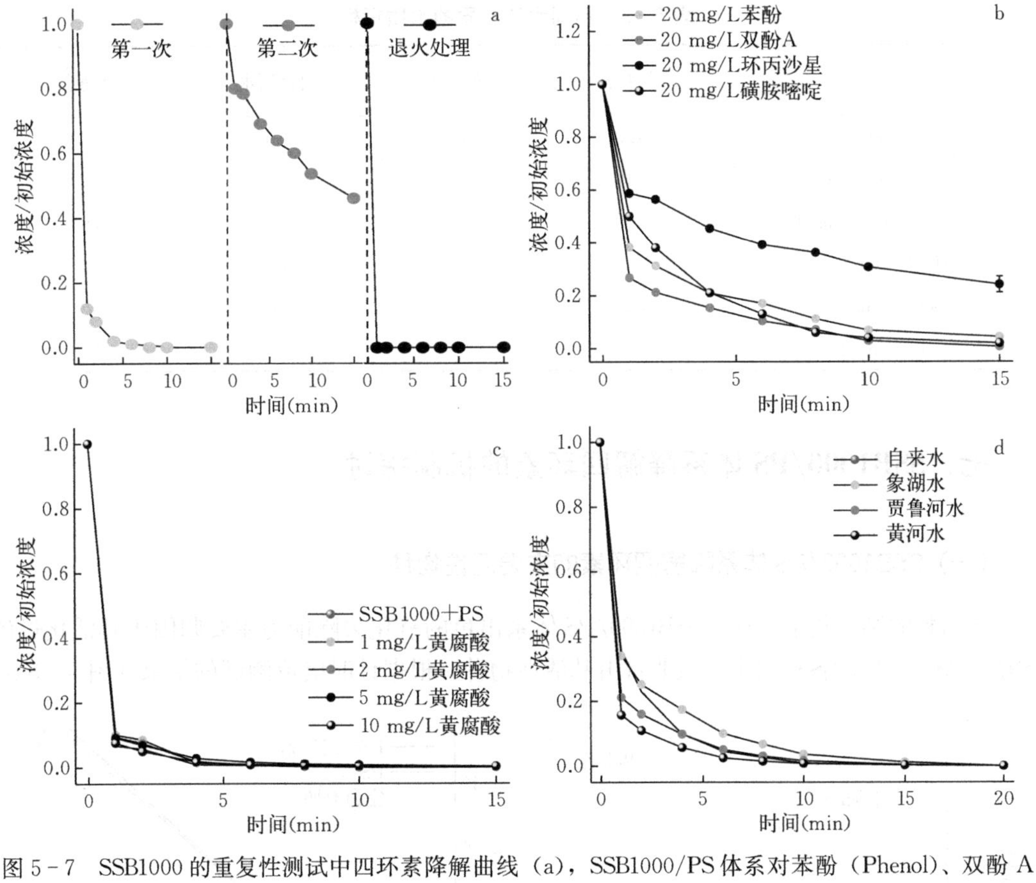

图 5 - 7　SSB1000 的重复性测试中四环素降解曲线（a），SSB1000/PS 体系对苯酚（Phenol）、双酚 A（BPA）、环丙沙星（CPFX）和磺胺嘧啶（SDZ）的去除效果（b），HA 对 SSB1000/PS 体系降解四环素的影响（c），以及不同水体中 SSB1000/PS 体系对四环素的去除效果（d）

（三）不同水体中 SSB1000/PS 体系对四环素的去除效果

腐殖酸（HA）作为水体中普遍存在的典型天然有机物，由于其含有丰富的羟基、羧基和酚基等官能团，对有机物的吸附和降解具有复杂的影响。因此，选择 HA 作为代表性有机物评价 SSB1000/PS 体系对天然有机物的抵抗能力。随着加入的 HA 浓度的增加，体系对四环素的去除性能并未受到明显影响（图 5 - 7c），即使在与 10 mg/L HA 共存的情况下，也可以在 15 min 内对四环素实现全部去除。

此外，采集实际水样，在自来水、黄河水、贾鲁河水和象湖水中进行了四环素的去除试验，进一步评估 SSB1000/PS 体系在实际水体的应用效果。如图 5 - 7d 所示，TC 在 20 min 内被完全去除，对应的 k_{obs} 分别为 0.377 6 min^{-1}、0.266 6 min^{-1}、0.321 7 min^{-1} 和 0.352 1 min^{-1}。检测了这 4 个实际水样中的一些水质指标，包括 pH、电导率、总溶解固体、HCO_3^-、SO_4^{2-} 和 Cl^-（表 5 - 5），发现除自来水外，水体中均含有较高浓度的无机盐离子，可以在一定程度上使降解性能恶化，导致降解速率下降。以上结果表明，SSB1000/PS 体系在自然水体中具有良好的应用潜力，可作为一种可替代的、绿色的水处理方法。

表 5 - 5　不同水体基质的水质指标

指标	自来水	黄河水	贾鲁河水	象湖水
pH	7.3	7.3	7.1	7.4
电导率（μS/cm）	217	452	618	792
固体溶解总量（mg/L）	103	211	263	340
HCO_3^-（mg/L）	139	231	370	197
SO_4^{2-}（mg/L）	41.8	481	406	310
Cl^-（mg/L）	19.5	304	389	241

七、SSB1000/PS 体系降解四环素的机制探讨

（一）SSB1000/PS 体系降解四环素的主要活性物种

碳材料的结构复杂多样，SSB1000/PS 体系出色的氧化去除能力主要归因于其活化过硫酸盐（PS）产生的各种自由基或非自由基活性物种。根据计时电流测试的结果（图 5 - 8a），

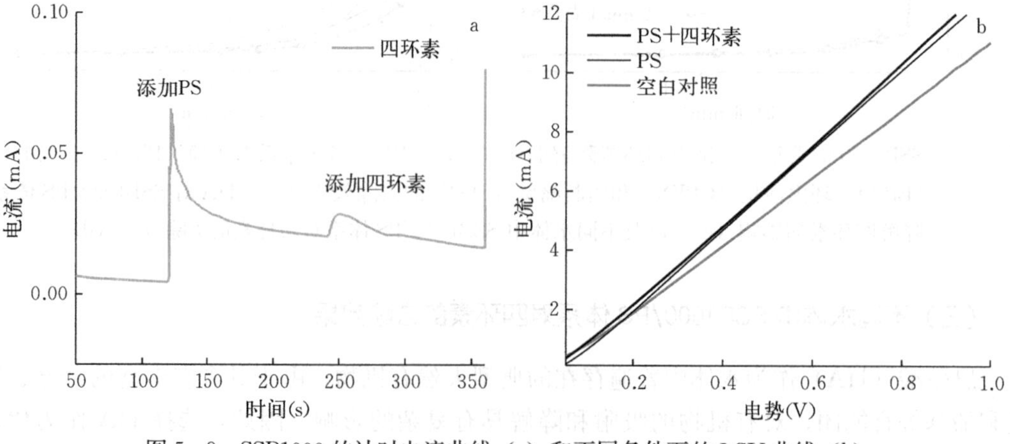

图 5 - 8　SSB1000 的计时电流曲线（a）和不同条件下的 LSV 曲线（b）

可以观察到注入过硫酸盐后出现了强烈的电流跳跃，这是由于 SSB1000 和过硫酸盐之间的电子转移引起了大量自由基的产生。随后注入四环素（TC），引发了较弱的电流反应，说明四环素和 SSB1000 之间的电子转移非常有限。同样地，线性扫描伏安测试结果显示（图 5－8b），在只有过硫酸盐存在的情况下，电流明显增强，而加入四环素后，电流密度没有明显增加，进一步说明 SSB1000 可以直接激活过硫酸盐而不需要污染物的存在。上述结果初步表明，目标污染物四环素的去除应以自由基路径为主，而不是由 SSB1000 和过硫酸盐形成的中间体复合物介导的电子转移途径（非自由基路径）。

通过电子顺磁共振（EPR）测试进一步明晰反应体系中的活性氧物种。在 SSB1000/PS 体系中加入 5,5－二甲基－1－吡咯啉－N－氧化物（DMPO）作为 $SO_4^{\cdot-}$ 和 •OH 的捕获剂，EPR 测试结果表明，仅 PS 存在时，可以观察到微弱的 $SO_4^{\cdot-}$ 和 •OH 信号（图 5－9a），且 •OH 的信号强度高于 $SO_4^{\cdot-}$，这可能是由于溶液中的 $SO_4^{\cdot-}$ 快速转化为 •OH。加入 SSB1000 后，溶液中出现 5,5－二甲基－2－吡咯烷酮－N－氧基的氧化产物（DMPOX）的特征信号，其强度比为 1∶2∶1∶2∶1∶2∶1，归属于 DMPO 被直接氧化的特征峰[28]，且在 TC 存在的情况下，峰强度略有下降，说明游离的 $SO_4^{\cdot-}$ 和 •OH 对 TC 的氧化几乎没有作用。当用 MeOH 取代 DMPO 捕获体系中的溶剂来对反应体系中的 $\cdot O_2^-$ 进行检测时，监测到一个 DMPO－$\cdot O_2^-$ 的六元峰特征峰（图 5－9b）。同样，在 TC 存在的情况下，信号没有显示出明显的衰减，表明 $\cdot O_2^-$ 对 TC 降解的贡献很小。此外，2,2,6,6－四甲基－4－哌啶酮（TEMP）被用作 $^1O_2$ 的捕获剂，仅有 PS 存在的情况下，可以观察到微弱的 $^1O_2$ 三元特征峰的信号（图 5－9c），加入 SSB1000 后，信号消失，加入 TC 同样未观察到任何信号，表明 SSB1000 很难活化 PS 产生 $^1O_2$。

因此，为了进一步确认活性氧物种对 TC 降解的贡献[29]，向 SSB1000/PS 体系中加入不同的淬灭剂。向反应体系中加入 3 mol/L 乙醇（EtOH）和 3 mol/L 异丙醇（IPA），分别用于区分 $SO_4^{\cdot-}$ / •OH 和 •OH 的贡献。发现 EtOH 和 IPA 的加入均未对 TC 的去除产生明显的抑制作用，表明体系溶液中游离的自由基对 TC 降解的贡献较小。进一步将 SSB1000/PS 体系的溶剂替换为 100% EtOH 后，TC 的去除受到了明显的抑制，这说明表面结合的 $SO_4^{\cdot-}$ / •OH 可能主导了 TC 氧化过程。同 EPR 结果一致，在 L－组氨酸（L－His）存在的情况下，SSB1000/PS 体系对 TC 的去除几乎不受影响，再次证实了 $^1O_2$ 在 TC 消除中微不足道的贡献。高氯酸钾（$KClO_4$）常被用来鉴定活化剂与 PS 形成的外球中间体介导的电子转移途径的贡献[30]，可以看到，$KClO_4$ 的加入略微抑制了 TC 的去除效果，这说明电子传递途径在 TC 去除中的贡献可以忽略不计（图 5－9d）。

据报道，表面结合的自由基（SBRs，$SO_4^{\cdot-}$ / •OH）产生并被限制在活化剂表面，其活性空间有限，因此只能与吸附在 SSB1000 表面或其周围溶液中的 TC 反应。苯酚（Phenol）常被用作 SBRs 的淬灭剂，由于其具有相对疏水的性质，可优先接近材料表面，从而得以淬灭材料表面的 SBRs[31]。因此，如图 5－9d 所示，向反应体系中加入 150 mmol/L 苯酚后，15 min 内 TC 去除率从 100%下降至 47.10%，这证明了 SBRs 是 SSB1000/PS 体系降解 TC 的主要活性氧物种。

综上所述，SBRs 是 SSB1000/PS 体系降解四环素的主要活性氧物种，推测四环素的氧化反应主要发生在活化剂的表面。

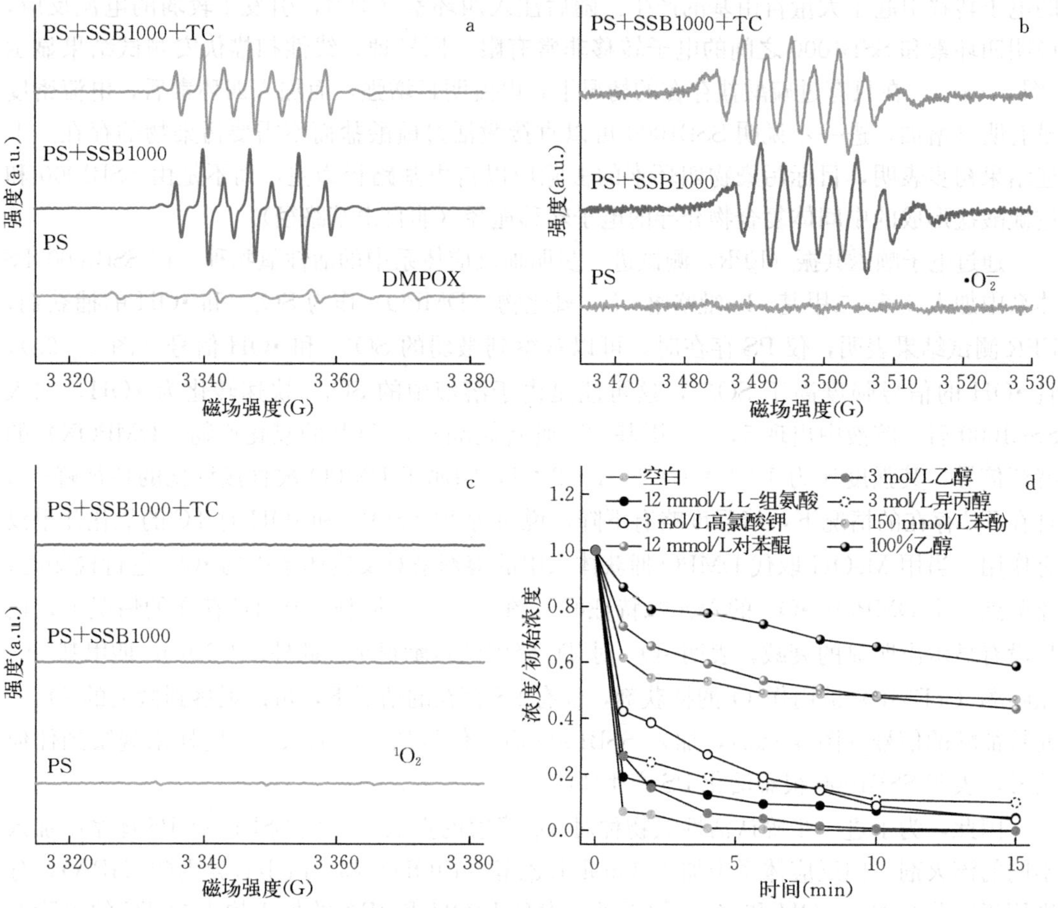

图 5-9　DMPO（a）、DMPO（MeOH 溶液）（b）和 TEMP（c）存在下 SSB1000/PS 体系的 EPR 检测结果，以及不同淬灭剂对四环素降解的影响（d）

（二）SSB1000/PS 体系降解四环素的机制探讨

为进一步明晰 SSB1000/PS 体系降解四环素（TC）的可能机制，计算了不同 SSBs 降解反应过程对 TC 的吸附量（Q，mg/g），生物炭的吸附效率取决于其表面特性和活性吸附位点，对相关指标拟合后发现 SSBs 的 V_{mes} 与 Q 之间存在显著的正相关（$R^2=0.972$），表明介孔结构对 TC 的吸附起到了至关重要的作用（图 5-10a）。无论通过碰撞还是吸附，SSB1000 的最高 Q 值都会增大 TC 与 SSB1000 表面 SRBs 之间最高的接触概率。同样地，如图 5-10b 所示，Q 与 k_{obs} 之间建立了极佳的正相关关系（$R^2=0.966$），说明吸附是决定降解速率的关键步骤。基于上述结果，可以得出结论，TC 在 SSBs 上的吸附对其降解起到了重要作用，因此我们推测 TC 的降解过程主要发生在活化剂表面。

为进一步验证，进行了简单的混合试验，即先将 SSB1000 和过硫酸盐（PS）混合在水溶液中，待一定时间后再加入四环素（TC）。理论上，SSB1000 活化 PS 产生活性氧物种，由于受到活性氧物种活性或寿命的限制，同时考虑到材料表面活性位点的损失，那么

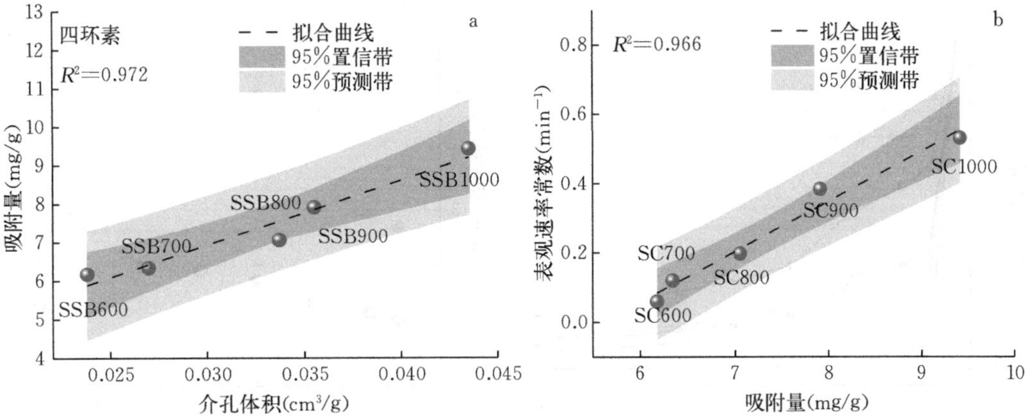

图 5-10　V_{mes}与Q的相关性（a）及Q与k_{obs}的相关性（b）

越迟加入 TC，则去除率越低。如图 5-11a 所示，随着预混时间的延长，TC 的去除率出现明显损失，且k_{obs}衰减至 0.111 min^{-1}。同时，如图 5-11b 所示，相比于对照组，在不同预混时间处理中，伴随着材料表面活性（吸附）位点的损失导致 TC 去除率下降，降解过程中 PS 的利用率也出现了不同程度的减小，证实不依赖于 TC 提供的电子 SSB1000 材料本身可以直接活化 PS 产生活性氧物种。值得注意的是，在仅有 TC 和 PS 的溶液中，PS 的分解可以忽略不计（图 5-11c），而在 SSB1000（无 TC）的存在下，PS 的消耗立即发生且相对较快。而 TC 的加入对 PS 的分解有抑制作用，这可能是由于其阻止了材料表面的活性位点和 PS 之间的相互作用，进一步说明材料表面在为活化 PS 和降解 TC 提供必要的位点方面起着重要作用。

通过对 SSB1000 新鲜和使用后的 FTIR 图谱和 XPS 结果进行分析，以了解降解过程中涉及的关键官能团和化学元素状态的变化。从图 5-12a 的 FTIR 谱图中可以观察到 1 420 cm^{-1}处的峰，归属于 SSB1000 酮的 C═O 伸缩。该峰在使用过的 SSB1000（TC-1st）的光谱中消失，表明 C═O 参与了反应。四环素降解反应后出现了明显的芳香共轭 C═O/C═C（1 640 cm^{-1}）峰[32]，这可归属于吸附的降解中间产物环上的羰基。同时，反应后在 591 cm^{-1}附近出现一个归属于硫酸根离子的 S—O 新峰。

对 SSB1000、TC-1 st 和 TC-RC 的 C 1s 高分辨谱图分峰拟合得到相应的绝对含量（图 5-12b 和 c），与 SSB1000 相比，TC-1 st 中的 C═O 组分绝对含量明显减少（2.53%）。此外，对循环两次后的材料进行简单的热处理后，C═O 组分含量恢复甚至超过了新鲜的 SSB1000。据报道，C═O 可以作为 Lewis 碱性位点，通过电子转移断裂 O—O 键活化过硫酸盐[33]，实现对四环素的降解。因此，推测 SSB1000 中的 C═O 是过硫酸盐活化的活性位点。与 C═O 物种相反，可以观察到 C—O/C—N 组分呈含量增加的相反变化。降解中间产物在 SSB1000 表面的吸附可能是造成这种现象的原因，它们可以占据 SSB1000 表面的活性位点，或者在下一个循环中充当产生的 SBRs 的竞争者，造成四环素去除效果的衰退，而退火处理可以破坏材料表面吸附的中间产物恢复表面活性位点。上述结果也很好地解释了使用过的 TC-1 st/PS 体系的四环素降解能力急剧下降，而再生的 TC-RC 性能甚至优于 SSB1000（图 5-7a）。

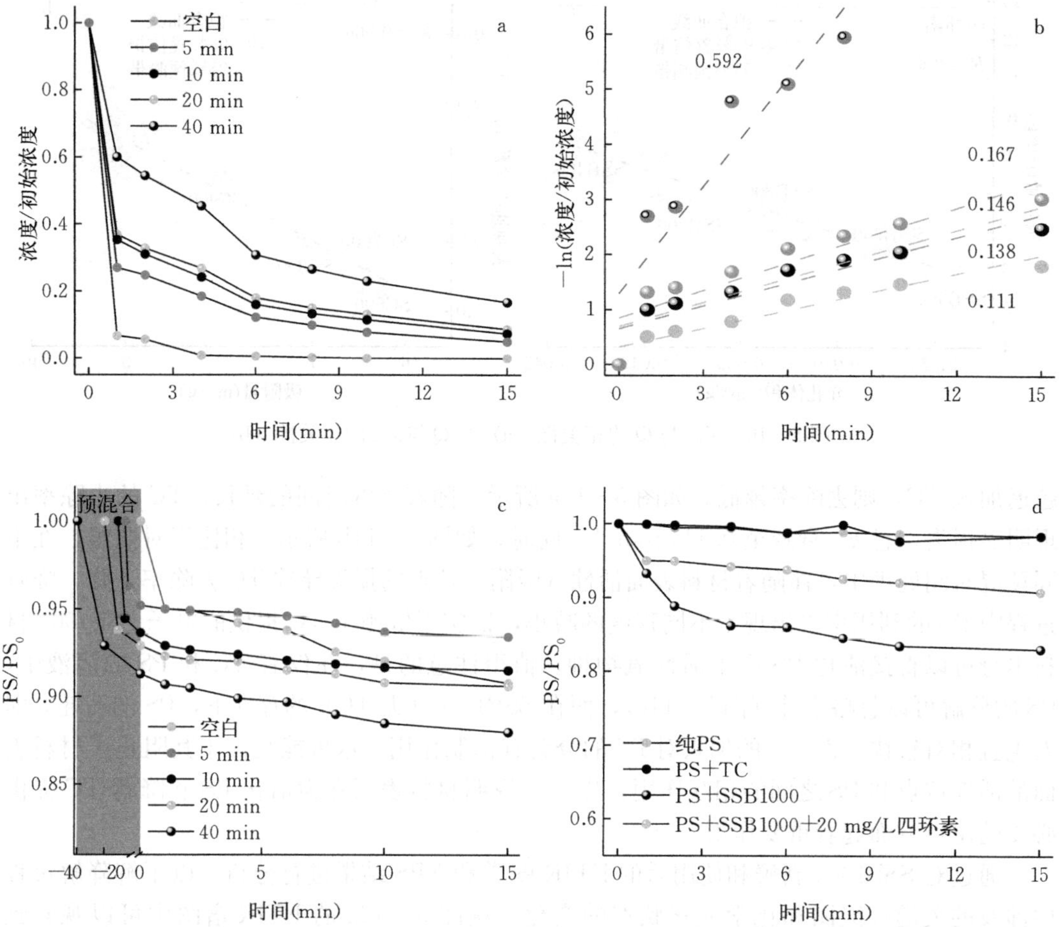

图 5-11　不同预混处理下四环素的去除率（a），TC 去除的 k_{obs} 拟合曲线（b），以及 PS 消耗曲线（b 和 c）

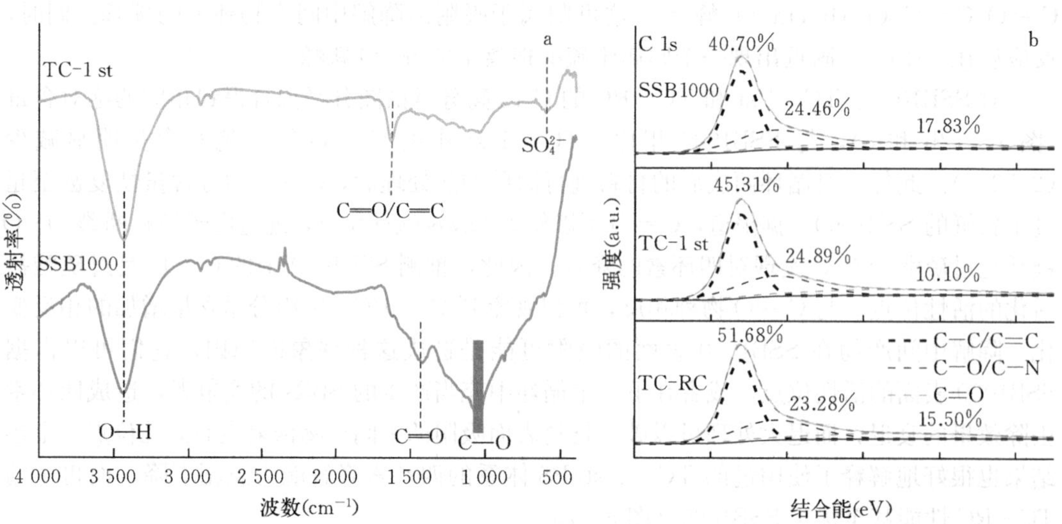

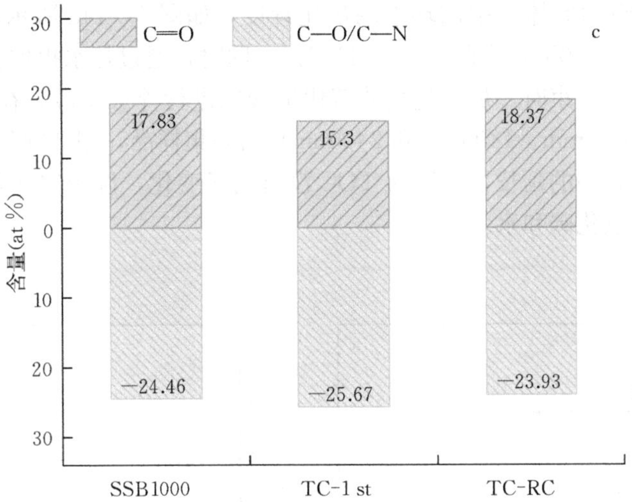

图 5-12　SSB1000 和反应后的 SSB1000（TC-1 st）的 FTIR 光谱（a），XPS 分析的分峰拟合结果（b），以及 SSB1000、TC-1 st 和再生 SSB1000（TC-RC）表面含氧官能团含量（c）

基于上述结果，提出了 SSB1000/PS 体系中四环素分解的可能机制（图 5-13）：首先，SSB1000 表面的活性位点通过吸附和碰撞与水体中的过硫酸盐和四环素分子接触，其中C═O 作为主要活性位点激活过硫酸盐产生大量活性氧物种；随后，以表面结合自由基为主要路径实现对水体中四环素的快速降解。

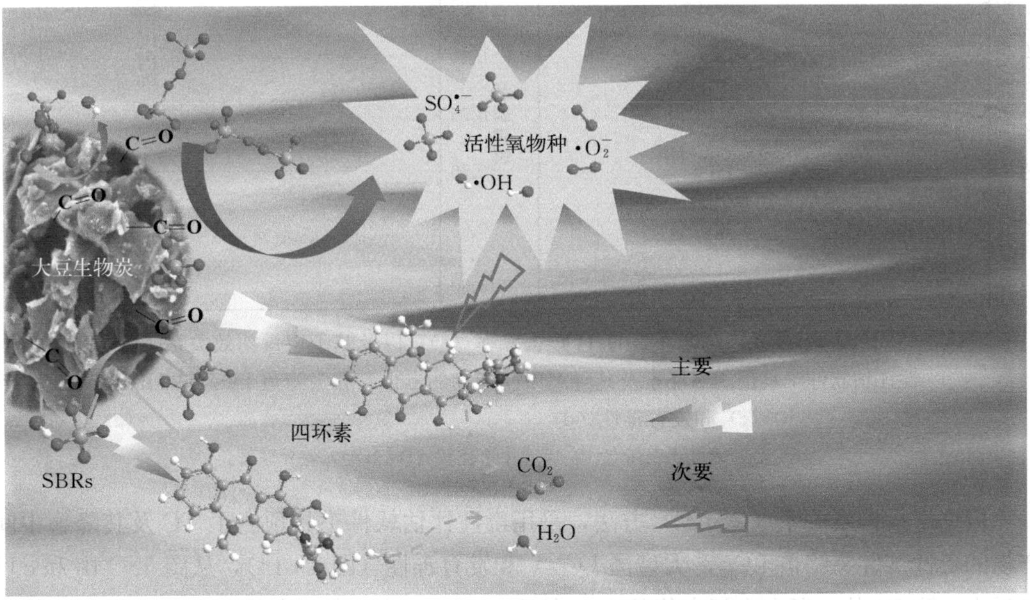

图 5-13　SSB1000/PS 体系降解 TC 的机制示意图

(三) 四环素降解路径分析

总有机碳（TOC）是常用的表征有机污染物矿化程度的重要指标。本章通过 TOC 分析仪分析了 SSB1000/PS 体系中四环素的矿化程度，如图 5 - 14a 所示，反应 15 min 后，TOC 显著降低（$P<0.05$），去除率约为 41.2%。同时，通过热水提取法回收吸附的有机中间物，在降解反应结束时，加入过量的硫代硫酸钠进行淬灭反应，在 80 ℃水浴加热一定时间（60 min、120 min、180 min 和 240 min）后采集样品，用 TOC 分析仪对滤液进行测定。随着热提取时间的延长，残留的 TOC 没有明显变化，说明这些降解中间产物进一步被完全矿化成二氧化碳和水。

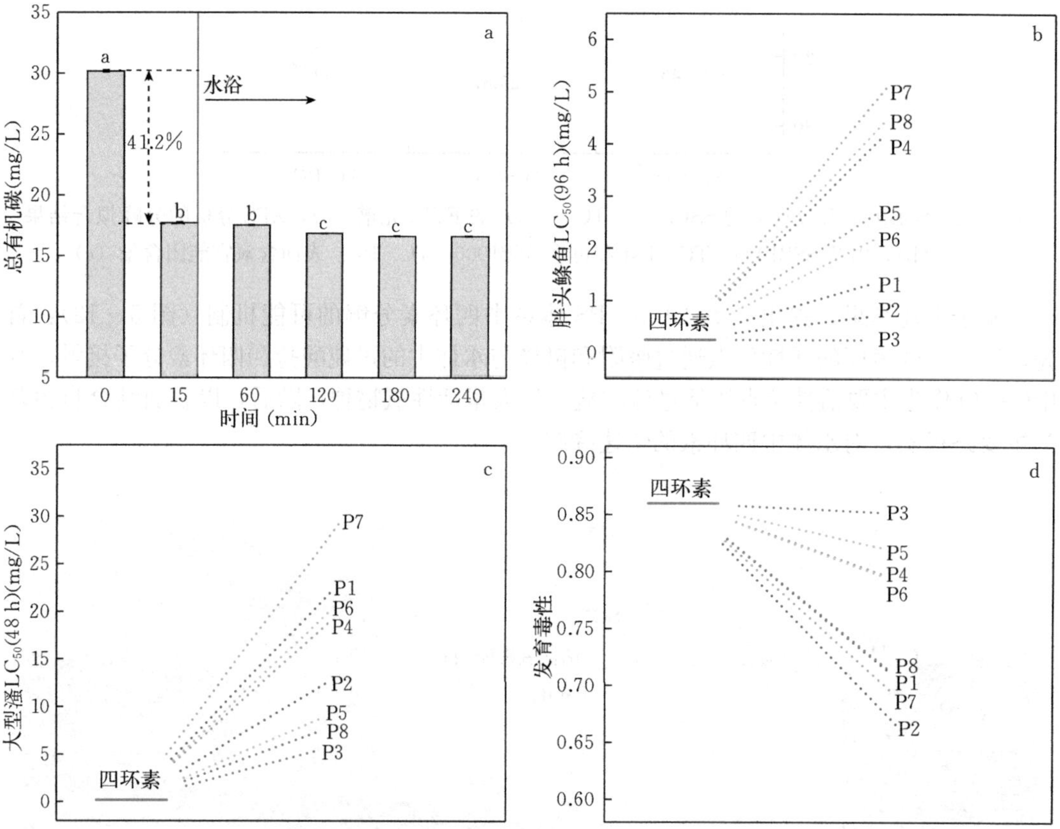

图 5 - 14　SSB1000/PS 体系降解四环素的 TOC 去除率（a），以及基于定量构效关系（QSAR）的毒性评估软件工具预测四环素及其降解中间产物的毒性：胖头鲦鱼 LC_{50}（96 h）（b）、大型溞 LC_{50}（48 h）（c）和发育毒性（d）

注：小写字母代表在 $P=0.05$ 水平下比较（Duncan），差异显著。

根据定量构效关系（QSAR）方法，采用毒性评估软件工具预测了 TC 及其降解中间产物的毒性（胖头鲦鱼 LC_{50}，大型溞 LC_{50}）和发育毒性（图 5 - 14），从图 5 - 14b 和 c 可以看出，除 P3 外，所有中间产物的 LC_{50} 均大于 TC，说明中间产物的急性毒性较母体四环素低。从图 5 - 14 d 可以看出，所有中间产物的发育毒性都低于 TC，说明 SSB1000/PS 体系可以有效缓解四环素的发育毒性。

考虑到四环素分子不完全矿化会产生一些中间产物，为了探索四环素在 SSB1000/PS 体系中的降解路径，采用液相色谱-质谱联用（LC - MS）对降解中间产物进行进一步鉴定。图 5－15 中分别给出了四环素降解中间产物的 LC－MS 图，表 5－6 总结了四环素降解中间产物的信息。提出了四环素可能的降解路径（图 5－16）：在路径Ⅰ中，通过在四环素母环上增加一个羟基进行羟基化反应，将 TC（$m/z=445$）转化为片段 P1（$m/z=461$），然后通过对 P1 的氢提取反应生成 P2（$m/z=459$）；由于 N—C 键键能较低，在四环素降解过程中经常观察到各类脱甲基的副产物，在路径Ⅱ中，TC 发生 N－去甲基化反应生成 P3（$m/z=431$），P3 依次通过脱酰胺反应裂解为 P4（$m/z=362$）、通过开环和脱醇反应生成 P5（$m/z=318$）、通过脱乙酰基后得到 P6（$m/z=274$）；在路径Ⅲ中，P7（$m/z=477$）作为四环素的羟基化产物，通过脱甲基、脱酰胺、羟基化等一系列反应断裂碳链产生 P4，随后经过活性氧物种的进一步攻击，环烃环状结构被打开，生成 P8（$m/z=388$）。这些中间产物通过碳环的开环和裂解进一步转化为无机矿物小分子，最终，被矿化为二氧化碳和水等。

上述结果表明，在具有丰富 C═O 活性位点和较大 V_{mes} 的 SSB1000 作用下，通过活化过硫酸盐可以高效分解 TC，从而有效降低四环素及其降解中间产物的水生毒性。

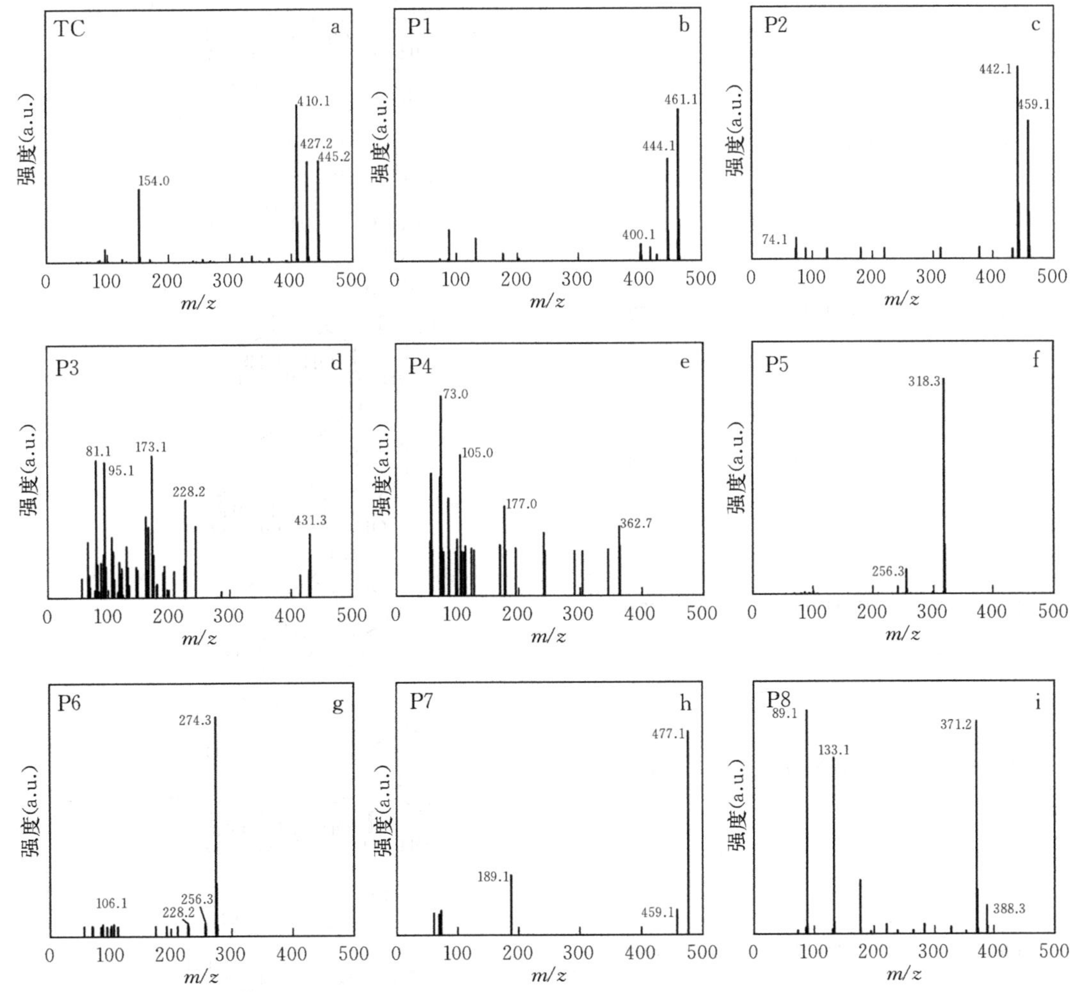

图 5－15　TC（a）及其降解中间产物的质谱图

表 5-6 中间产物的结构信息

名称	分子式	m/z	结构式
TC	$C_{22}H_{24}N_2O_8$	445	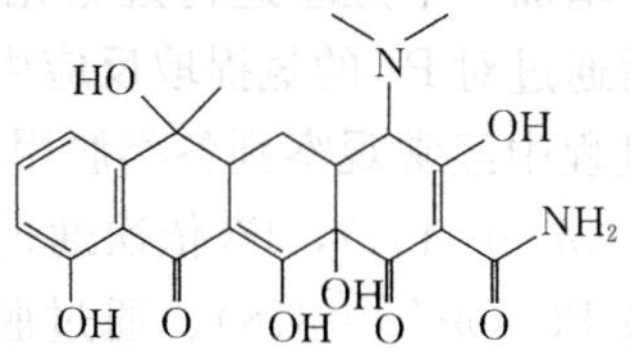
P1	$C_{22}H_{24}N_2O_9$	461	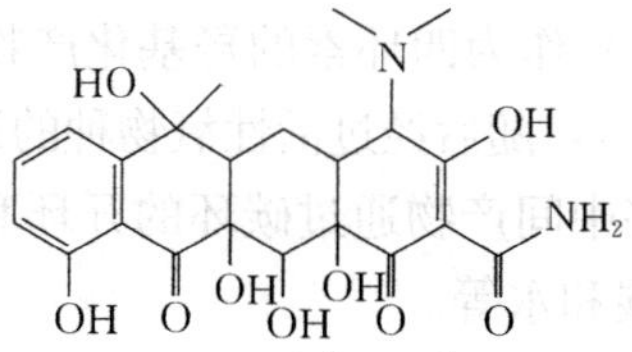
P2	$C_{22}H_{22}N_2O_9$	459	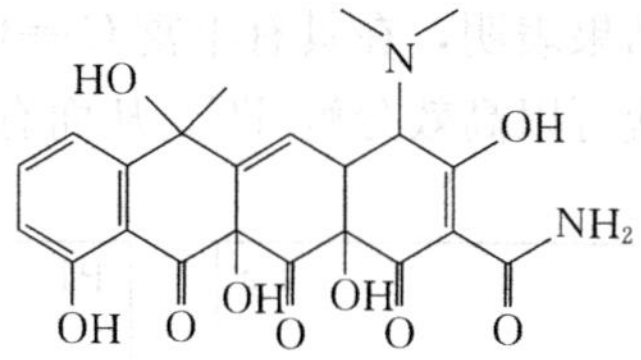
P3	$C_{21}H_{22}N_2O_8$	431	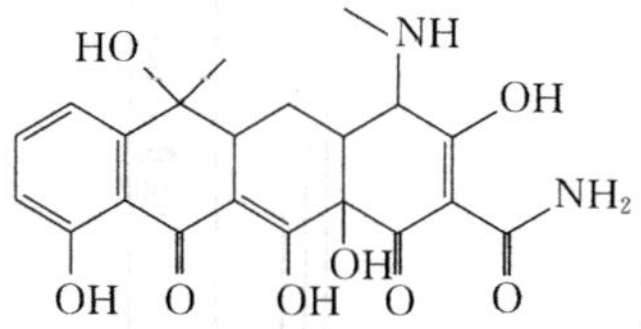
P4	$C_{19}H_{20}O_8$	362	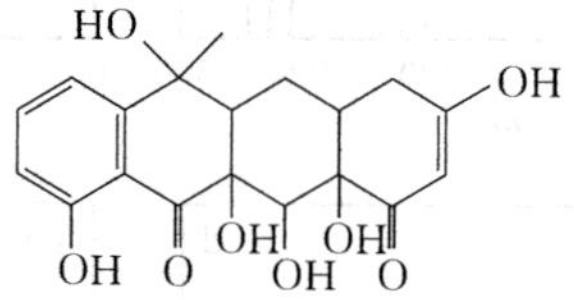
P5	$C_{17}H_{18}O_6$	318	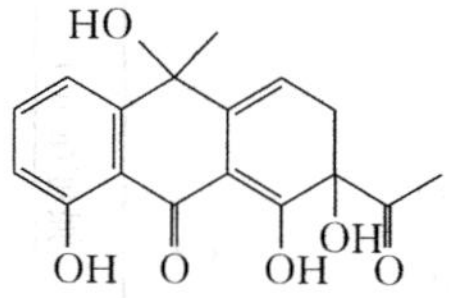
P6	$C_{15}H_{14}O_5$	274	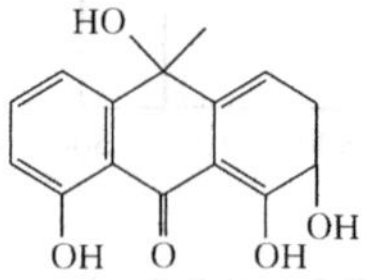
P7	$C_{22}H_{22}N_2O_{14}$	477	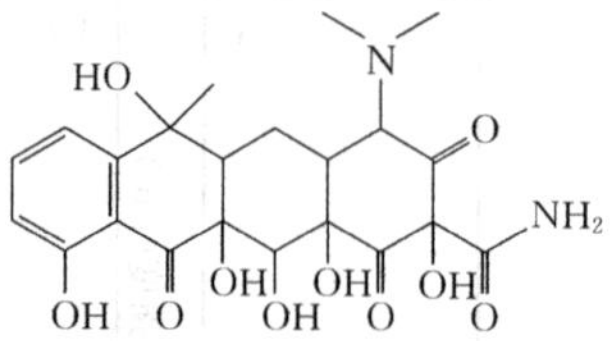
P8	$C_{18}H_{24}O_6$	388	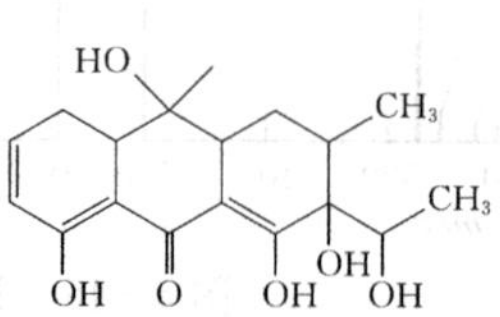

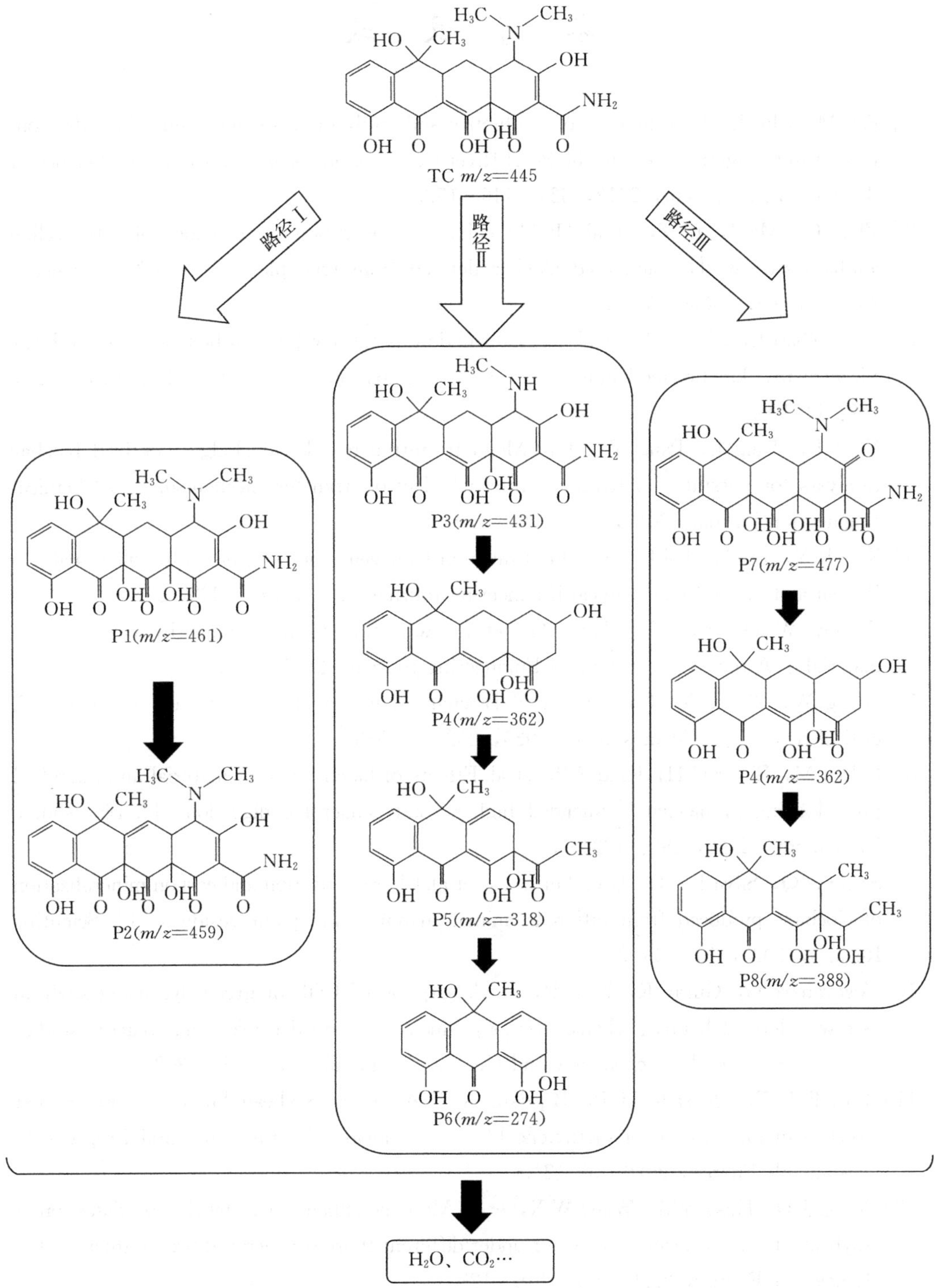

图 5-16　SSB1000/PS 体系中 TC 可能的降解路径

参 考 文 献

[1] Pan M，Chu L M. Occurrence of antibiotics and antibiotic resistance genes in soils from wastewater irrigation areas in the Pearl River Delta region，southern China [J]. Science of the Total Environment，2018，624：145-152.

[2] Zhao C，Ma J，Li Z，et al. Highly enhanced adsorption performance of tetracycline antibiotics on KOH-activated biochar derived from reed plants [J]. RSC Advances，2020，10 (9)：5066-5076.

[3] Li J，Zhao L，Zhang R，et al. Transformation of tetracycline antibiotics with goethite：Mechanism，kinetic modeling and toxicity evaluation [J]. Water Research，2021，199：117196.

[4] Yu J F，Tang L，Pang Y，et al. Magnetic nitrogen-doped sludge-derived biochar catalysts for persulfate activation：Internal electron transfer mechanism [J]. Chemical Engineering Journal，2019，364：146-159.

[5] Xiao R Y，Liu K，Bai L，et al. Inactivation of pathogenic microorganisms by sulfate radical：Present and future [J]. Chemical Engineering Journal，2019，371：222-232.

[6] Huang W Q，Xiao S，Zhong H，et al. Activation of persulfates by carbonaceous materials：A review [J]. Chemical Engineering Journal，2021，418.

[7] Xiang W，Zhang X，Chen J，et al. Biochar technology in wastewater treatment：A critical review [J]. Chemosphere，2020，252：126539.

[8] Indren M，Birzer C H，Kidd S P，et al. Effects of biochar parent material and microbial pre-loading in biochar-amended high-solids anaerobic digestion [J]. Bioresource Technology，2020，298：122457.

[9] Sarfaraz Q，Silva L S D，Drescher G L，et al. Characterization and carbon mineralization of biochars produced from different animal manures and plant residues [J]. Scientific Reports，2020，10 (1)：955.

[10] Vyavahare G，Gurav R，Patil R，et al. Sorption of brilliant green dye using soybean straw-derived biochar：characterization，kinetics，thermodynamics and toxicity studies [J]. Environmental Geochemistry and Health，2021，43 (8)：2913-2926.

[11] Cusioli L F，Quesada H B，Baptista A T A，et al. Soybean hulls as a low-cost biosorbent for removal of methylene blue contaminant [J]. Environmental Progress & Sustainable Energy，2020，39 (2).

[12] Xiong J D，Hassan M，Wang W X，et al. Methane enhancement by the co-digestion of soybean straw and farm wastewater under different thermo-chemical pretreatments [J]. Renewable Energy，2020，145：116-123.

[13] Tian W J，Zhang H Y，Duan X G，et al. Porous Carbons：Structure-Oriented Design and Versatile Applications [J]. Advanced Functional Materials，2020，30 (17) .

[14] Zhu S, Huang X, Ma F, et al. Catalytic Removal of Aqueous Contaminants on N - Doped Graphitic Biochars: Inherent Roles of Adsorption and Nonradical Mechanisms [J]. Environmental Science Technology, 2018, 52 (15): 8649 - 8658.

[15] Ye S J, Zeng G M, Tan X F, et al. Nitrogen - doped biochar fiber with graphitization from Boehmeria nivea for promoted peroxymonosulfate activation and non - radical degradation pathways with enhancing electron transfer [J]. Applied Catalysis B: Environmental, 2020, 269: 118850.

[16] Fu H C, Ma S L, Zhao P, et al. Activation of peroxymonosulfate by graphitized hierarchical porous biochar and $MnFe_2O_4$ magnetic nanoarchitecture for organic pollutants degradation: Structure dependence and mechanism [J]. Chemical Engineering Journal, 2019, 360: 157 - 170.

[17] Zhang R, Li Y, Wang Z, et al. Biochar - activated peroxydisulfate as an effective process to eliminate pharmaceutical and metabolite in hydrolyzed urine [J]. Water Research, 2020, 177: 115809.

[18] Chen J H, Yu X L, Li C, et al. Removal of tetracycline via the synergistic effect of biochar adsorption and enhanced activation of persulfate [J]. Chemical Engineering Journal, 2020, 382: 122916.

[19] Liu J, Zhou B, Zhang H, et al. A novel Biochar modified by Chitosan - Fe/S for tetracycline adsorption and studies on site energy distribution [J]. Bioresource Technology, 2019, 294: 122152.

[20] Liu N, Zhang Y, Xu C, et al. Removal mechanisms of aqueous Cr (Ⅵ) using apple wood biochar: a spectroscopic study [J]. J Hazard Mater, 2020, 384: 121371.

[21] Xiao J, Hu R, Chen G. Micro - nano - engineered nitrogenous bone biochar developed with a ball - milling technique for high - efficiency removal of aquatic Cd (Ⅱ), Cu (Ⅱ) and Pb (Ⅱ) [J]. Journal of Hazardous Materials, 2020, 387: 121980.

[22] Li Z, Sun Y, Yang Y, et al. Biochar - supported nanoscale zero - valent iron as an efficient catalyst for organic degradation in groundwater [J]. Journal of Hazardous Materials, 2020, 383: 121240.

[23] Yang H, Qiu R, Tang Y, et al. Carbonyl and defect of metal - free char trigger electron transfer and $\cdot O_2^-$ in persulfate activation for Aniline aerofloat degradation [J]. Water Research, 2023, 231: 119659.

[24] Zhou X R, Zeng Z T, Zeng G M, et al. Insight into the mechanism of persulfate activated by bone char: Unraveling the role of functional structure of biochar [J]. Chemical Engineering Journal, 2020, 401: 126127.

[25] Yu J F, Tang L, Pang Y, et al. Hierarchical porous biochar from shrimp shell for persulfate activation: A two - electron transfer path and key impact factors [J]. Applied Catalysis B: Environmental, 2020, 260: 118160.

[26] Zhou X R, Zhu Y, Niu Q Y, et al. New notion of biochar: A review on the mechanism of biochar applications in advanced oxidation processes [J]. Chemical Engineering Journal,

2021，416：129027.
[27] Ouyang D，Chen Y，Yan J C，et al. Activation mechanism of peroxymonosulfate by biochar for catalytic degradation of 1，4 - dioxane：Important role of biochar defect structures [J]. Chemical Engineering Journal，2019，370：614 - 624.
[28] Chu C，Yang J，Zhou X，et al. Cobalt Single Atoms on Tetrapyridomacrocyclic Support for Efficient Peroxymonosulfate Activation [J]. Environmental Science Technology，2021，55 (2)：1242 -1250.
[29] Chen X，Oh W D，Lim T T. Graphene - and CNTs - based carbocatalysts in persulfates activation：Material design and catalytic mechanisms [J]. Chemical Engineering Journal，2018，354：941 -976.
[30] Jawad A，Zhan K，Wang H，et al. Tuning of Persulfate Activation from a Free Radical to a Nonradical Pathway through the Incorporation of Non - Redox Magnesium Oxide [J]. Environmental Science Technology，2020，54 (4)：2476 - 2488.
[31] Jian S，Sun S，Zeng Y，et al. Highly efficient persulfate oxidation process activated with NiO nanosheets with dominantly exposed {1 1 0} reactive facets for degradation of RhB [J]. Applied Surface Science，2020，505：144318. 1 - 144318. 10.
[32] Kim J E，Bhatia S K，Song H J，et al. Adsorptive removal of tetracycline from aqueous solution by maple leaf - derived biochar [J]. Bioresource Technology，2020，306：123092.
[33] Zhu K，Bin Q，Shen Y Q，et al. In - situ formed N - doped bamboo - like carbon nanotubes encapsulated with Fe nanoparticles supported by biochar as highly efficient catalyst for activation of persulfate (PS) toward degradation of organic pollutants [J]. Chemical Engineering Journal，2020，402：126090.

第六章
单原子铁生物炭与纳米铁生物炭活化过一硫酸盐降解苯酚的效能和机制差异

第一节　研究意义

酚类有机污染物是可以对大多数生物产生毒害作用的原生质毒物，作为持久性有机污染物，其在水体中的广泛分布严重威胁着生态安全与人类的健康，高效的酚类污染物去除手段需求迫切。PMS 高级氧化技术在含酚有机废水处理领域受到了广泛的关注，PMS 的催化活化是实现难降解污染物转化的关键。目前，碳基负载型过渡金属 PMS 活化剂因良好的催化活性及可控的金属离子泄漏，已经发展成为 PMS 高级氧化技术领域的研究热点。

在化学、材料、能源、生命和环境等研究领域中，一些突破性的科学进展往往与研究物质的结构与性能、反应机制之间的关系紧密相关。因为金属碳材料的内在结构复杂性和非化学计量性质，金属碳复合材料的性能机制复杂多变。研发环境友好型金属碳复合材料用于 PMS 的活化，并进行材料的结构性能与机制研究，有助于深刻认识和理解目标材料活化 PMS 的反应规律，为进一步设计改性新的材料、调控目标材料的反应机制提供重要的理论参考。

过渡金属 Fe 是地壳中含量第四丰富的元素，兼备环境友好特性，是理想且常见的 PMS 活化剂。将它与碳基材料耦合构筑新型环境友好的 PMS 活化剂是很好的选择。大比表面积的石墨化生物炭的构筑，在 PMS 高级氧化技术领域很有前景。使用大比表面积的石墨化生物炭作为载体材料，环境友好且契合生物质资源高效利用的理念。此前，关于 Fe 与石墨化生物炭耦合的研究报道较少，值得进行深入研究。

N 掺杂是提升碳材料催化活化 PMS 性能的重要手段，亦是进一步提升金属碳复合材料催化活化性能的重要手段。得益于负载的金属材料和掺杂的 N 元素在活化 PMS 时的协同效应，金属和 N 双改性的碳质催化剂受到了大量的关注和报道。研究金属氮双点位互能效应在资源高效利用方面具有重大意义。生物炭的催化活性受比表面积、持久性自由基（PFRs）以及特殊结构（缺陷结构、石墨化结构）共同控制。生物炭的活性中心往往是模糊的。使用简单一点的材料，如低维材料，来探索碳材料催化机制并为材料优化提供先进策略极具现实意义。在 PMS 高级氧化技术领域，还原氧化石墨烯（RGO）和氮掺杂的还原氧化石墨烯（NRGO）是极具前景的环境友好型二维材料，过渡金属 Mn 纳米颗粒是变价多、氧化还原能力强、环境友好的 PMS 活化剂。将过渡金属 Mn 与碳基材料耦合构筑新型环境友好的 PMS 活化剂是很好的选择。此前，在活化 PMS 过程中，关于负载的 Mn 纳米颗粒与掺杂的 N 在活化 PMS 过程中的互能效应鲜有报道，值得进行深入研究。

第二节　研究内容与技术路线

本章主要包括环境友好型金属碳复合材料的制备与表征，材料活化 PMS 的性能评价，以及材料活化 PMS 降解污染物的机制研究三方面内容（图 6－1）。

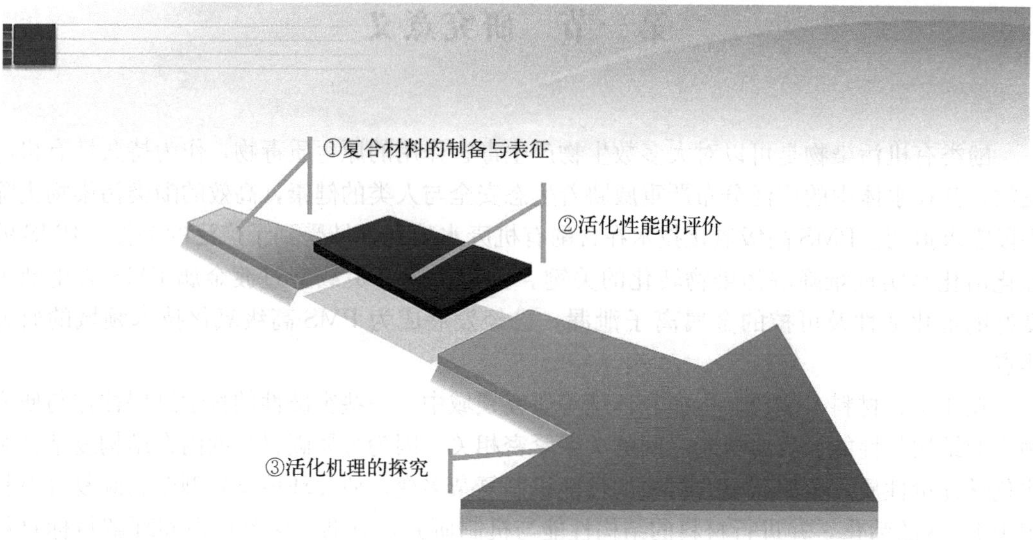

图 6－1　研究的主要内容

（1）以玉米秸秆为原料，在 400 ℃条件下热解出普通惰性玉米秸秆基生物炭（C400）；采用 3 个高铁酸钾剂量（低、中、高）在 800 ℃条件下对 C400 进行改性，制备出 3 个不同的负载纳米铁颗粒的玉米秸秆基多孔石墨化生物炭（C800－1、C800－2 和 C800－3）；不加高铁酸钾对 C400 进行改性，制备出玉米秸秆基生物炭 C800。

（2）以狐尾藻为原料，在 400 ℃条件下热解出普通惰性狐尾藻基生物炭（MC400）；使用高铁酸钾在 800 ℃下对 MC400 进行改性，制备出负载纳米铁颗粒的狐尾藻基多孔石墨化生物炭（nano－Fe/MC800）；采用盐酸刻蚀的方法，制备出锚定单原子的多孔石墨化生物炭（ISA－Fe/MC800）。

（3）使用 Hummers 法合成出氧化石墨烯（GO）；以 GO 为原料，使用一步热解法制备出还原氧化石墨烯（RGO）；以 GO 为原料，尿素为 N 源，使用一步热解法制备出 N 掺杂的还原氧化石墨烯（NRGO）；以 RGO 或 NRGO 为载体，使用液相浸渍还原法，制备出负载纳米锰颗粒的 RGO（Mn－RGO）和 NRGO（Mn－NRGO）。

使用包括但不限于粉末 X 射线衍射光谱、透射电子显微镜、拉曼光谱、比表面积测试在内的多种表征技术手段对材料进行表征，分析制备材料的各种物理化学性质。

第三节　狐尾藻基铁碳复合材料性能评价和分析方法

一、催化性能评价

除了特殊说明，所有催化降解实验均在 100 mL 锥形烧瓶中按以下步骤进行：

（1）25 ℃水浴和磁力搅拌下，将 PMS（0.5 g/L）加入 50 mL 的苯酚溶液中后，加入催化剂（0.05 g/L）开始降解反应。

（2）定期取 2 mL 样品与 2 mL 甲醇混合，并用 0.22 μm 滤膜过滤至液相小瓶中待测。所有的催化降解实验均进行 3 次，催化降解实验图中的误差棒为实验数据的标准差。

二、分析方法

（1）用配有 C18 柱子的高效液相色谱系统于 210 nm 处测定样品中苯酚的浓度。

（2）使用乙醇、叔丁醇、硝基苯和 L－组氨酸作为淬灭剂，确定反应活性物种的贡献。

（3）以 DMPO 和 TEMP 为自旋捕获剂，进行 EPR 测试。

（4）使用电化学工作站（CHI660E）记录样品的计时电流、交流阻抗和线性扫描伏安结果。

（5）用紫外-可见分光光度计测定氮蓝四唑（NBT）浓度以确定反应体系中的 $\cdot O_2^-$ 的生成情况。

第四节　狐尾藻基铁碳复合材料活化 PMS 降解苯酚的性能与机制研究

一、材料的表征

使用扫描电子显微镜和透射电子显微镜观察了材料的形貌和微观结构。MC400 的 SEM（图 6－2a）和 TEM（图 6－2d）图像显示其为几乎没有孔隙的褶皱结构。经过 K_2FeO_4 改性后，获得的 nano－Fe/MC 的碳层较 MC400 的碳层更薄，且 nano－Fe/MC 的碳层中有孔结构出现（图 6－2b 和 e）。基于 nano－Fe/MC 和 ISA－Fe/MC 的 SEM 和 TEM 图像，还可以观察到固定于 nano－Fe/MC 碳层上的丰富的铁纳米颗粒。如图 6－2c 和 f 所示，由于酸腐蚀后去除了铁纳米颗粒，制备的 ISA－Fe/MC 的分级多孔结构看起来更加明显。在 ISA－Fe/MC 的高分辨透射电子显微镜（HRTEM）图像中（图 6－2g），观察到了宽度为 0.32 nm 的归属于石墨（002）晶面的晶格条纹，表明 nano－Fe/MC 和 ISA－Fe/MC 中存在石墨化结构。高角度环形暗场扫描透射电子显微镜（HAADF－STEM）测试识别到了 ISA－Fe/MC 中丰富的孔隙结构（图 6－2h）和 ISA－Fe/MC 碳基体表面上均匀锚定的单原子 Fe（图 6－2i）。根据 ISA－Fe/MC 的 TEM－EDS 图像（图 6－2j）可知，Fe 元素均匀地分布于 C 基体中。用 HNO_3 和 $HClO_4$（体积比为 4∶1）消解了 nano－Fe/MC 和 ISA－Fe/MC，并使用 ICP－MS 对消解液中 Fe 离子进行了测定。经计算得，nano－Fe/MC 和 ISA－Fe/MC 中的 Fe 的质量分数分别为 35.45%和 2.40%。

图 6－3a 给出了 MC400、nano－Fe/MC 和 ISA－Fe/MC 的 XRD 谱图。对于 MC400，位于 25°处的宽衍射峰，表明 400 ℃条件下热解狐尾藻生成的生物炭的结晶度很低。在

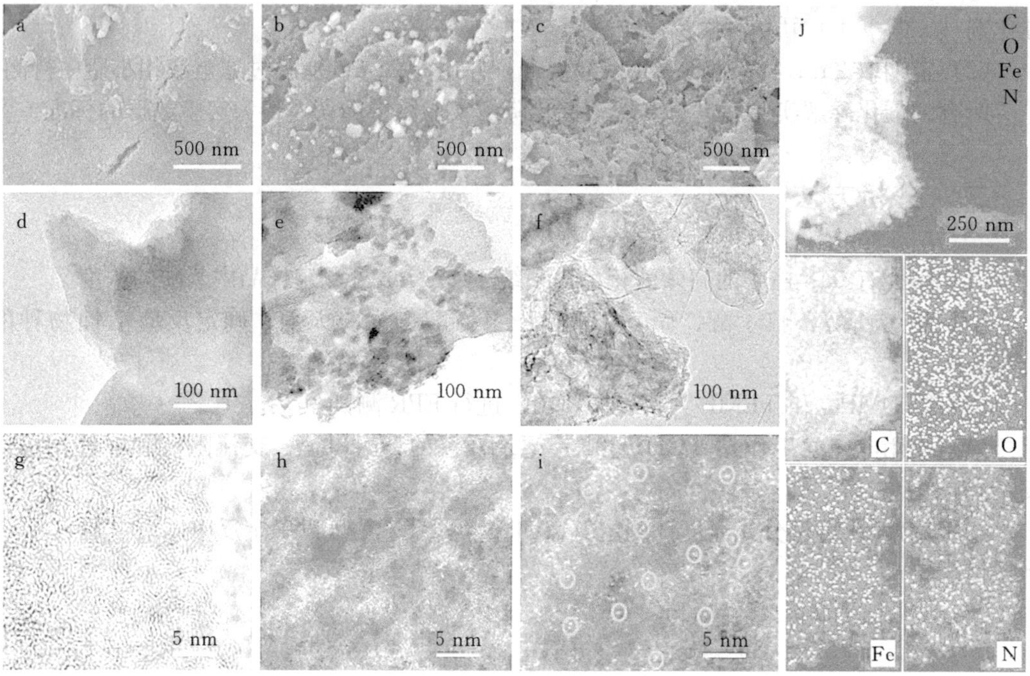

图 6-2　MC400（a）、nano-Fe/MC（b）和 ISA-Fe/MC（c）的 SEM 图像，MC400（d）、nano-Fe/MC（e）和 ISA-Fe/MC（f）的 TEM 图像，ISA-Fe/MC 的 HRTEM（g）和 HAADF-STEM（h、i）图像，以及 ISA-Fe/MC 的 TEM-EDS 图像（j）

ISA-Fe/MC 的 XRD 谱图中可以看到位于 26.4°和 42.2°的分别对应于石墨（JCPDS 41-1487）的（002）和（100）晶面的衍射峰，证明了高铁酸钾处理实现了生物炭从无定形碳向石墨化碳的转变[1]。在 nano-Fe/MC 谱图中没有识别到归属于石墨（JCPDS 41-1487）的衍射峰，这可能是高结晶度的纳米铁颗粒的存在造成的。在 nano-Fe/MC 的谱图中，位于 44.7°和 65.0°处的衍射峰，分别对应于金属 Fe（JCPDS 06-0696）的晶面。位于 18.3°、30.1°、35.4°、37.1°、43.0°、56.9°、62.5°、44.7°和 65.0°的衍射峰，证明了 Fe_3O_4（JCPDS 72-2303）的存在。Fe_3O_4 的生成与样品在制备过程中金属 Fe 被氧化有关。在 ISA-Fe/MC 的 XRD 谱图中没有发现归属于纳米铁颗粒的峰，这是因为 ISA-Fe/MC 中的 Fe 以单原子的形式存在，这进一步验证了单原子催化剂（SAC）的成功制备[2-3]。图 6-3b 为不同材料的拉曼光谱。所得材料在 1 350 cm^{-1} 和 1 580 cm^{-1} 附近均有两个明显特征峰（D 峰和 G 峰）。I_D/I_G 的值与碳材料的缺陷或无序程度密切相关。MC400、nano-Fe/MC 和 ISA-Fe/MC 的 I_D/I_G 的值分别为 0.80、0.85 和 0.98。这一结果表明，K_2FeO_4 可以导致大量孔隙产生，从而增强碳材料的无序程度[4]。相对于 nano-Fe/MC，ISA-Fe/MC 的无序程度上升可能与 HCl 刻蚀处理有关。

使用氮气吸附-脱附等温线研究了材料的孔结构，包括比表面积、总孔体积和孔径分布（图 6-4 和表 6-1）。可以观察到 MC400 呈典型的Ⅱ型曲线，说明其无孔结构。经计算，其比表面积为 8 m^2/g。nano-Fe/MC 的氮气吸附-脱附等温线是在 P/P_0 处快速上升的Ⅳ型曲线，证明了它的分级多孔结构。与 nano-Fe/MC 相比，ISA-Fe/MC 的吸附-脱

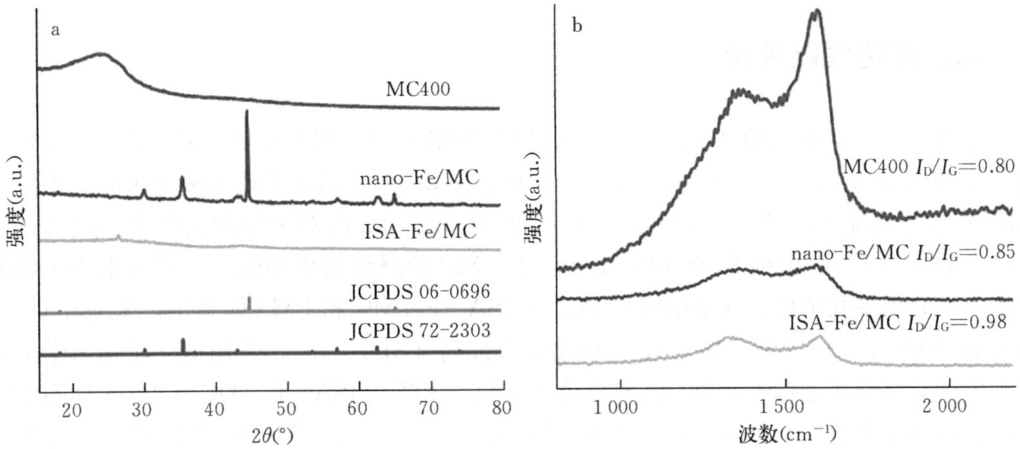

图 6-3 XRD（a）和拉曼光谱（b）

附等温线在 $P/P_0=0$ 处升高的幅度更大，且在 P/P_0 的 0.5～1.0 范围内的回滞环更宽，表明其微孔和介孔体积更大（图 6-4a）。图 6-4b 为非定域密度泛函理论方法计算出的催化剂孔径分布，进一步证实了 MC400 的无孔结构及 nano-Fe/MC 和 ISA-Fe/MC 的分级多孔结构。与 MC400 相比，nano-Fe/MC 和 ISA-Fe/MC 的比表面积和孔体积更大，表明 K_2FeO_4 在孔隙生成过程中起着至关重要的作用。ISA-Fe/MC 的表面积（2 040 m^2/g）是 nano-Fe/MC（350 m^2/g）的 5.83 倍，总孔体积（1.791 6 cm^3/g）是 nano-Fe/MC（0.28 m^2/g）的 6.40 倍。盐酸刻蚀导致的过量纳米铁颗粒去除，是造成 ISA-Fe/MC 的比表面积和总孔体积明显提升的原因。

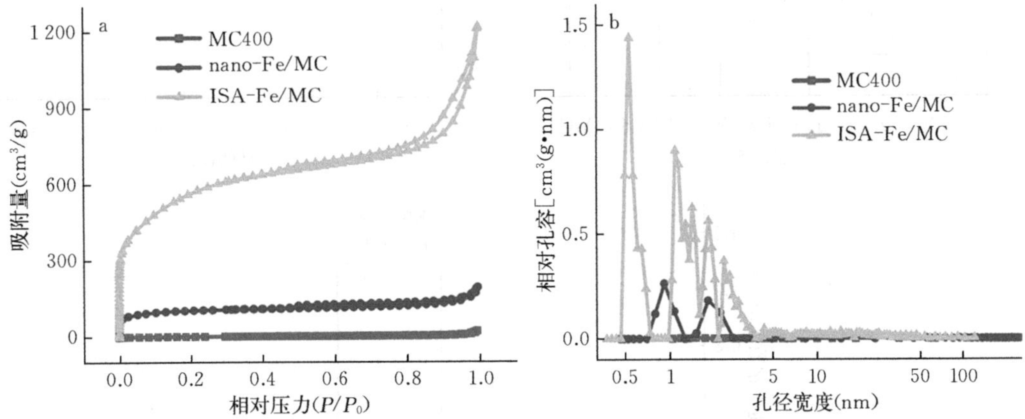

图 6-4 MC400、nano-Fe/MC 和 ISA-Fe/MC 的氮气吸附-脱附等温线（a）和孔径分布（b）

表 6-1 不同样品的质构特征

样品	比表面积（m^2/g）	总孔体积（cm^3/g）	微孔体积（cm^3/g）	介孔体积（cm^3/g）
MC400	8	—	—	—
nano-Fe/MC	350	0.28	0.15	0.13
ISA-Fe/MC	2 040	1.791 6	0.559 1	1.232 5

二、催化性能评价

如图 6-5a 所示，MC400、nano-Fe/MC 和 ISA-Fe/MC 在 120 min 时对苯酚的吸附效率分别为 3.13%、5.71%和 22.47%。只有 PMS 存在很难实现苯酚的去除，但是在 PMS 存在的情况下，MC400 和 nano-Fe/MC 在 120 min 内对苯酚的去除率分别达到了 4.05%和 32.67%。相对于 MC400，nano-Fe/MC 的降解效果增强，可能是由于生物炭中引入了分级多孔结构、石墨结构和 Fe。在 ISA-Fe/MC 和 PMS 体系中，苯酚在 6 min 内被完全去除，表明 ISA-Fe/MC 的催化效率最高（图 6-5b）。使用拟一阶动力学方程对苯酚的降解曲线进行了拟合[5]。拟合结果表明，苯酚在 ISA-Fe/MC 和 PMS 体系中降解的表观速率常数（k_{obs}）为 1.095 6 min^{-1}，是其在 nano-Fe/MC 和 PMS 体系中的 33.2 倍（图 6-5c）。这里，认为酸刻蚀处理可以去除多余的 Fe 原子，使剩余的 Fe 原子均匀分布在生物炭上，并产生了更多的催化剂活性位点。

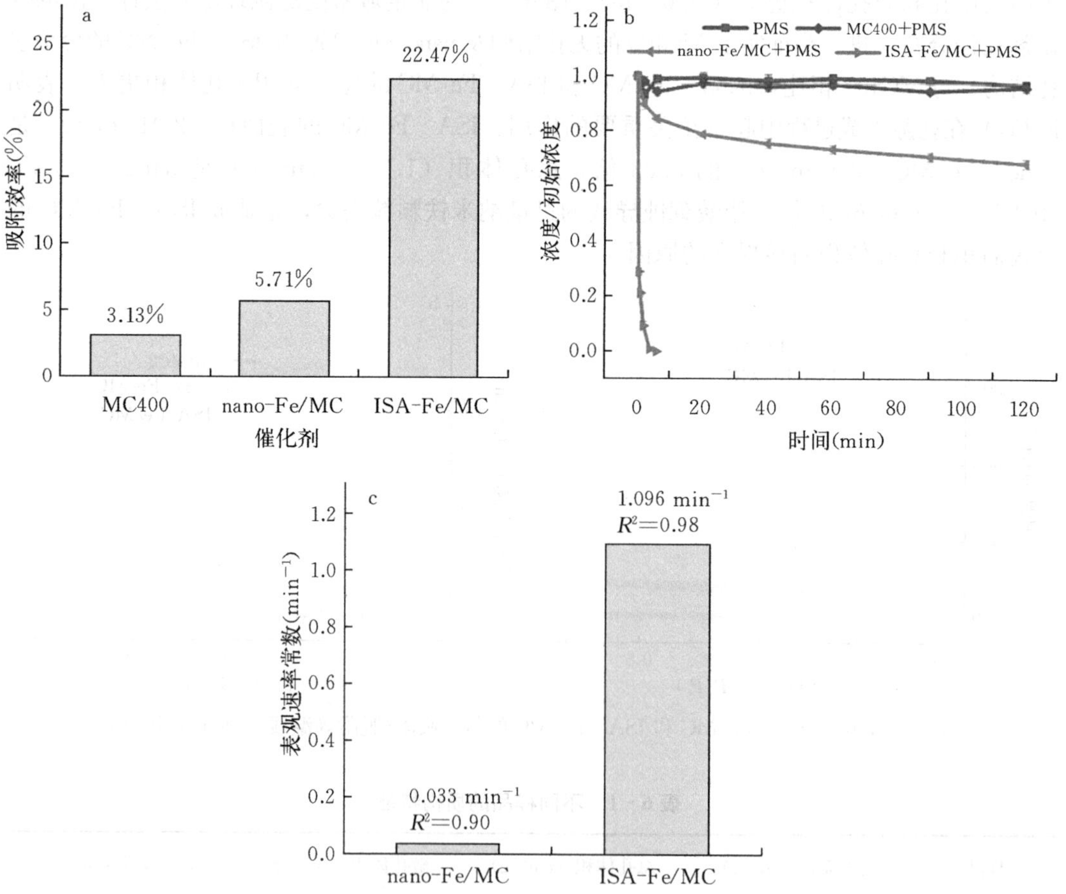

图 6-5 不同材料的吸附效率（a）、不同反应体系的降解效率（b）及使用拟一阶动力学方程拟合出的 k_{obs}（c）

如图 6-6a 所示，当催化剂用量从 0.025 g/L 增加到 0.037 5 g/L 时，苯酚在 6 min 内

的去除率从 63.01%提高到了 87.86%。进一步增加催化剂用量到 0.05 g/L 时，可在 6 min 内实现苯酚的完全去除。催化剂用量从 0.025 g/L 提高到 0.05 g/L 时，苯酚降解的 k_{obs}从 0.132 min^{-1}增加到了 1.095 min^{-1}。催化剂用量的增加，可以为 PMS 提供更多的吸附催化位点，进而提高苯酚的降解效果[6]。如图 6-6b 所示，当 PMS 投入量为 0.25 g/L 时，苯酚在 6 min 时去除率为 89.54%。当 PMS 投入量增加到 0.5 g/L 时，苯酚在 6 min 时的去除率为 100%。当 PMS 用量进一步增大到 1 g/L 时，苯酚在 6 min 内去除效果仍然为 100%。随着 PMS 投入量从 0.25 g/L 增加到 0.5 g/L，苯酚降解的 k_{obs}从 0.329 min^{-1}增加到了 2.788 min^{-1}。增加 PMS 投入量可以提供更多的活性物质来源，进而有利于生成更多 ROS。虽然提高 PMS 浓度有利于有机物的去除，但溶液中残留的 K^+ 和 SO_4^{2-} 的潜在环境风险限制了 PMS 的高剂量应用。

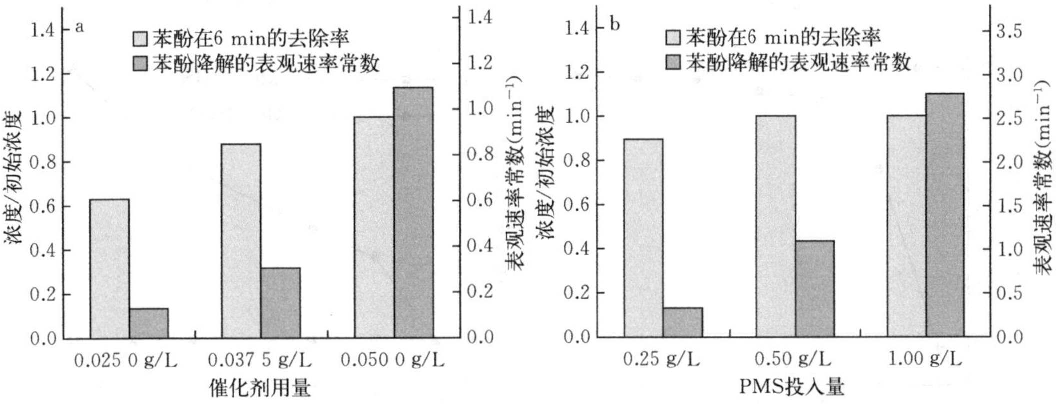

图 6-6　催化剂用量（a）和 PMS 投入量（b）对 ISA-Fe/MC 和 PMS 体系中苯酚降解和 k_{obs}的影响

如图 6-7a 所示，过量的 Cl^-、NO_3^- 和 $H_2PO_4^-$ 存在，对苯酚降解的影响不大。根据先前的研究，$SO_4^{\cdot-}$ 和 •OH 会与 Cl^-、NO_3^- 和 $H_2PO_4^-$ 反应生成弱氧化性的自由基，进而导致降解性能下降。使用 HA 作为代表性有机物评价了 ISA-Fe/MC 对天然有机物的抵抗能力。如图 6-7b 所示，在 HA 的存在下，苯酚降解效果随 HA 剂量的增加而逐渐下降。当 HA 的浓度为 10 mg/L 时，ISA-Fe/MC 和 PMS 体系在 6 min 内对苯酚的去除率为 92.8%，这表明与过量的阴离子一样，HA 的存在对苯酚降解效果的影响不大。HA 中含有丰富的羧基和羟基，这些基团可以淬灭自由基，阻断催化剂表面的活性位点，对催化剂产生不利影响，同时 HA 本身作为一种污染物还可以与苯酚竞争 ROS[7-8]。ISA-Fe/MC 和 PMS 体系对常见阴离子和 HA 的抵抗力，反映了 ISA-Fe/MC 活化 PMS 的强大能力。如图 6-7c 所示，使用 ICP-MS 测定了苯酚降解过程中 nano-Fe/MC 和 ISA-Fe/MC 的铁离子泄漏量。ISA-Fe/MC 经过一次使用后（图 6-7d），反应溶液中铁离子泄漏量为 0.02 mg/L，这可能与水的强剪切力有关，也可能与加入 PMS 后溶液 pH 降低有关。与 nano-Fe/MC 在催化过程中存在的更为突出的铁离子泄漏问题相比，ISA-Fe/MC 显得更为环境友好。考察了 ISA-Fe/MC 在降解性能方面的稳定性（图 6-7d），6 min 时，ISA-Fe/MC 在第一次、第二次和第三次循环时对苯酚的去除率分别为 100%、64%和 5%。催化性能的下降可能与降解中间体在 ISA-Fe/MC 表面的附着有关，也可能与活性位点不可避免地丢失有关[9]。值得注意的是，使用简单的热处理法（800 ℃、N_2 保护、

10 分钟热解）可以实现钝化的 ISA - Fe/MC 的催化活化效果再生（图 6 - 7e）。

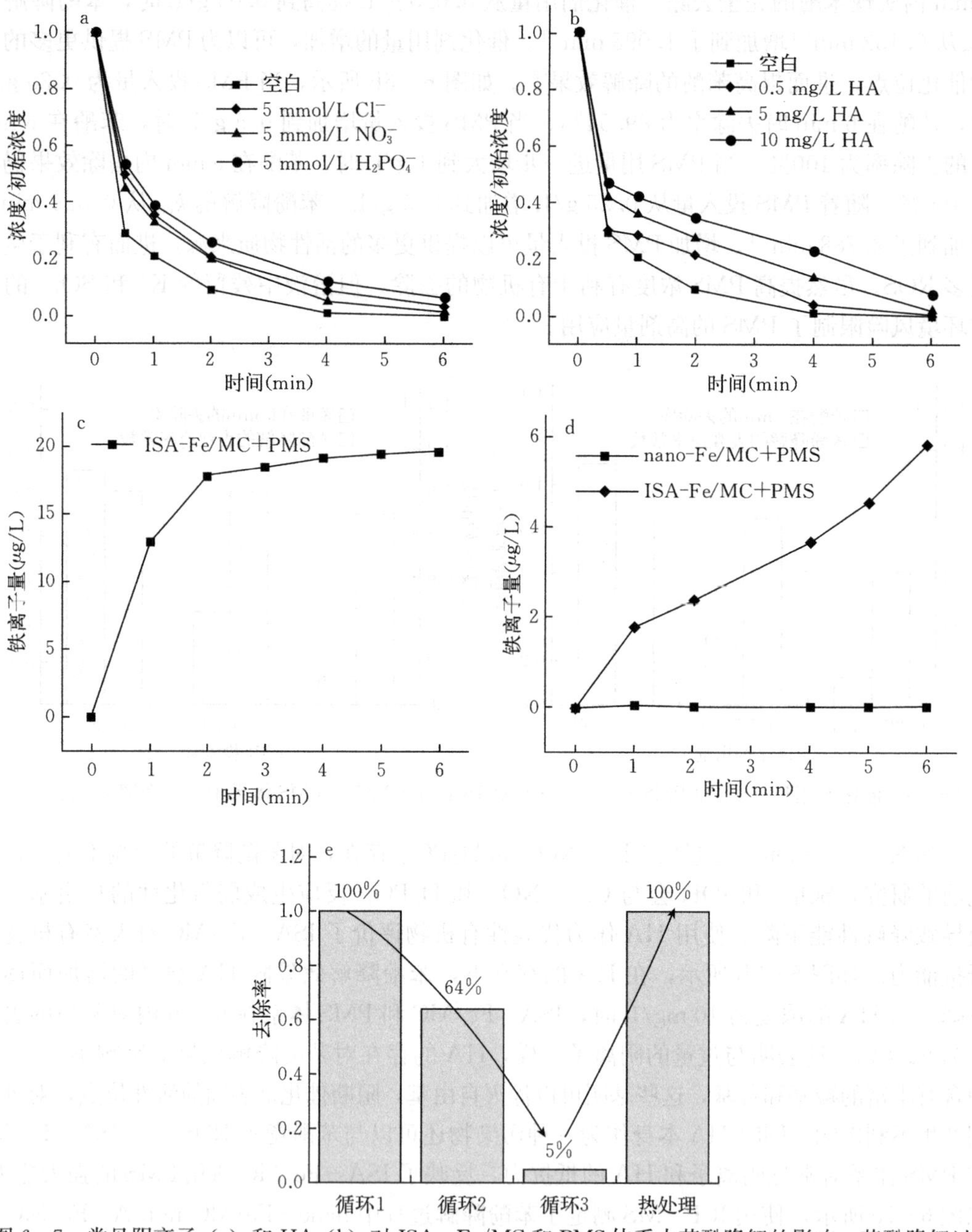

图 6 - 7　常见阴离子（a）和 HA（b）对 ISA - Fe/MC 和 PMS 体系中苯酚降解的影响、苯酚降解过程中 nano - Fe/MC 和 ISA - Fe/MC 的铁离子泄漏情况（c、d），以及 ISA - Fe/MC 降解苯酚的重复使用测试（e）

三、活性物种识别

EtOH 是 $SO_4^{\cdot-}$ 和 ·OH 的淬灭剂，可以快速地与 $SO_4^{\cdot-}$ ［$k = 1.6 \times 10^7 \sim 7.7 \times$

10^7 mol/(L・s)] 和 •OH [k=1.2×10^7～2.8×10^7 mol/(L・s)] 反应；TBA 可以作为•OH 的淬灭剂，是因为与 •OH [k=3.8×10^7～7.6×10^8 mol/(L・s)] 的反应很快，与 $SO_4^{\cdot-}$ [k=4×10^5～9.4×10^5 mol/(L・s)] 的反应很慢。如图 6-8a 所示，向反应体系中加入 0.5 mol/L 的 EtOH，能明显抑制苯酚降解；而向反应体系中加入 0.5 mol/L 的 TBA，不能抑制苯酚的降解，表明 $SO_4^{\cdot-}$ 对 nano-Fe/MC 和 PMS 体系中苯酚的降解十分重要。p-BQ、L-H 和 $NaClO_4$ 可以分别作为 $\cdot O_2^-$、$^1O_2$ 和电子传导路径的淬灭剂。p-BQ、L-H 和 $NaClO_4$ 的引入，都对苯酚的降解效果没有明显的影响，表明 $\cdot O_2^-$、$^1O_2$ 及电子传导路径对苯酚降解反应的贡献可以忽略。对于 ISA-Fe/MC 和 PMS 体系（图 6-8b），在加入0.5 mol/L EtOH 的情况下，在 6 min 内仍能实现 97.18%的苯酚去除，表明 $SO_4^{\cdot-}$ 和 •OH 在该反应体系中的贡献不大，这显然与 nano-Fe/MC 和 PMS 体系的 EtOH 淬灭结果不同。当 0.5 mol/L TBA 加入 ISA-Fe/MC 和 PMS 体系中时，只有 56.60%的苯酚被去除。TBA 表现出了对降解效果极其明显的抑制效应。如果 TBA 只能用来淬灭•OH，那么 TBA 的淬灭结果显然是不合理的。根据 BET 的分析结果，ISA-Fe/MC 具有较大的比表面积和孔体积，较大的比表面积和孔体积使得 ISA-Fe/MC 极易吸附各种物质。因此，可以推测黏性的 TBA 被吸附在 ISA-Fe/MC 表面，使得材料的活性位点被掩盖，进而展示出很强的对苯酚去除的抑制效果[9]。总之，TBA 不是一个很好的淬灭剂。在 p-BQ、L-H 和$NaClO_4$ 的存在下，6 min 时，苯酚在 ISA-Fe/MC 和 PMS 体系中的去除率分别下降至 90.88%、70.60%和 13.71%。表明在 ISA-Fe/MC 和 PMS 体系中，电子转移途径对苯酚降解起着至关重要的作用[10-11]。

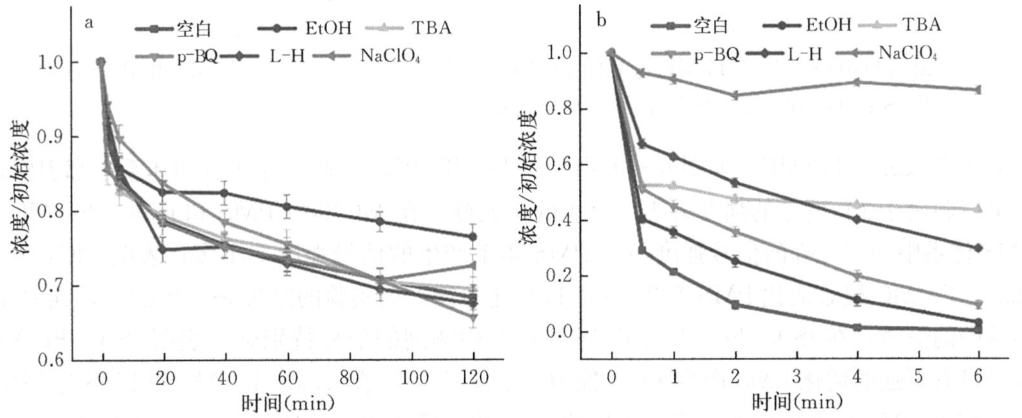

图 6-8　不同淬灭剂对苯酚在 nano-Fe 和 PMS 体系（a）与 ISA-Fe/MC 和 PMS 体系（b）中降解的影响

为了进一步验证反应体系中各种活性物质的存在，使用 DMPO 和 TEMP 作为捕获剂进行了 EPR 测试[12]。如图 6-9a 所示（DMPO 为捕获剂），在单独的 PMS 和 MC400+PMS 体系中都检测到了很弱的 DMPO-OH 信号，表明 MC400 具有可以忽略的催化活性。ISA-Fe/MC 和 PMS 与 nano-Fe/MC 和 PMS 体系中，均检测到了 DMPO-X 生成的七元峰。基于先前的报道，DMPO 的生成可能是因为 DMPO 被 ROS 快速氧化[13-14]。在 ISA-Fe/MC 和 PMS 体系中 DMPO-X 的七元峰更强，说明了 ISA-Fe/MC 的催化活

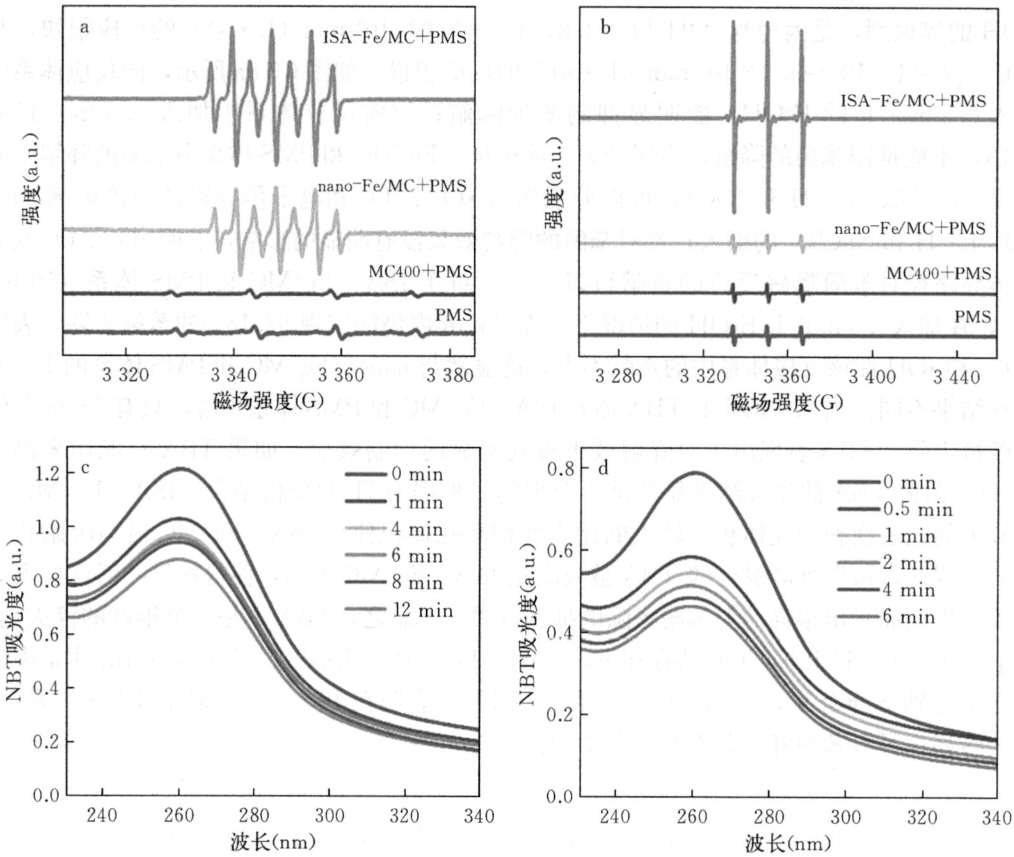

图 6-9　使用 DMPO（a）和 TEMP（b）的 EPR 测试，以及 NBT 在 nano-Fe/MC 和 PMS 体系（c）与 ISA-Fe/MC 和 PMS 体系（d）中的转化

性要优于 nano-Fe/MC。如图 6-9b 所示（TEMP 为捕获剂），在所有的体系中都识别到了可以归属于$^1O_2$ 信号的强度为 1∶1∶1 的三元峰。在 MC400+PMS 和 nano-Fe/MC+PMS 体系中的三元峰的信号强度与纯 PMS 体系产生的信号强度差不多，表明 MC400 和 nano-Fe/MC 很难活化 PMS 产生$^1O_2$，这与化学淬灭剂实验的结果是一致的。较纯 PMS 体系中的信号，在 ISA-Fe/MC+PMS 体系中检测到的信号特别强，表明 ISA-Fe/MC 可能具有更强的活化 PMS 产生$^1O_2$ 的能力。记录了 NBT 在 nano-Fe/MC 和 PMS 与 ISA-Fe/MC 和 PMS 体系中的浓度变化来反映 $\cdot O_2^-$ 的生成情况。具体的，在 NBT 溶液中加入一定量的催化剂（nano-Fe/MC 或 ISA-Fe/MC），平衡 30 min 后，加入 PMS，使用紫外可见分光光度计记录 NBT 浓度的变化。NBT 浓度变化的结果表明（图 6-9c 和 d），在 nano-Fe/MC 和 PMS 体系中，$\cdot O_2^-$ 只可能在催化反应的初始阶段生成，而在 ISA-Fe/MC 和 PMS 体系中，$\cdot O_2^-$ 可能在催化反应的整个阶段持续生成。所有材料的电化学阻抗谱的尼奎斯特图（图 6-10b 和 c）均可由图 6-10a 给出的等效电路进行拟合。等效电路的拟合结果如表 6-2 所示。MC400 的 R_{CT}（321.3 Ω）最大，说明其固有的电子转移能力最差。与 MC400 相比，nano-Fe/MC 的 R_{CT}（31.48 Ω）要低很多，这说明得益于分级多孔结构、石墨化区域和铁纳米颗粒沉积，电子在 nano-Fe/MC 表面转移的阻力要比在

MC400 表面低很多。ISA－Fe/MC 的 R_{CT}（10.49 Ω）最小，说明电子在其表面转移最容易，这可能归因于石墨化结构和单铁原子的关键贡献。在 ISA－Fe/MC 为工作电极的三电极体系中加入 PMS 后，电流密度明显增大，且当苯酚加入后，电流值进一步增大（图 6－11a）。LSV 的表征结果说明在 ISA－Fe/MC 和 PMS 体系中存在电子传导路径[15]。计时电流测试被用来验证自由基路径和电子传递路径的贡献。如图 6－11b 所示，PMS 注

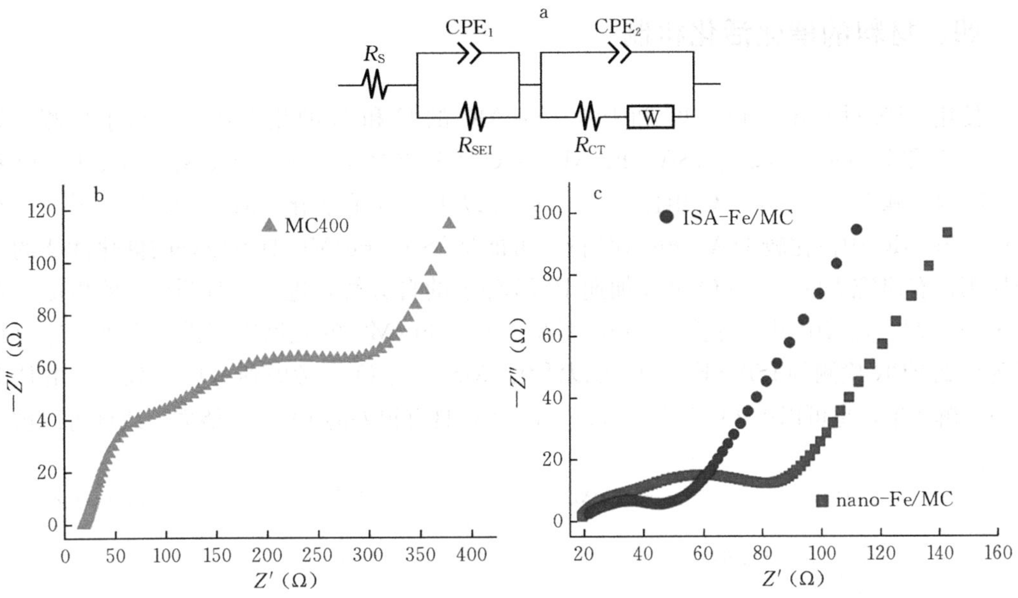

图 6－10　等效电路（a）和电化学阻抗谱的尼奎斯特图（b、c）

表 6－2　拟合等效电路的阻抗参数

样品	R_s（Ω）	R_{SEI}（Ω）	R_{CT}（Ω）
MC400	18.46	30.05	321.3
nano－Fe/MC	17.86	23.82	31.48
ISA－Fe/MC	21.17	11.67	10.49

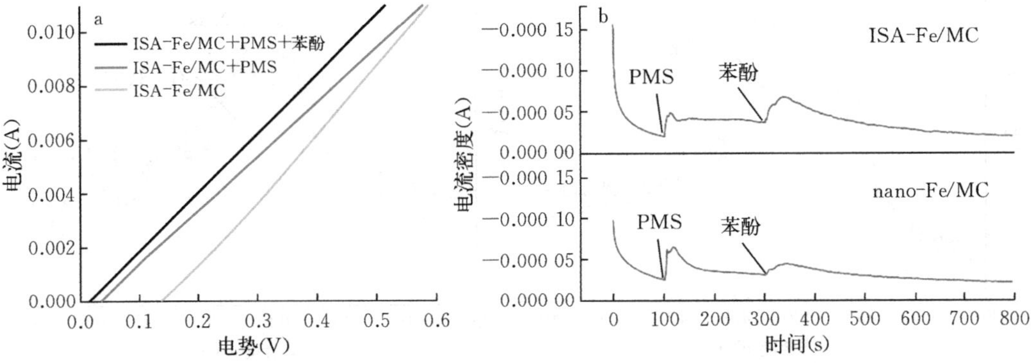

图 6－11　ISA－Fe/MC 的 LSV 测试（a）和材料的 $I-t$ 曲线（b）

入电极体系后，在 nano - Fe/MC 电极表面观察到了更强的电流阶跃，表明其活化 PMS 产生自由基的能力更强。双酚 A 注入电极体系后，在 ISA - Fe/MC 表面观察到的电流阶跃更强，表明其调停电子传递的能力更强。计时电流测试的分析结果佐证了化学牺牲剂的分析结果，即电子传递路径在 ISA - MC 和 PMS 体系中起主导作用，基于 $SO_4^{\cdot-}$ 的自由基路径在 nano - Fe/MC 和 PMS 体系中起主导作用。

四、材料的催化活化机制

使用 XPS 对 nano - Fe/MC 和 ISA - Fe/MC 的 C 和 N 的化学状态进行了检测。如图 6 - 12a和 b 所示，可以将 ISA - Fe/MC 的 C 峰分成对应于 sp^2 - C、sp^3 - C、C—O 和 C═O 四个峰[16]。与 sp^3 - C 相比，sp^2 - C 可以更有效地活化 PMS。因此，sp^2 - C 在 nano - Fe/MC 中占比较 ISA - Fe/MC 低，可能是 ISA - Fe/MC 具有较好的催化性能的一个原因。有研究表明，C═O 可以加速 PMS 分子的自分解，进一步促进 $^1O_2$ 的生成。在 ISA - Fe/MC 光谱中识别到了 C═O，而在 nano - Fe/MC 的光谱中却没识别到，这解释了为什么 EPR 检测到 ISA - Fe/MC 可以活化 PMS 产生 $^1O_2$。考虑到 $\cdot O_2^-$ 不仅可以由 PMS 的自分解产生，也可以由 $^1O_2$ 产生。Nano - Fe/MC 具有很差的 $^1O_2$ 产生能力，或许可以被用

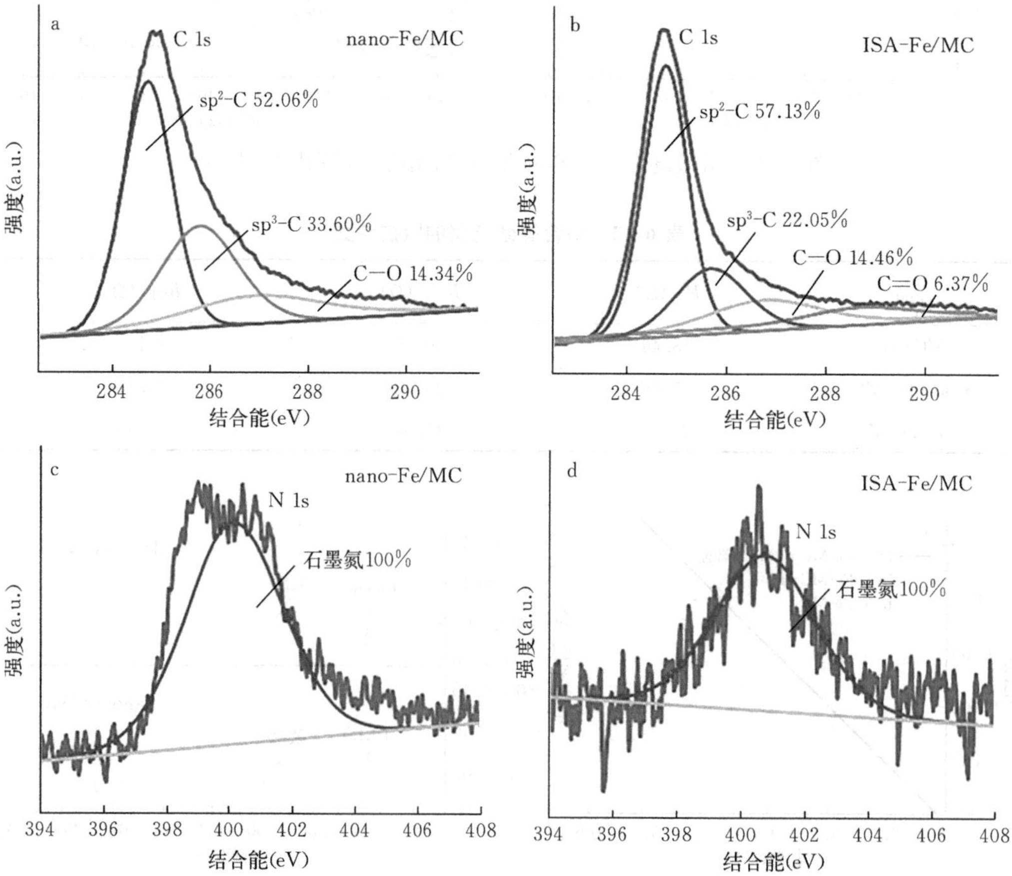

图 6 - 12 Nano - Fe/MC 和 ISA - Fe/MC 的 C 1s（a、b）和 N 1s（c、d）的 XPS 光谱

来说明为什么 nano－Fe/MC 和 PMS 体系中生成的 $\cdot O_2^-$ 少。Nano－Fe/MC 和 ISA－Fe/MC 的 N 元素的 XPS 光谱表明（图 6－12c 和 d），nano－Fe/MC 和 ISA－Fe/MC 中只有石墨氮。有研究表明，热稳定性能最好的石墨氮对石墨化碳的电子流循环起着至关重要的作用，因为它可以破坏 sp^2 杂化的石墨碳的惰性[8]。

基于材料的表征结果，建立了 nano－Fe/MC 和 ISA－Fe/MC 的优化模型（图 6－13）。使用 DFT 计算，得到了优化的 nano－Fe/MC 和 ISA－Fe/MC 优化模型的态密度(DOS)，见图 6－14a 和 b。在 nano－Fe/MC 中，位于费米能级处的 C、N 和 Fe 的 DOS 分别为 0.054、0.085 和 0.095；而在 ISA－Fe/MC 中，相应的 DOS 分别是 0.103、0.149 和 0.185。在 ISA－Fe/MC 中，位于费米能级处的 C、N 和 Fe 的 DOS 更高，说明 ISA－Fe/MC 的催化活性更强。图 6－14c 和 d 给出的是 Fe、N、C 原子间的交互作用引起的电荷再分布。在 nano－Fe/MC 的优化模型中，没有观察到 Fe 和 C 原子间明显的电荷累积，表明 Fe 和 C 之间的相互作用较弱。在 ISA－Fe/MC 的优化模型中，观察到 Fe、C、N 之间电荷转移，以及 Fe 和 C 之间的电荷积累，表明 Fe 和 C 之间的相互作用较强。这种强化的电荷再分配有望产生更多的具有丰富电子的催化活性位点。同时，认为 C－Fe 是 ISA－Fe/MC 和 PMS 体系中电子传递的主要通道。

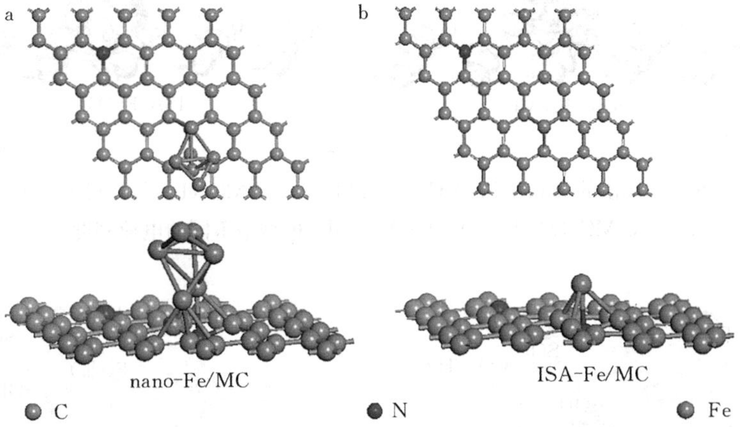

图 6－13　nano－Fe/MC（a）和 ISA－Fe/MC（b）的优化模型

基于上述所有结果，提出了 nano－Fe/MC、ISA－Fe/MC 的石墨化结构和负载的金属活化 PMS 的机制。对于 nano－Fe/MC（图 6－15a），第一个路径是 Fe^{2+} 介导的自由基路径，在纳米 Fe 表面的 Fe（Ⅱ）可以捐献一个电子给 PMS 分子，造成 PMS 的过氧键断裂，生成 $SO_4^{\cdot-}$，生成的 $SO_4^{\cdot-}$ 可以和 H_2O 反应生成 $\cdot OH$。第二个路径是指苯酚可以通过石墨化结构作为电子转移桥梁，提供电子给 PMS 实现其自身降解。Fe（Ⅱ）介导的自由基途径在 nano－Fe/MC 和 PMS 体系中占主导地位，可能是因为在酸性条件下，大量的 Fe（Ⅱ）物种能够高效、快速地活化 PMS。对于 ISA－Fe/MC（图 6－15b），苯酚的降解可通过四种途径实现。前两个是指通过 Fe（Ⅱ）介导的自由基途径和石墨化结构调停的电子传导路径。第三个路径是石墨化结构与单原子 Fe 之间的耦合生成 $SO_4^{\cdot-}$。来自单原子 Fe 的电子可以轻松地转移到石墨化结构的 sp^2 杂化碳上，这些电子可以活化惰性的 sp^2 杂化的离域 π 电子。进一步，石墨化结构可以捐赠这些自由流动的电子给 PMS，

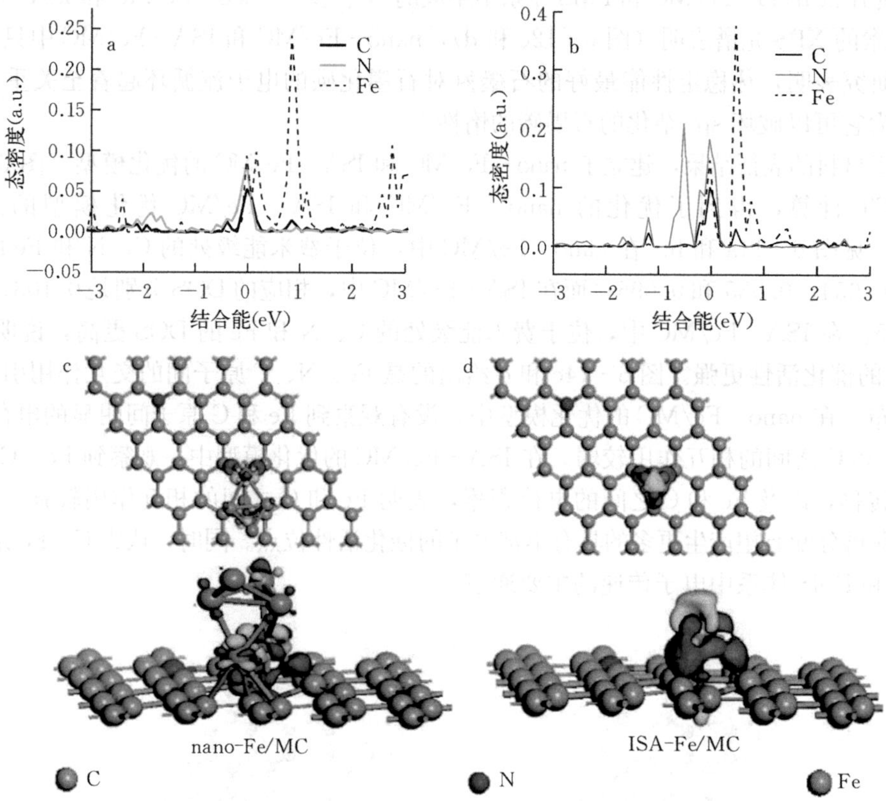

图 6－14　DFT 计算出的 nano－Fe/MC（a）和 ISA－Fe/MC（b）优化模型的 DOS，以及 nano－Fe/MC（c）和 ISA－Fe/MC（d）模型中不同的电荷密度

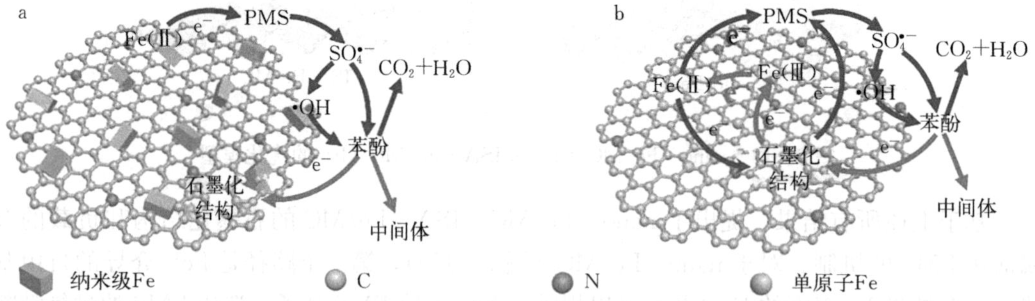

图 6－15　nano－Fe/MC（a）、ISA－Fe/MC（b）的石墨化结构和负载的金属活化 PMS 的机制

进而使 PMS 的过氧键断裂产生 $SO_4^{\cdot -}$ 和 •OH。上述过程有望在远离 Fe 物种的石墨化结构上创造更多新的活性催化位点。第四个路径是单原子 Fe 与石墨化结构之间的耦合作用，实现电子转移途径。这一效应意味着在石墨化结构中苯酚的电子可以转移到 sp^2 杂化碳上。随后 sp^2 杂化碳中的惰性离域 π 电子可以被活化，并且进一步传递电子给生物炭片层表面的 Fe（Ⅲ）。上述的过程不仅会强化电子传导路径，还可以实现 F（Ⅱ）的再生。两种耦合效应被认为存在于 ISA－Fe/MC 体系而不是 nano－Fe/MC 体系，是因为 C 和 Fe之间更强的电荷累积，以及根据 EIS 分析得出的更低的电荷传递阻力。电子传导路径

是 ISA－Fe/MC 体系中的主要路径，是因为 ISA－Fe/MC 的巨大的比表面积有利于苯酚的吸附，单原子 Fe 与 N 掺杂的石墨化结构间强烈的耦合效应打开了电子传递通路。

参　考　文　献

[1] Fu H，Ma S，Zhao P，et al. Activation of peroxymonosulfate by graphitized hierarchical porous biochar and $MnFe_2O_4$ magnetic nanoarchitecture for organic pollutants degradation: Structure dependence and mechanism [J]. Chemical Engineering Journal，2019，360：157－170.

[2] Qiu X，Yan X，Pang H，et al. Isolated Fe single atomic sites anchored on highly steady hollow graphene nanospheres as an efficient electrocatalyst for the oxygen reduction reaction [J]. Advanced Science，2019，6（2）：1801103.

[3] Zhang H，Hwang S，Wang M，et al. Single atomic iron catalysts for oxygen reduction in acidic media: particle size control and thermal activation [J]. Journal of the American Chemical Society，2017，139（40）：14143－14149.

[4] Tian W，Zhang H，Qian Z，et al. Bread－making synthesis of hierarchically Co@C nanoarchitecture in heteroatom doped porous carbons for oxidative degradation of emerging contaminants [J]. Applied Catalysis B: Environmental，2018，225：76－83.

[5] Meng H，Nie C，Li W，et al. Insight into the effect of lignocellulosic biomass source on the performance of biochar as persulfate activator for aqueous organic pollutants remediation: Epicarp and mesocarp of citrus peels as examples [J]. Journal of Hazardous Materials，2020，399：123043.

[6] Li H，Shan C，Pan B. Fe（Ⅲ）－doped g－C_3N_4 mediated peroxymonosulfate activation for selective degradation of phenolic compounds via high－valent iron－oxo species [J]. Environmental science & technology，2018，52（4）：2197－2205.

[7] Duan X，Ao Z，Zhou L，et al. Occurrence of radical and nonradical pathways from carbocatalysts for aqueous and nonaqueous catalytic oxidation [J]. Applied Catalysis B: Environmental，2016，188：98－105.

[8] Ma W，Wang N，Fan Y，et al. Non－radical－dominated catalytic degradation of bisphenol A by ZIF－67 derived nitrogen－doped carbon nanotubes frameworks in the presence of peroxymonosulfate [J]. Chemical Engineering Journal，2018，336：721－731.

[9] Ye P，Zou Q，An L，et al. Room－temperature synthesis of OMS－2 hybrids as highly efficient catalysts for pollutant degradation via peroxymonosulfate activation [J]. Journal of colloid and interface science，2019，535：481－490.

[10] Huang G，Wang C，Yang C，et al. Degradation of bisphenol A by peroxymonosulfate catalytically activated with $Mn_{1.8}Fe_{1.2}O_4$ nanospheres: Synergism between Mn and Fe [J]. Environmental science & technology，2017，51（21）：12611－12618.

[11] Sun B, Ma W, Wang N, et al. Polyaniline: A new metal - free catalyst for peroxymonosulfate activation with highly efficient and durable removal of organic pollutants [J]. Environmental Science & Technology, 2019, 53 (16): 9771 - 9780.

[12] Du J, Bao J, Liu Y, et al. Facile preparation of porous Mn/Fe_3O_4 cubes as peroxymonosulfate activating catalyst for effective bisphenol A degradation [J]. Chemical Engineering Journal, 2019: 376, 119193.

[13] Du J, Bao J, Liu Y, et al. Efficient activation of peroxymonosulfate by magnetic Mn - MGO for degradation of bisphenol A [J]. Journal of hazardous materials, 2016, 320: 150 - 159.

[14] Lee H, Kim H, Weon S, et al. Activation of persulfates by graphitized nanodiamonds for removal of organic compounds [J]. Environmental science & technology, 2016, 50 (18): 10134 - 10142.

[15] Gong Y, Li D, Luo C, et al. Highly porous graphitic biomass carbon as advanced electrode materials for supercapacitors [J]. Green Chemistry, 2017, 19 (17): 4132 - 4140.

[16] Sun H, Peng X, Zhang S, et al. Activation of peroxymonosulfate by nitrogen - functionalized sludge carbon for efficient degradation of organic pollutants in water [J]. Bioresource technology, 2017, 241: 244 - 251.

第七章
磁性生物炭活化过一硫酸盐降解双酚 A 的效能和机制

第一节　研究意义

双酚 A 在人类生活中不可或缺，但作为典型的内分泌干扰素，其生产过程中产生的废水由于处理工艺尚不完善，难免被排放到自然环境中，对自然和人类造成一定的影响。高级氧化技术（AOPs）被认为是降解难降解污染物的有效手段之一，特别是基于过硫酸盐的高级氧化技术受到大众的广泛关注[1]。但过硫酸盐需要通过外部活化才能将污染物进行氧化分解，活化方式有很多，通常在过渡金属活化、非金属掺杂、紫外线、超声波等一系列催化剂的加持下才能达到快速降解有机污染物的目的。以往研究发现，过渡金属活化是最受欢迎也是最有效的手段之一，过渡金属包括 Co^{2+}、Fe^{2+}、Mn^{2+} 和 Cu^{2+}（反应活性也是按照这个顺序排列）。但是过渡金属活化也有相应的缺点，例如金属粒子容易泄漏在水环境中使得催化性能和重复利用性能下降，也造成水环境的二次污染等[2,3]。近年来碳材料由于其丰富的官能团和其高稳定性被广泛关注，但是直接热解的生物炭对于过硫酸盐的活化效果并不令人满意。因此，有必要对如何降低过渡金属的泄漏、如何提高生物炭材料的活化能力进行深入的探讨与研究，为实现难降解有机污染物进行快速、绿色、环保的降解矿化提供一个科学合理的参考和理论依据。

第二节　研究内容与技术路线

本章以玉米秸秆为原料，以 $KHCO_3$ 为造孔剂和活化剂制备多孔生物炭。以 $Co(NO_3)_2 \cdot 6H_2O$、$Fe(NO_3)_3 \cdot 9H_2O$ 为石墨化剂，$CoFe_2O_4$ 为前驱体，活性生物炭为载体，通过 N_2 气氛下高温煅烧，在 $CoFe_2O_4$ 与活性生物炭的非均相界面处原位形成石墨化结构的复合材料 $CoFe_2O_4$/HPC。通过 X 射线衍射（XRD）、扫描电子显微镜（SEM）、透射电子显微镜（TEM）、比表面积测试和拉曼光谱仪对所得材料进行了系统表征。制备的材料被用作 PMS 活化降解 BPA 的催化剂。研究了不同 PMS 和催化剂用量对降解效果的影响，以及腐殖酸、阴离子、pH 和温度对降解效果的影响。利用特异性化学清除剂和电子顺磁共振（EPR）对活性氧（ROS）的产生进行了研究。通过 X 射线光电子能谱（XPS）、电化学阻抗谱（EIS）和计时安培法分析了复合材料 $CoFe_2O_4$/HPC 活化过一硫酸盐降解水中污染物的机制。并对该复合材料的化学稳定性、磁力性能、可回收性及实际应用进行了测定与研究。最后，利用气相色谱-质谱联用技术识别降解过程中产生的中间体，提出了双酚 A 可能的降解途径。技术路线如图 7－1 所示。

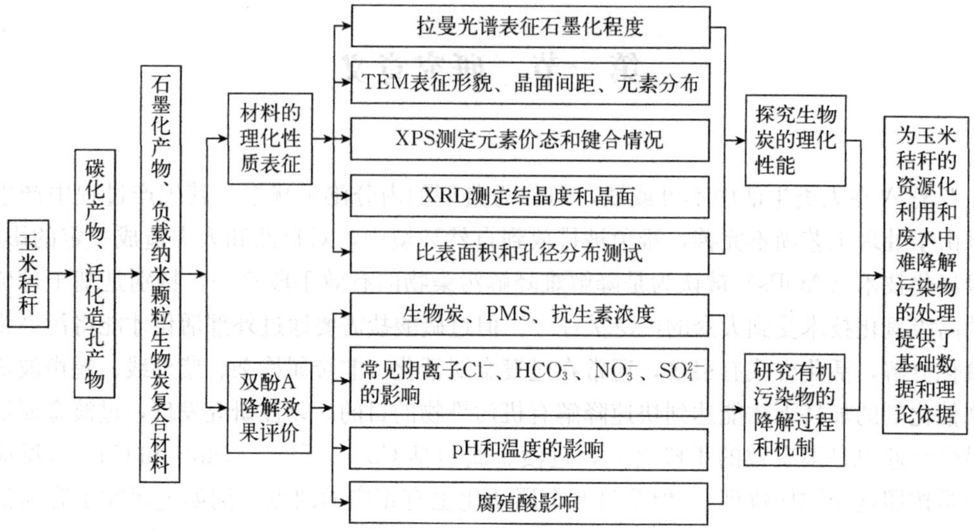

图 7－1　技术路线图

第三节　催化剂活化 PMS 降解 BPA

一、催化剂的吸附与降解

如图 7－2a 所示，C400、C800、$CoFe_2O_4$、$CoFe_2O_4$、C700 和 MS 在 8 min 内对双酚 A（BPA）的吸附效果（反应溶液中不加入 PMS）分别为 1.25%、12.22%、1.73%、9.12%、5.93%。很明显，不同生物炭的吸附结果与个体的比表面积呈正相关，其中 C800 的比表面积最大，吸附性能也相应最好。从图 7－2b 可以看出，单独使用 PMS 时（反应溶液中不加入任何催化剂）降解效果很差，在 8 min 内仅去除了 6%的 BPA。在 C400/PMS 体系中（同时添加 C400 和 PMS），去除率没有明显提高。在 C800/PMS 体系中，双酚 A 去除率达到 13%。在 PMS 和 $CoFe_2O_4$ 共同存在的情况下，BPA 在 8 min 内去除率达到 86%，对于 PMS 和 $CoFe_2O_4$/HPC 体系，在 8 min 内可完全去除 BPA，优于相同催化剂用量下纯净的 $CoFe_2O_4$ 体系。并且，制备的 $CoFe_2O_4$/HPC 中的 $CoFe_2O_4$ 的质量百分比仅为 10%。因此考虑，$CoFe_2O_4$/HPC 在较低的 $CoFe_2O_4$ 用量下表现优于 $CoFe_2O_4$，这可能与生物炭的有效促进作用或石墨化结构有关。

为了研究相关促进机制，制备了 C8－700 与纯 $CoFe_2O_4$ 的机械混合物 MS（$CoFe_2O_4$ 的质量百分比与 $CoFe_2O_4$/HPC 中 $CoFe_2O_4$ 的质量百分比相同），并对 MS 进行降解试验研究，发现其去除率仅为 27%，这个结果远低于 $CoFe_2O_4$/HPC。基于这个结果，从而消除了 $CoFe_2O_4$/HPC 催化效果优越是由于分级多孔生物炭的原因的这项可能猜想。此外，将 $CoFe_2O_4$ 用酸洗掉后得到的 GC 在 8 min 内对 BPA 的去除率可以达到 40%。相比之下，没有石墨化结构的 C8－700 和 MS 在相同热解过程下对 BPA 的降解效果很差。这些结果有助于阐明石墨化结构对 $CoFe_2O_4$/HPC 优异催化性能的重要性。但 GC 的去除率仍低于 $CoFe_2O_4$/HPC，表明石墨化结构与 $CoFe_2O_4$ 纳米颗粒的协同作用对 $CoFe_2O_4$/HPC 的优势起着至关重要的作用。此外，PMS 的利用效率如图 7－3 所示，在 8 min 内 PMS 分解率达到 80%，表明 $CoFe_2O_4$/HPC 对 PMS 具有很高的利用率。

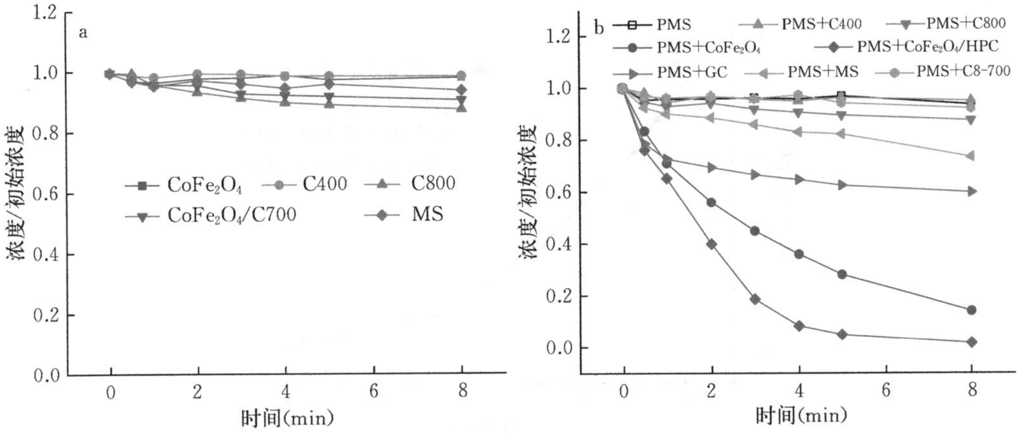

图 7－2　不同催化剂对 BPA 的吸附效果（a），以及不同催化剂和 PMS 体系对 BPA 的去除率（b）

注：反应条件为 $[PMS]_0$＝0.5 g/L，$[催化剂]_0$＝0.05 g/L，$[BPA]_0$＝10 mg/L，初始 pH＝7.4，T＝25 ℃。

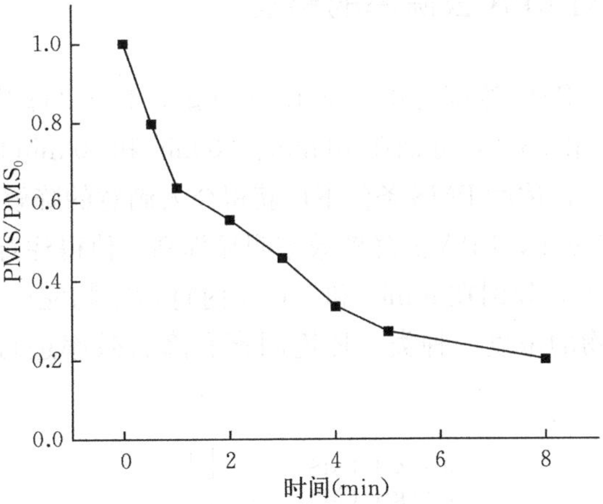

图 7－3　$CoFe_2O_4$/HPC 和 PMS 体系中 PMS 的消耗量

注：反应条件为 $[PMS]_0$＝0.5 g/L，$[CoFe_2O_4/HPC]_0$＝0.05 g/L，$[BPA]_0$＝10 mg/L，初始 pH＝7.4，T＝25 ℃。

二、$CoFe_2O_4$/HPC 剂量对 BPA 去除率的影响

如图 7－4 所示，随着 $CoFe_2O_4$/HPC 剂量从 0.025 g/L 增加到 0.075 g/L，双酚 A 降解速度逐渐加快。然而，当 $CoFe_2O_4$/HPC 持续增加到 0.100 g/L 时产生了不是很明显的抑制作用，这可能是由于 $CoFe_2O_4$/HPC 中多余的 Co^{2+}、Fe^{2+} 等催化位点对 $SO_4^{\cdot-}$ 的清除

作用，CO²⁺、Fe²⁺与 $SO_4^{\cdot-}$ 反应生成 SO_4^{2-}，而减少其与污染物的反应［结构方程模型式（7-1）、式（7-2）］[4]。

$$Co^{2+} + SO_4^{\cdot-} \longrightarrow SO_4^{2-} + Co^{3+} \quad (7-1)$$

$$Fe^{2+} + SO_4^{\cdot-} \longrightarrow SO_4^{2-} + Fe^{3+} \quad (7-2)$$

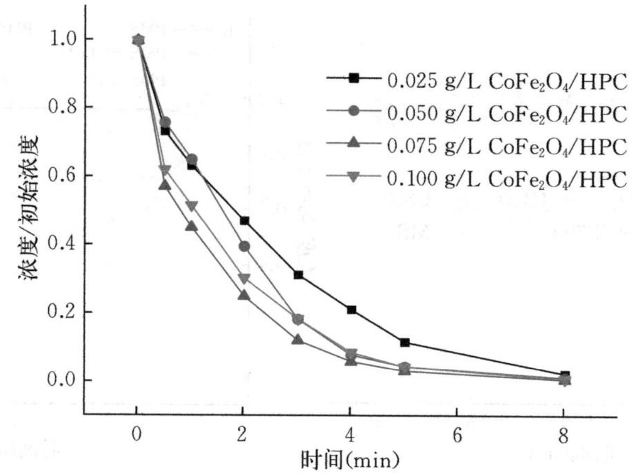

图 7-4　不同 $CoFe_2O_4$/HPC 剂量对降解效率的影响

三、PMS 剂量对 BPA 去除率的影响

如图 7-5 所示，在 PMS 浓度为 0.05 g/L、0.1 g/L 和 0.25 g/L 时，8 min 内 BPA 去除率分别为 69%、85%和 93%，分别在 40 min、30 min 和 20 min 内达到完全降解。结果表明，$CoFe_2O_4$/HPC 在低浓度 PMS 条件下可获得令人满意的降解效果。随着 PMS 剂量从 0.25 g/L 增加到 0.5 g/L，BPA 的降解效率明显提高。值得注意的是，在 0.50 g/L 和 0.75 g/L 的 PMS 剂量下，分别在 8 min 和 5 min 内将污染物完全去除。在实际应用中，PMS 剂量可根据污染物的浓度、种类、环境因素和降解效率进行调节，从而实现高效净化。

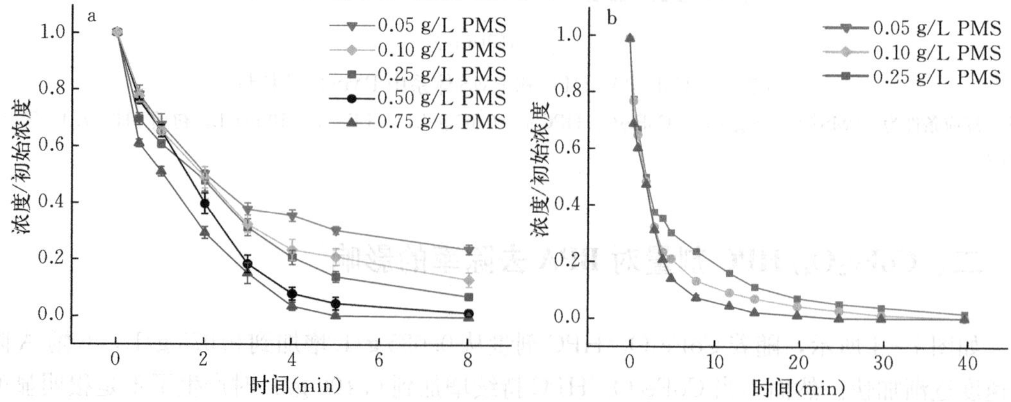

图 7-5　不同 PMS 剂量对 BPA 降解效率的影响

由于水体环境中存在较低浓度的 BPA，在实际应用中，设置较低浓度的 BPA 更符合实际情况。因此，笔者又补充考察了 $CoFe_2O_4$/HPC（0.05 g/L）和 PMS（0.05 g/L、0.1 g/L、0.25 g/L）体系对低浓度 BPA（1 mg/L、5 mg/L）的降解效果。如图 7－6 所示，这些体系均表现出了优异的 BPA 降解性能。如图 7－6a 所示，BPA 浓度为 5 mg/L，当降低 PMS 浓度时，2 min 后，PMS 浓度为 0.25 g/L 的反应体系将 BPA 降解完毕，浓度为 0.05 g/L、0.1 g/L 的也分别将污染物降至 89％和 98％。当 BPA 浓度降至 1 mg/L 时（图 7－6b），三个浓度（0.05 g/L、0.1 g/L、0.25 g/L）的 PMS 均在 3 min 内将污染物降解完毕。说明 $CoFe_2O_4$/HPC 在实践中具有良好的适应性和潜在的应用前景。

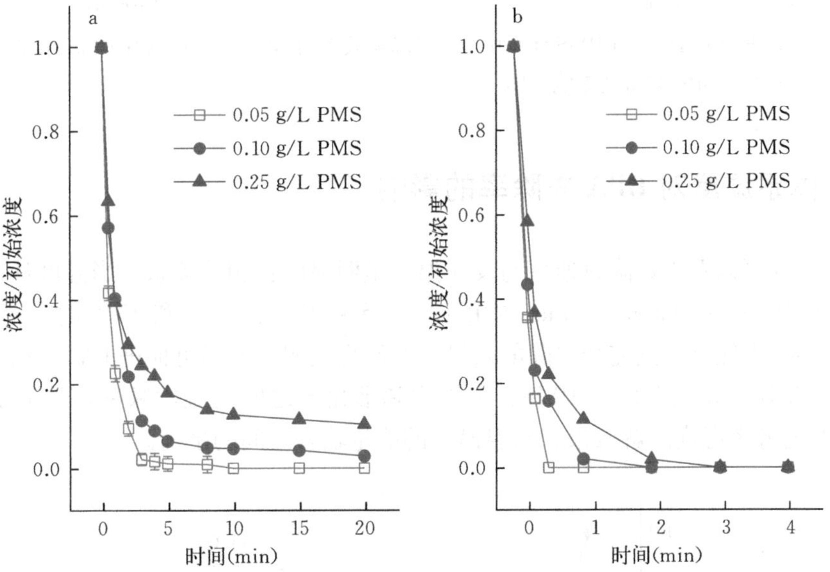

图 7－6　不同 PMS 剂量对 $CoFe_2O_4$/HPC 和 PMS 体系降解 5 mg/L（a）和 1 mg/L（b）BPA 的影响

注：反应条件为 $[CoFe_2O_4/HPC]_0$＝0.05 g/L，初始 pH＝7.4，T＝25 ℃。

四、体系初始 pH 对 BPA 去除率的影响

研究了 pH 对 $CoFe_2O_4$/HPC 催化性能的影响。如图 7－7a 所示，随着 pH 从 3 增加到 9，BPA 的降解逐渐受到了抑制[5]。其中，随着 pH 从 3 增加到 7.4，尽管降解速率降低，但在 8 min 内，BPA 完全被去除[6]。然而当 pH 升高到 9 时，在 8 min 内去除率仅为 72％。这可能是因为在弱碱性条件下，OH^- 与氧化能力较高的 $SO_4^{\cdot -}$ 反应生成氧化能力较低的 ·OH（反应式 7－3）[7]。但随着 pH 进一步升高至 11，抑制作用显著减轻。有研究表明，这是由于 PMS 在极碱性条件下容易自我分解[8]。图 7－7b 给出了只有 PMS 存在情况下，初始 pH 为 9 和 11 时 BPA 浓度随时间变化的趋势。在初始 pH 为 9 和 11 的条件下，BPA 在 8 min 内分别降解了 10％和 80％，证实了上述推测。

$$SO_4^{\cdot -} + OH^- \longrightarrow SO_4^{2-} + \cdot OH \qquad (7-3)$$

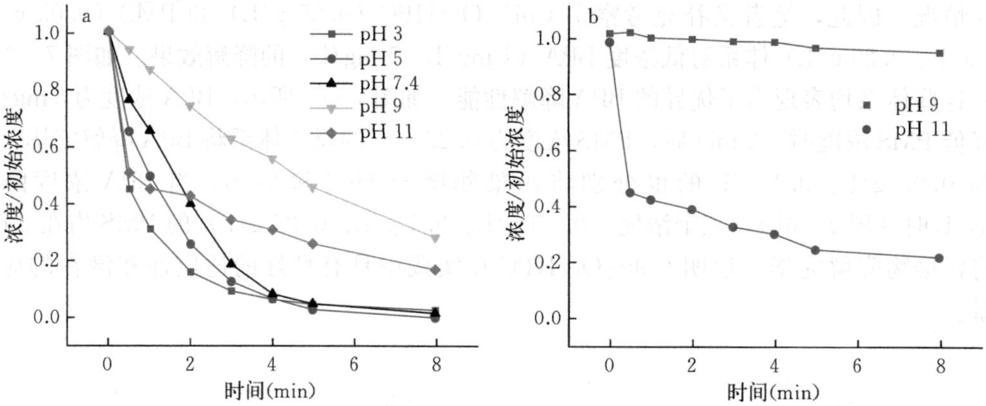

图 7-7 $CoFe_2O_4$/HPC 与 PMS 体系中 pH 对降解效率的影响（a）及只有 PMS 存在情况下 pH 对 BPA 降解的影响（b）

五、体系温度对 BPA 去除率的影响

从图 7-8 可以看出，降解速率与反应温度呈明显的正相关关系。当温度从 25 ℃降至 15 ℃时，对 BPA 的去除率在 8 min 内由 100%降至 81%。35 ℃和 45 ℃时，降解反应在 4 min 和 3 min 内便可达到完全去除的效果。有研究表明，高温可促进 PMS 分解，形成活性自由基。此外，高温会增大 PMS、污染物和催化剂之间的碰撞频率，从而加速反应。但是，仍要充分考虑高降解效果和高温昂贵的能量输入之间的平衡。

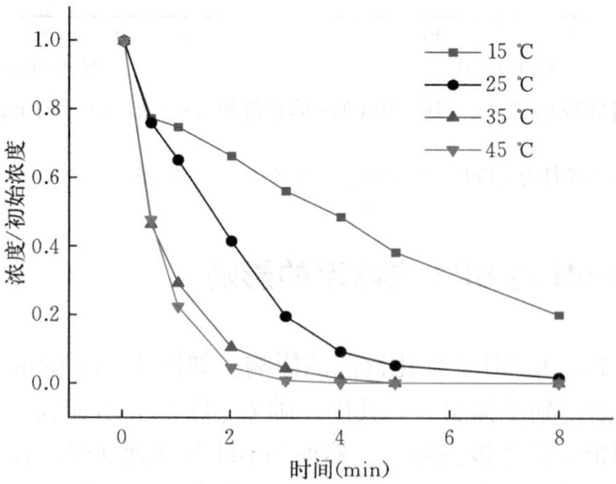

图 7-8 $CoFe_2O_4$/HPC 与 PMS 体系中温度对降解效率的影响

六、阴离子对 BPA 去除率的影响

在实际水体环境中，存在各种无机阴离子，为了模拟实际废水的情况，我们选取

Cl^- 和 HCO_3^-，研究其对 BPA 降解的影响[9]。从图 7-9 可以看出，添加 10 mmol/L Cl^- 后，降解效果受到了明显的抑制，当 Cl^- 添加量增加到 20 mmol/L 时，抑制效果逐渐减弱。说明氯的存在会降低 BPA 的降解效率。这可能是由于在一个很高的反应速率中，溶液中的 Cl^- 可以与 $SO_4^{\cdot-}$ 反应生成Cl• [反应式 (7-4)，$k=3.0\times10^8$ L/(mol • s)]。然后Cl• 和 Cl^- 结合形成 $Cl_2^{\cdot-}$ [反应式 (7-5)][10]，$Cl_2^{\cdot-}/2Cl^-$ 的氧化还原电势 (2.09 V) 低于 $SO_4^{\cdot-}$ 和 •OH[11]。但随着 Cl^- 浓度进一步增加，过量的 $Cl_2^{\cdot-}$ 可以通过单电子氧化的方式提高对 BPA 的去除率，抑制作用减弱[12-15]。如图 7-9 所示，当 HCO_3^- 浓度为 10 mmol/L 和 20 mmol/L 时，BPA 的去除率分别为 75% 和 38%。这一现象可能是由于 HCO_3^- 与 $SO_4^{\cdot-}$ 和 •OH 反应生成 $\cdot HCO_3$ [反应式 (7-6)、反应式 (7-7)] 的氧化能力低于 $SO_4^{\cdot-}$ 和 •OH。

$$Cl^- + SO_4^{\cdot-} \longrightarrow Cl\cdot + SO_4^{2-} \quad (7-4)$$

$$Cl\cdot + Cl^- \longrightarrow Cl_2^{\cdot-} \quad (7-5)$$

$$SO_4^{\cdot-} + HCO_3^- \longrightarrow SO_4^{2-} + \cdot HCO_3 \quad (7-6)$$

$$\cdot OH + HCO_3^- \longrightarrow H_2O + \cdot HCO_3 \quad (7-7)$$

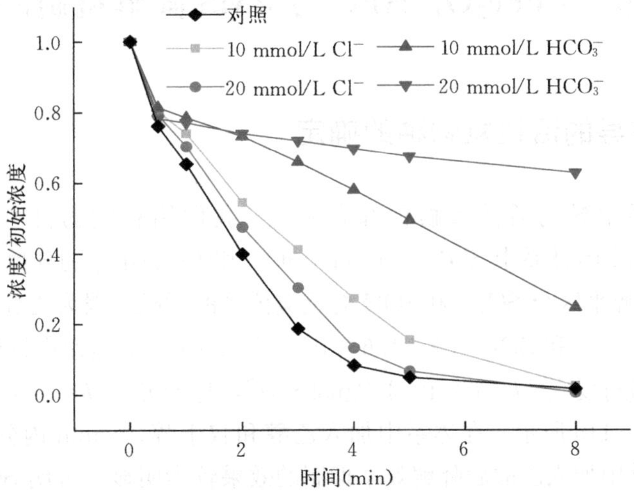

图 7-9 $CoFe_2O_4$/HPC 与 PMS 体系中 Cl^- 和 HCO_3^- 对 BPA 降解效率的影响

七、腐殖酸对 BPA 去除率的影响

众所周知，腐殖酸 (humic acid，HA) 作为一种广泛存在的天然高分子有机物，含有丰富的羟基、羧基和酚基，对有机污染物的吸附和降解有复杂的影响。在图 7-10 中，不同浓度 (1 mg/L、5 mg/L、10 mg/L) 的 HA 对 BPA 的降解几乎没有显著影响。一方面，HA 本身作为典型的有机物质会与 BPA 竞争体系中的活性氧化物质。另一方面，有报道称 HA 中的半醌基团可以激活 PMS 产生硫酸根自由基，这有利于 BPA 的降解。推测 HA 的抑制作用被其促进作用所抵消，这应该是 HA 对 BPA 的降解几乎没有影响的原因。

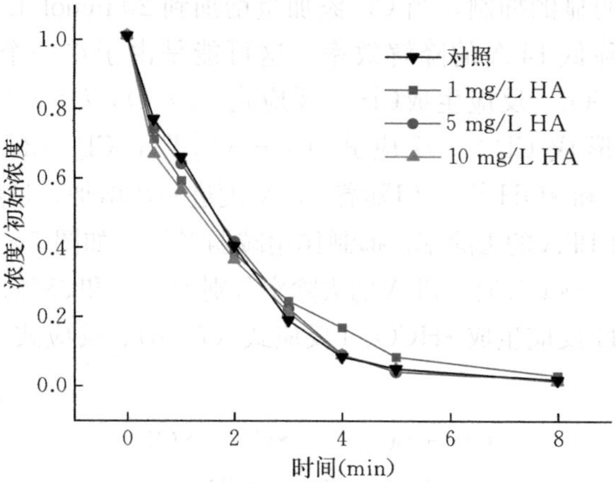

图 7-10 $CoFe_2O_4$/HPC 与 PMS 体系中 HA 对 BPA 降解效率的影响

第四节 $CoFe_2O_4$/HPC 与 PMS 降解机制的研究

一、体系主导的活性氧物种的确定

为了探究体系主导的活性氧物种都有哪些，我们用相应的自由基清除剂测定了 $CoFe_2O_4$/HPC 和 PMS 体系中 $SO_4^{\cdot-}$、$\cdot OH$、$\cdot O_2^-$ 和 $^1O_2$ 自由基的分量。通过向反应体系中加入乙醇和叔丁醇来区分 $SO_4^{\cdot-}$ 和 $\cdot OH$ 对反应体系的贡献。因为乙醇可以同 $\cdot OH$ ［k=1.9×10^9 L/(mol · s)］和 $SO_4^{\cdot-}$ ［k=1.6×10^7 L/(mol · s)］迅速进行反应，而叔丁醇只可以同 $\cdot OH$ 迅速进行反应［k=6×10^7 L/(mol · s)］，与 $SO_4^{\cdot-}$ ［k=4.0×10^5 L/(mol · s)］反应较慢。如图 7-11a 所示，在体系中加入乙醇和叔丁醇，8 min 内分别去除 29.5%和 70.7%的 BPA，其中加入乙醇后降解效率抑制的效果较为明显，说明 $SO_4^{\cdot-}$ 在反应体系中起关键作用，$\cdot OH$ 起次要作用。对苯醌和 L-组氨酸分别作为 $\cdot O_2^-$ ［k=9.6×10^8 L/(mol · s)］和 $^1O_2$ ［k=2×10^9 L/(mol · s)］的淬灭剂。加入 L-组氨酸后，只去除了 33%的 BPA，对整个反应体系的降解效果抑制较为明显，说明 $^1O_2$ 起了至关重要的作用。对苯醌存在时，去除率达到 75%，说明 $\cdot O_2^-$ 对降解过程也起到一定的作用。NBT 也可以用来检测催化过程中产生的 $\cdot O_2^-$。在图 7-12b 中，259 nm 处 NBT 的峰值随着时间的推移而逐渐减小，进一步证明了反应中 $\cdot O_2^-$ 的形成。

对于图 7-12c 中，通过 EPR 实验，使用 DMPO 作为自旋捕获剂的结果显示，单独使用 PMS 时没有出现信号。当 C400 和 PMS 同时存在时，也没有发现明显的峰，表明 C400 的催化性能较差。当分别使用 C800、$CoFe_2O_4$ 和 $CoFe_2O_4$/HPC 来活化 PMS 时，出现了典型的 DMPO-X 七元峰。$CoFe_2O_4$/HPC 的信号强度分别是 $CoFe_2O_4$ 和 C800 的 2 倍和 4 倍。值得注意的是，信号的强度顺序与前文中 BPA 的降解顺序一致。DMPO-X

七元峰的出现可能是由于 $SO_4^{\cdot-}$ 对 DMPO 的二次氧化造成的，这个结果进一步验证在这个体系中 $SO_4^{\cdot-}$ 对 BPA 降解起着很重要的作用。图 7-11d 是用 TMP 作为诱捕剂的 EPR 结果显示，所有处理均出现了一个典型的三元峰，强度为 1：1：1，表明反应体系中存在 $^1O_2$。C400 和 $CoFe_2O_4$ 的峰值强度与溶液中只存在 PMS 时的强度相似，表明 C400 和 $CoFe_2O_4$ 不能诱导 PMS 产生 $^1O_2$。而 $CoFe_2O_4$/HPC 和 C800 的 $^1O_2$ 信号强度分别是 C400 的 4 倍和 5 倍。这说明生物炭的分级多孔结构有利于 PMS 分解生成 $^1O_2$。此外，有报道称 C═O 可以促进 PMS 自分解生成 $^1O_2$[16]。反应前新鲜的 $CoFe_2O_4$/HPC 和反应后回收的 $CoFe_2O_4$/HPC 的 O 1s 的 XPS 谱图（图 7-12）显示，C═O 官能团的百分比从 20.28%下降到 17.78%，而 C—O/C—OH 官能团的百分比则上升，进一步验证 $^1O_2$ 对 $CoFe_2O_4$/HPC 和 PMS 降解体系的重要性[17,18]。根据化学清除剂和 EPR 结果，$CoFe_2O_4$/HPC 和 PMS 降解体系中，$SO_4^{\cdot-}$ 和 $^1O_2$ 起主要作用，而 $\cdot O_2^-$ 和 $\cdot OH$ 起次要作用[19,20]。

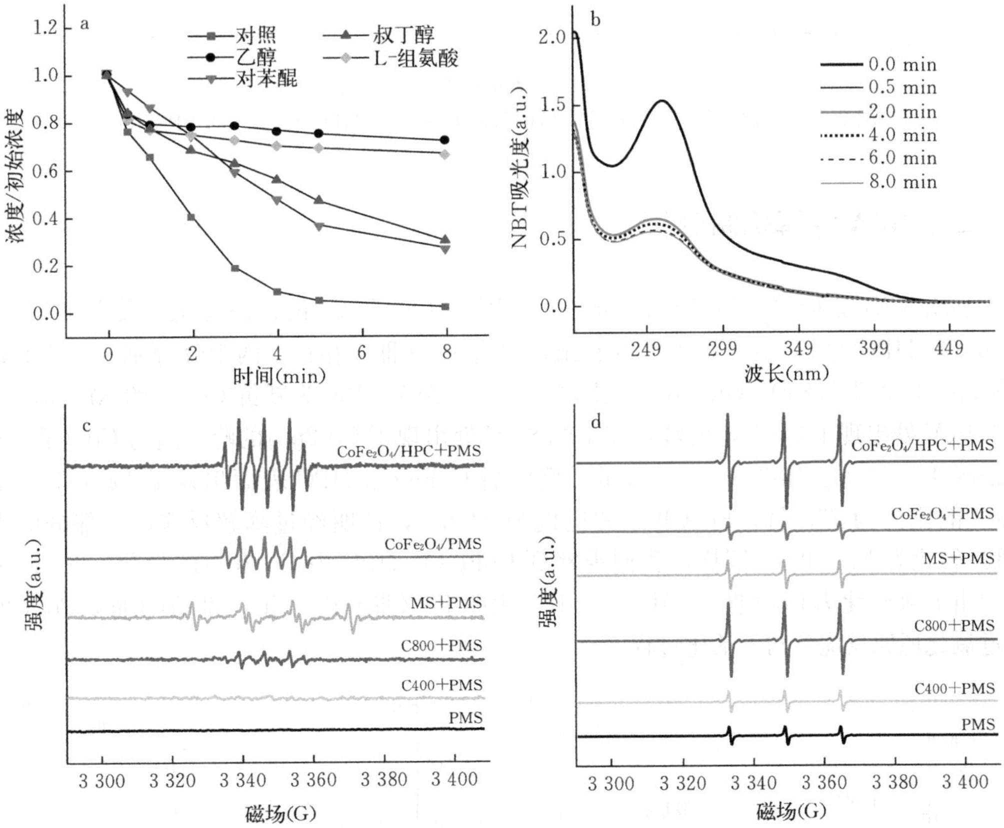

图 7-11 化学牺牲剂对 $CoFe_2O_4$/HPC 和 PMS 体系降解 BPA 的影响（a），在 $CoFe_2O_4$/HPC 和 PMS 体系中 NBT 的紫外吸收光谱（b），$SO_4^{\cdot-}$ 和 ·OH 的 EPR 测试（c），以及 $^1O_2$ 的 EPR 测试（d）

注：反应条件为 $[PMS]_0=0.5$ g/L，$[CoFe_2O_4/HPC]_0=0.05$ g/L，$(BPA)_0=10$ mg/L，淬灭剂的摩尔比率（EtOH 和 TBA）为 PMS=1 000：1，$[L-H]_0=2$ mmol/L，$[p-BQ]_0=4$ mmol/L，$[DMPO]_0=0.1$ mol/L，$[TMP]_0=2$ mmol/L，初始 pH=7.4，T=25 ℃。

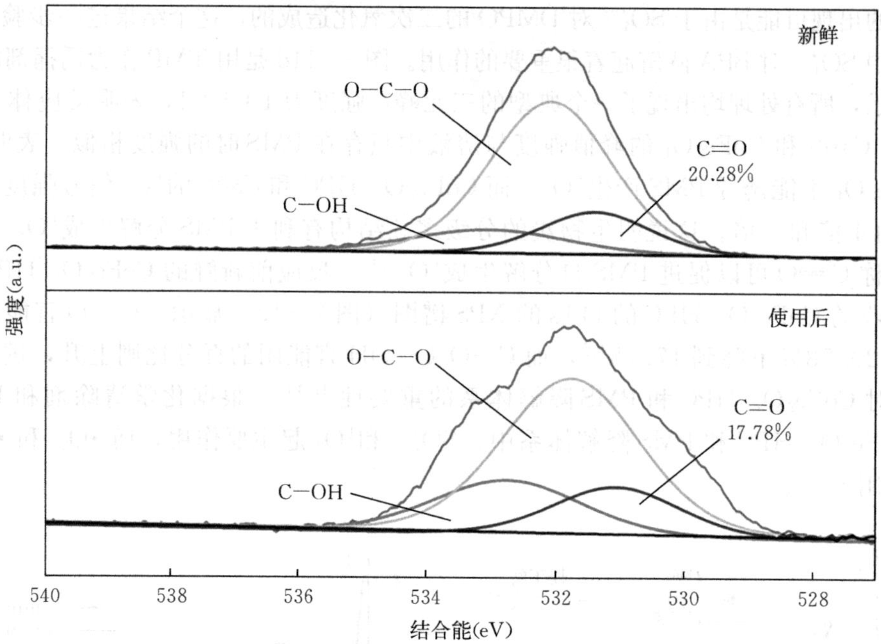

图 7-12　反应前新鲜的和反应后回收的 $CoFe_2O_4$/HPC 的 O 1s 的 XPS 谱

二、BPA 降解机制分析

利用 XPS 技术研究了反应后 $CoFe_2O_4$/HPC 中 Fe 和 Co 的价态变化。反应前新鲜的 $CoFe_2O_4$/HPC 的 Fe 2p 光谱图可以看出，只有 Fe（Ⅲ）存在，两个峰分别为 711.9 eV（Fe $2p_{3/2}$）和 725.8 eV（Fe $2p_{1/2}$）（图 7-13a）。图 7-13b 为新鲜 Co 2p 的 XPS 谱，在 782.1 eV 处出现了 Co $2p_{3/2}$的峰，在 797.8 eV 处出现了 Co $2p_{1/2}$的峰，这与 Co（Ⅱ）的特征峰相对应[21]。如图 7-13c 所示，反应后 $CoFe_2O_4$/HPC 表面出现了 Fe（Ⅱ），Fe（Ⅲ）的比例为 75.4%，Fe（Ⅱ）的比例为 24.6%，证明经过降解反应，一部分的 Fe（Ⅲ）转化为 Fe（Ⅱ）。同样，我们观察到 $CoFe_2O_4$/HPC 中 Co $2p_{3/2}$ 的变化，26.3%的 Co（Ⅱ）被转化为 Co（Ⅲ）（图 7-13d）。表明 Fe（Ⅲ）/Fe（Ⅱ）和 Co（Ⅲ）/Co（Ⅱ）通过氧化还原反应参与了活化过程[22]。

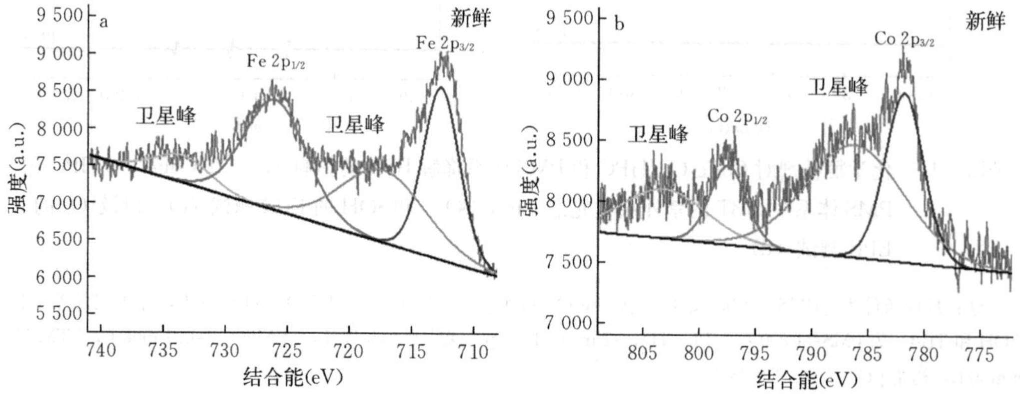

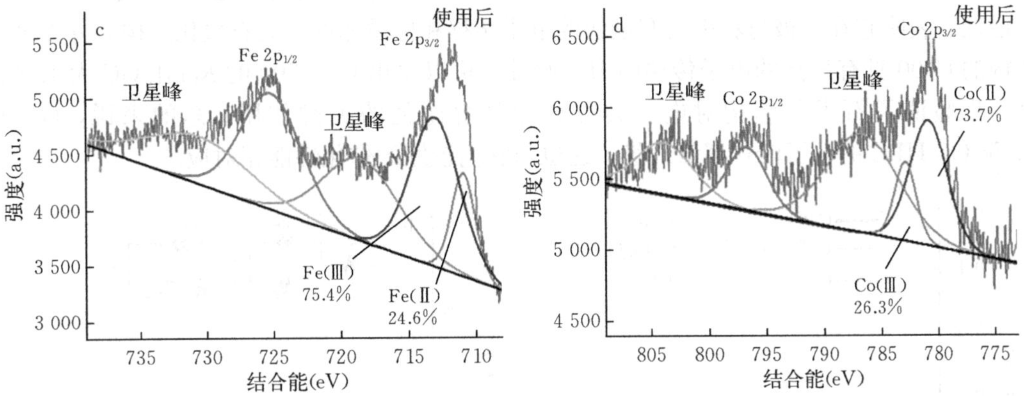

图 7-13　反应前新鲜的（a、b）和使用后（c、d）$CoFe_2O_4$/HPC 的 Fe 2p 和 Co 2p 的 XPS 谱

从图 7-13b 中催化剂的降解效果可以看出，石墨化结构及石墨化结构与纳米 $CoFe_2O_4$ 的协同作用是 $CoFe_2O_4$/HPC 优异催化性能的关键。根据早期的报道，具有石墨化结构的催化剂可以以石墨化结构作为桥梁来连接污染物与 PMS 之间的电子传递诱导非自由基途径[21]。

计时安培法可以帮助我们判断 $CoFe_2O_4$/HPC 和 PMS 体系的降解机制属于自由基途径还是非自由基途径。这是由于，在不存在污染物的情况下，催化剂与氧化剂共同存在时便可产生自由基，自由基的产生导致电流出现明显的变化[23]。因此，当加入过硫酸盐后，发生明显的阶跃现象，证明反应过程中存在自由基。当污染物存在于其中后，以催化剂作为桥梁，PMS 和 BPA 可以通过桥梁而进行得失电子反应。因此，当加入污染物后发生明显的阶跃反应，证明反应过程中存在电子传导机制。从图 7-14a 可以看出，除 $CoFe_2O_4$ 外，所有催化剂电极均显示两个电流阶跃峰值，这个现象证明当 PMS 和 BPA 注入时，均产生了明显的电流响应，并且前者的峰值高于后者，证明体系中存在的自由基路径的重要性大于非自由基路径。对于 $CoFe_2O_4$ 电极，加入 PMS 后出现电流响应，而加入 BPA 时几乎没有电流产生，表明 $CoFe_2O_4$ 和 PMS 体系中只存在自由基途径。以上证明，在所有的生物炭和 PMS 体系中，均存在自由基途径和非自由基途径，其中以自由基途径为主。值得注意的是，与其他催化剂相比，GC 和 $CoFe_2O_4$/HPC 对 BPA 的反应具有更强的电流跃迁（第二个峰值更明显），证明电子转移机制对这两者存在的体系贡献更大，而 GC 和 $CoFe_2O_4$/HPC 这两个材料同其他材料不同之处为拥有石墨化结构。因此，这表明石墨化结构是电子转移机制的主要原因。此外，电流响应强度与不同催化剂和 PMS 体系对 BPA 的降解效率呈正相关。

采用电化学阻抗谱方法研究了催化剂电极上电子和离子的界面转移阻力。电化学阻抗谱图及拟合的等效电路模型如图 7-14b 所示。可以看出，每个催化剂所拟合的图形由两个半圆和一条斜线组成。R_S 是电解质的电阻。R_{CT} 和 R_{SEI} 分别表示电荷转移电阻和离子通过固体电解质界面（SEI）膜的电阻，分别对应高频区域的第一个半圆和中频区域的第二个半圆[24]。由于催化剂表面粗糙，采用恒相元件（CPE）代替纯电容器元件。CPE_1 与 SEI 的不完美电容性能有关，CPE_2 与电极粗糙的电容行为有关[25]。韦伯阻抗（ZW）反映了离子在电子体中的扩散程度，表现为在低频区倾斜的直线[26]。拟合的等效电路阻抗参数如表 7－1 所示，各催化剂的 R_S 值基本相同。与其他催化剂相比，GC 的 R_{CT} 和 ZW 值最低，表明它在电极材料中具有最快的电子转移和传质速度。无石墨化结构和分级多孔结构的 C400 具有最高的电子传递阻力。此外，可以得出 C8－700 的 R_{CT} 比 GC 大 13 倍，进一步验证了石墨化结构对电子转移介导降解途径的关键作用。总的来说，GC 和 $CoFe_2O_4$/HPC 的电子转移容量最优，这也与它们较好的催化性能相对应。

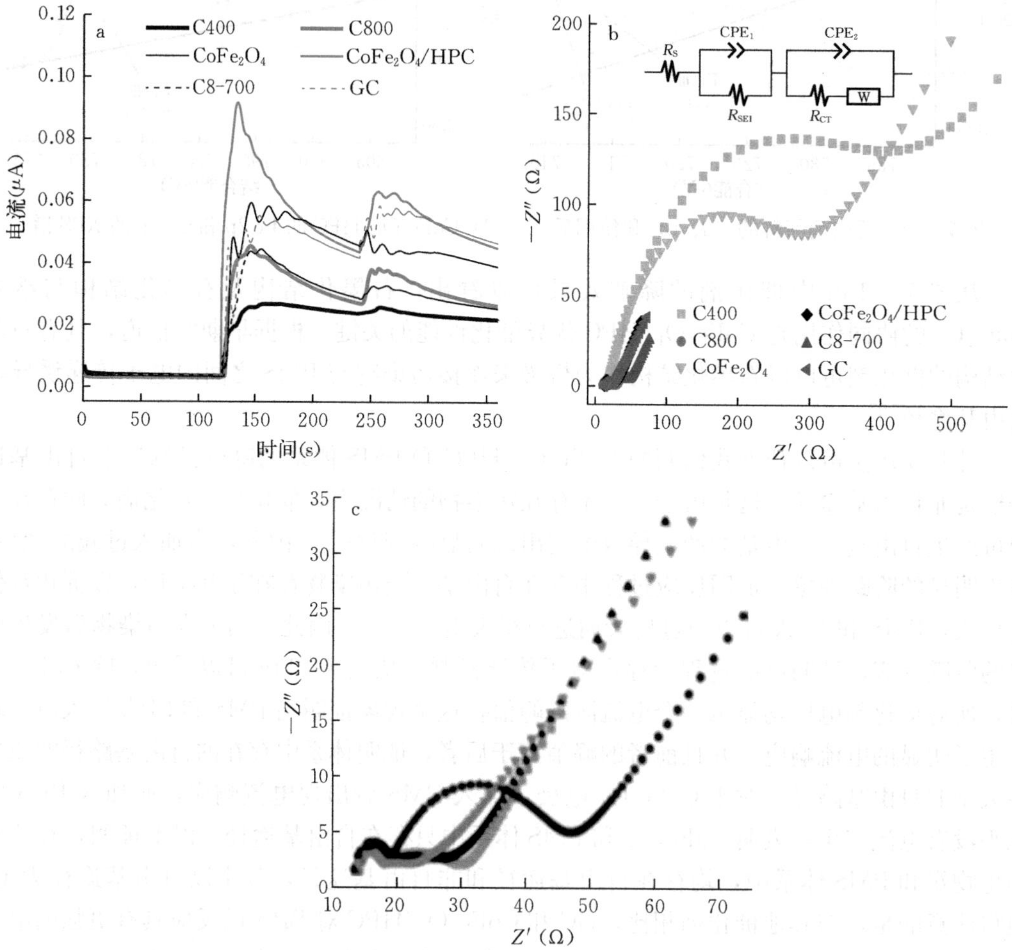

图 7－14　不同催化剂在 0.2 mol/L 硼酸缓冲液中的电流响应（a）和电化学阻抗谱的尼奎斯特图（b 和 c）

表 7－1　拟合等效电路的阻抗参数

样品	R_S (Ω/cm)	CPE_1	R_{SEI} (Ω/cm)	ZW (Ω/cm)	CPE_2	R_{CT} (Ω/cm)
C400	14.51	2.0709×10^{-7}	4.625	0.390 29	1.4305×10^{-4}	374.5
C800	13.68	1.6466×10^{-8}	2.35	0.517 96	8.2007×10^{-4}	15.42
C8－700	13.75	4.5253×10^{-8}	4.679	0.225 26	1.106×10^{-4}	26.83
$CoFe_2O_4$	14.25	3.5843×10^{-7}	5.104	0.424 49	1.1123×10^{-4}	255.8
$CoFe_2O_4$/HPC	14.10	3.0199×10^{-8}	3.977	0.255 22	1.6926×10^{-4}	6.636
GC	14.10	1.3451×10^{-8}	2.522	0.218 35	1.3869×10^{-5}	2.191

通过自由基测定试验和 XPS 分析结果，提出了 $CoFe_2O_4$/HPC 对 PMS 的活化机制。Co（Ⅱ）被 HSO_5^- 氧化，$SO_4^{\cdot-}$ 生成［反应式（7-8）］。由于 Co（Ⅲ）/Co（Ⅱ）（1.81 V）的氧化还原电位大于 HSO_5^-/$SO_5^{\cdot-}$（1.10 V），因此 HSO_5^- 可以将 Co（Ⅲ）还原为 Co（Ⅱ），这两个步骤的结合从而实现 Co（Ⅱ）的再生［反应式（7-9）］。由于 Fe（Ⅲ）/Fe（Ⅱ）具有小于 HSO_5^-/$SO_5^{\cdot-}$ 的氧化还原电位（0.77 V），因此 HSO_5^- 不能还原 Fe（Ⅲ）。然而，考虑到 PMS 自分解在体系中生成 $\cdot O_2^-$，以及 O_2/$\cdot O_2^-$ 的氧化还原电位（0.33 V）低于 Fe（Ⅲ）/Fe（Ⅱ），因此 Fe（Ⅲ）可以被 $\cdot O_2^-$ 还原后生成 Fe（Ⅱ）［反应式（7-10）～反应式（7-12）］。并且，Fe（Ⅱ）可以通过单电子活化 HSO_5^-，形成Fe（Ⅲ）和$SO_4^{\cdot-}$［反应式（7-13）］，也实现了 Fe（Ⅲ）的再生。此外，Co（Ⅲ）/Co（Ⅱ）的氧化还原电位高于 Fe（Ⅲ）/Fe（Ⅱ），因此 Co（Ⅲ）可以被 Fe（Ⅱ）还原，这进一步支持了 Co（Ⅱ）的再生［反应式（7-14）］[27]。良好的循环再生实验有效地证明了 $CoFe_2O_4$/HPC 催化剂的可重复利用性，对被污染的水体环境中污染物降解并进行材料回收再利用的研究有着很好的支撑作用，并且提供了一种新型的思路。

$$\text{Co(II)} + HSO_5^- \longrightarrow \text{Co(III)} + SO_4^{\cdot-} + OH^- \tag{7-8}$$

$$\text{Co(III)} + HSO_5^- \longrightarrow \text{Co(II)} + SO_5^{\cdot-} + H^+ \tag{7-9}$$

$$HSO_5^- \longrightarrow H^+ + SO_5^{2-} \tag{7-10}$$

$$SO_5^{2-} + H_2O \longrightarrow \cdot O_2^- + SO_4^{2-} + H^+ \tag{7-11}$$

$$\text{Fe(III)} + \cdot O_2^- \longrightarrow \text{Fe(II)} + O_2 \tag{7-12}$$

$$\text{Fe(II)} + HSO_5^- \longrightarrow \text{Fe(III)} + SO_4^{\cdot-} + OH^- \tag{7-13}$$

$$\text{Fe(II)} + \text{Co(III)} \longrightarrow \text{Fe(III)} + \text{Co(II)} \tag{7-14}$$

$SO_4^{\cdot-}$ 的形成反应可分为两类：第一类是过硫酸盐吸附在 $CoFe_2O_4$ 分子表面通过 Co（Ⅱ）和 Fe（Ⅱ）进行活化，第二类是过硫酸盐分子吸附在石墨化结构表面通过 $CoFe_2O_4$ 纳米颗粒进行活化。石墨化结构与 $CoFe_2O_4$ 之间的协同效应体现在第二类（图 7-15）。众所周知，电化学阻抗谱可以用来研究催化剂电极上电子或离子的界面转移阻力。与 $CoFe_2O_4$ 和非晶碳相比，含有丰富石墨化结构的 GC 和 $CoFe_2O_4$/HPC 的界面电荷转移电阻最低。由于石墨化结构具有出色的电子转移能力，Co（Ⅱ）和 Fe（Ⅱ）中的电子可以很容易地转移到 sp^2 杂化碳上，从而增强和活化 sp^2 杂化碳固有的离域 π 电子。此外，石墨化结构可以将这些丰富的自由流动电子捐赠给 PMS，并打破 O—O 键生成 $SO_4^{\cdot-}$。因此，石墨化结构与 $CoFe_2O_4$ 之间的协同效应可以解释为在远离 $CoFe_2O_4$ 表面的石墨化结构上产生新的活性催化位点[28]。

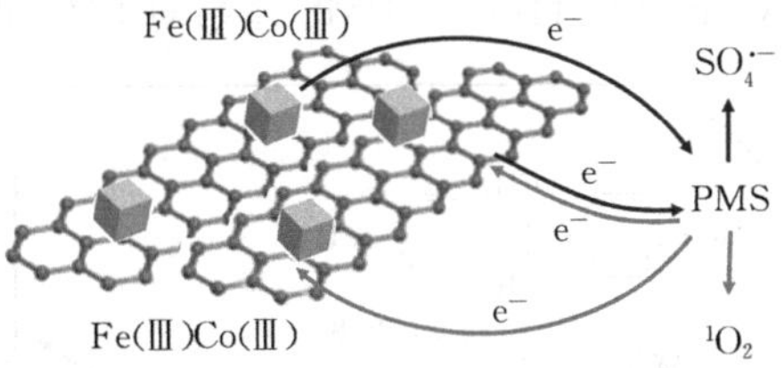

图 7-15　石墨化结构与 $CoFe_2O_4$ 之间的协同作用及 $SO_4^{\cdot-}$ 和 $^1O_2$ 的生成

此外，L-组氨酸淬灭和 EPR 捕获实验证实，$^1O_2$ 对 BPA 降解过程有显著的贡献。$^1O_2$ 的生成反应分为三类：第一类是 Co（Ⅲ）［反应式（7-9）］将 $CoFe_2O_4$ 表面吸附的 PMS 分子氧化，然后 $SO_5^{\cdot-}$ 通过反应式与自身或水反应生成 $^1O_2$［反应式（7-16）～反应式（7-18）］；第二类是活性炭分解 PMS 生成 $^1O_2$［反应式（7-15）］；第三类是将吸附在 $CoFe_2O_4$ 纳米颗粒周围石墨化结构表面的 PMS 分子氧化，然后由反应式（7-16）～反应式（7-18）生成$^1O_2$。石墨化结构与$CoFe_2O_4$之间对$^1O_2$生成的协同作用可能通过以下途径涉及第三类：PMS可以将电子指向石墨化结构中的sp^2杂化碳，然后，sp^2杂化碳中固有的离域π电子可以被激活，并进一步将电子指向$CoFe_2O_4$纳米颗粒表面的Co（Ⅲ）。上述过程通过石墨化结构与$CoFe_2O_4$的协同作用［反应式（7-19）］，不仅提高了$^1O_2$的产量，而且还再生了Co（Ⅱ）。

此外，在反应过程中，$SO_4^{\cdot-}$可以与水反应生成·OH［反应式（7-19）］。此外，BPA可以以石墨化结构作为电子传递桥将电子传递给HSO_5^-［反应式（7-20）］。因此，在$SO_4^{\cdot-}$、$^1O_2$、$\cdot O_2^-$、·OH和石墨化结构的参与下，BPA可以分解成中间体，最终生成二氧化碳和水［反应式（7-21）］。

$$HSO_5^- + SO_5^{2-} \longrightarrow SO_4^{2-} + HSO_4^- + {}^1O_2 \quad (7-15)$$

$$2SO_5^{\cdot-} + H_2O \longrightarrow 1.5\,{}^1O_2 + 2HSO_4^- \quad (7-16)$$

$$2SO_5^{\cdot-} \longrightarrow 2SO_4^{2-} + {}^1O_2 \quad (7-17)$$

$$2SO_5^{\cdot-} \longrightarrow S_2O_8^{2-} + {}^1O_2 \quad (7-18)$$

$$SO_4^{\cdot-} + H_2O \xrightarrow{\text{活性炭}} SO_4^{2-} + HSO_4^- + \cdot OH + H \quad (7-19)$$

$$BPA \xrightarrow{\text{石墨化结构}} e^- + HSO_5^- \longrightarrow SO_4^{\cdot-} \quad (7-20)$$

$$SO_4^{\cdot-}/{}^1O_2/\cdot OH/\cdot O_2^-/GS + BPA \longrightarrow \text{中间体} \longrightarrow CO_2 + H_2O \quad (7-21)$$

三、降解路径的确定

根据GC-MS的分析结果得知，反应体系中存在多种中间体，结合降解机制，提出了$CoFe_2O_4$/HPC和PMS体系对BPA可能的降解途径（图7-16）。如图7-17所示，共

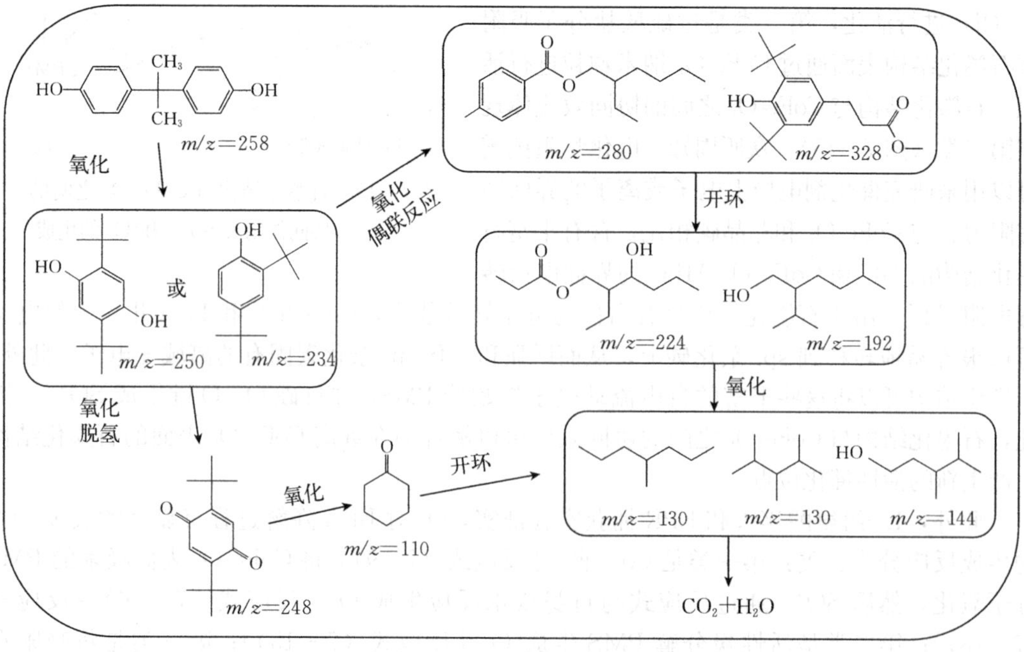

图7-16　$CoFe_2O_4$/HPC和PMS体系降解BPA的途径

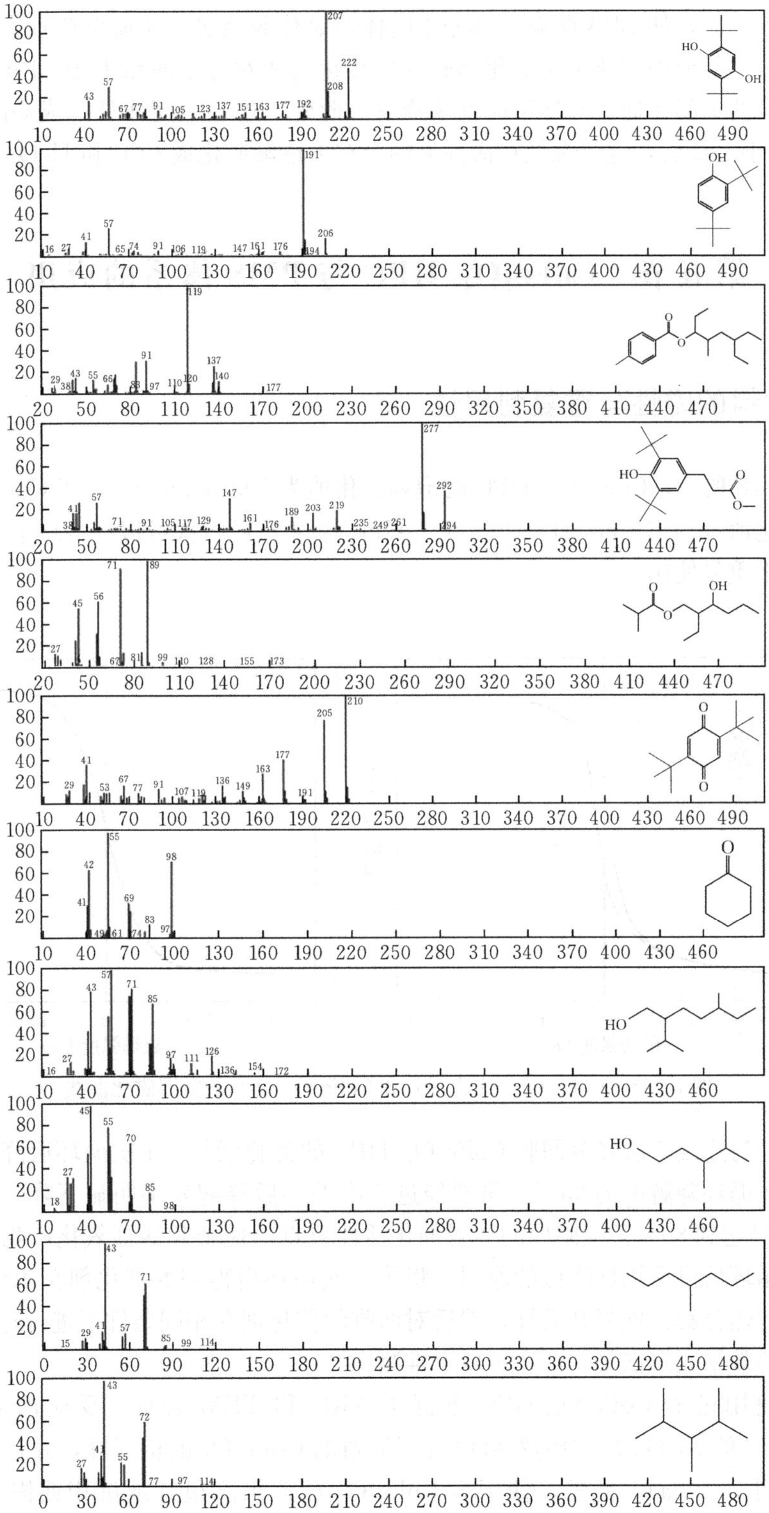

图 7－17　$CoFe_2O_4$/HPC 和 PMS 体系中 BPA 降解中间体及其化学结构的 GC－MS 检测

检测并筛选出了 11 种降解中间体。首先，$SO_4^{\cdot -}$ 和 $^1O_2$ 的攻击使双苯环中间的 C═C 键断裂，形成酚类物质，使 BPA 降解。部分中间体经氧化脱氢进一步降解生成蒽醌类和环酮类化合物。另一部分中间体由于氧化偶联反应转化为相对分子质量大于 BPA 的产物。这些大分子质量的中间体通过开环反应继续降解。此外，这些中间体裂解成易降解的烷烃，毒性比 BPA 小。最后，这些烷烃在活性氧的存在下逐渐矿化成 CO_2 和 H_2O。

第五节　$CoFe_2O_4$/HPC 与 PMS 体系的应用

一、材料的磁性与重复利用性

如图 7-18 所示，$CoFe_2O_4$/HPC 的饱和磁化值为 50.5 emu/g，低于 $CoFe_2O_4$ 纳米颗粒的饱和磁化值（75.3 emu/g）。$CoFe_2O_4$/HPC 通过外置磁铁可以在 30 s 内从溶液中分离出来，便于重复使用。

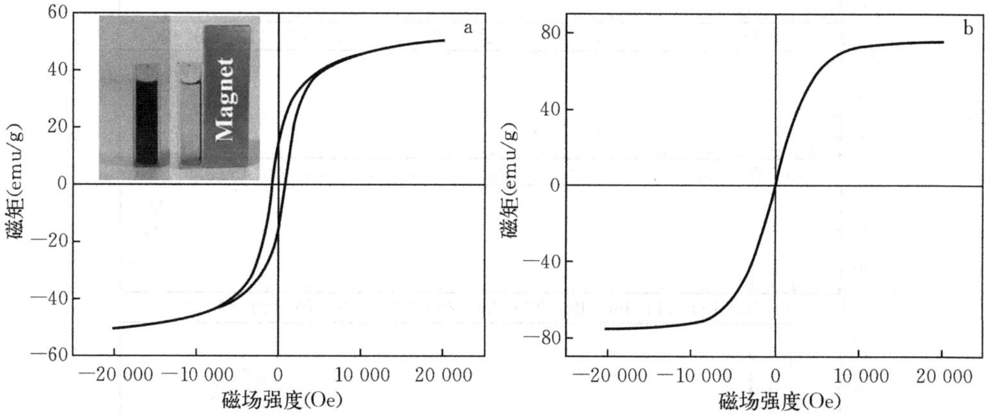

图 7-18　$CoFe_2O_4$/HPC（a）和 $CoFe_2O_4$（b）的室温磁化曲线

图 7-19 为连续 5 次降解回收 $CoFe_2O_4$/HPC 的催化活性。4 次循环后降解效果略有下降，第 4 次循环降解率为 93%。虽然经过 5 次循环后降解效率明显下降，但最终降解 BPA 的效率仍达到 80%。吸附中间体对催化活性位点的掩蔽和活性氧化产物不可避免的氧化是 5 次循环后可重用性降低的原因。将第 5 次循环后得到的催化剂在 400 ℃下煅烧，对中间体进行热分解并恢复其活性，然后对回收的催化剂在相同条件下进行降解试验。可以看出，降解效果完全恢复，证实了以上推测。

我们对使用过的 $CoFe_2O_4$/HPC 进行了 XRD 和 TEM 表征。反应前后使用过的 $CoFe_2O_4$/HPC 的 XRD 谱图中仍然可以看到清晰的 $CoFe_2O_4$ 的衍射峰，并且没有出现新的衍射峰（图 7-20a）。此外，使用后 $CoFe_2O_4$ 颗粒仍能很好地沉积或嵌入多孔炭上（图 7-20b）。在新 $CoFe_2O_4$/HPC 的 HRTEM 图像中仍然可以看到所有的晶格条纹（图 7-20c）。通过对结构形貌的表征，再次证明材料在反应后依旧具有良好的形貌结构，

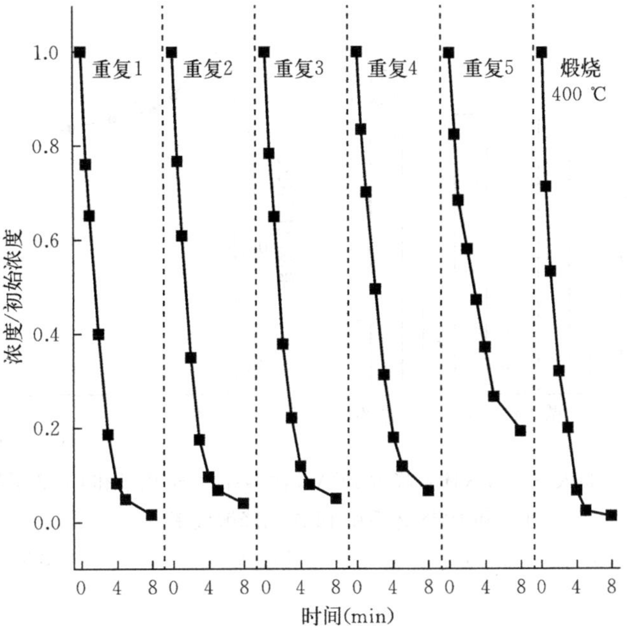

图 7-19　$CoFe_2O_4$/HPC 在 PMS 存在下对 BPA 降解的重复利用性

可以再次利用。因此，$CoFe_2O_4$/HPC 被认为是代替纯净的 $CoFe_2O_4$ 催化剂活化 PMS 降解 BPA 的理想候选材料。

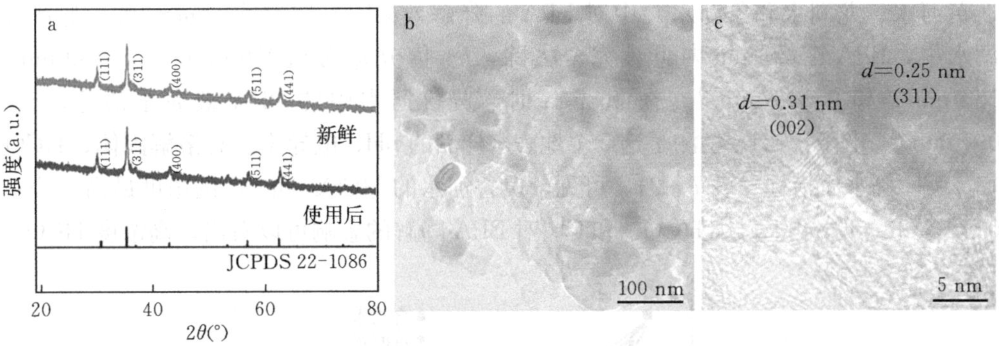

图 7-20　新鲜催化剂和使用后催化剂的 XRD 谱图（a），以及使用后的 $CoFe_2O_4$/HPC 的 TEM 图像（b、c）

如图 7-21a 所示，Co 离子和 Fe 离子泄漏检测结果显示，每个循环后泄漏的 Fe 离子低于 26 μg/L，Co 离子低于 10 μg/L，说明反应性氧化物种不可避免地对材料进行了氧化。假设所有泄漏的 Co 离子或 Fe 离子都是 Co（Ⅱ）和 Fe（Ⅱ）。分别以 $CoSO_4 \cdot 7H_2O$ 和 $FeSO_4 \cdot 7H_2O$ 为 Co（Ⅱ）和 Fe（Ⅱ）源，考察了 Co（Ⅱ）、Fe（Ⅱ）和 PMS 体系的降解效果。如图 7-21b 所示，在 PMS 存在的情况下，Fe（Ⅱ）（26 μg/L）和 Co（Ⅱ）（10 μg/L）在 8 min 内对 BPA 的降解效果达到 30%。事实上，由于溶液的强氧化条件，可以合理地假设 Co（Ⅲ）和 Fe（Ⅲ）贡献了大部分的 Fe 离子和 Co 离子。因此，泄漏的 Co 离子和 Fe 离子对 BPA 的均相降解率应小于 30%，而 $CoFe_2O_4$/HPC 和 PMS 体系的降解大部分来自非均相降解。

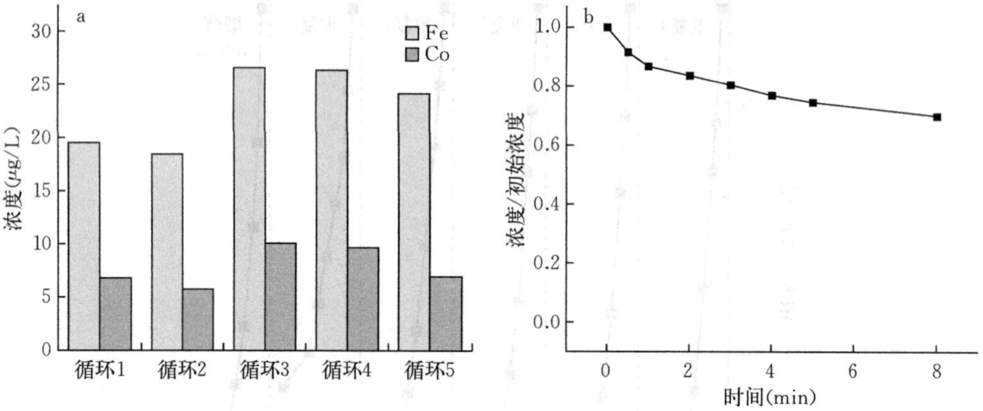

图 7-21　$CoFe_2O_4$/HPC 和 PMS 体系降解 BPA 5 次循环后 Fe 离子和 Co 离子的泄漏（a），以及 Co（Ⅱ）、Fe（Ⅱ）和 PMS 体系中 BPA 的降解效率

注：反应条件为 $[PMS]_0$=0.5 g/L，$[Fe^{2+}]_0$=26 μg/L，$[Co^{2+}]_0$=10 μg/L，$[BPA]_0$=10 mg/L，pH=7.4，T=25 ℃。

二、不同水质对 BPA 降解的影响

由于实际水体含有很多复杂的物质成分，会影响催化降解过程，为了评价 $CoFe_2O_4$/HPC 的实际应用性，因此测定了 $CoFe_2O_4$/HPC 在 5 种不同实际水环境（自来水、贾鲁河水、黄河水、龙湖水和象湖水）中对 BPA 的降解效果。在自来水、黄河水、龙湖水和象湖水中，BPA 在 20 min 内可被完全去除，k_{obs} 值分别为 0.096 min^{-1}、0.139 min^{-1}、0.133 min^{-1} 和 0.196 min^{-1}。在 40 min 时，贾鲁河水中的 BPA 被完全清除，k_{obs} 为 0.091 min^{-1}（图 7-22）。检测了这 5 个地表水样品的 pH、电导率、总溶解固体、HCO_3^-、SO_4^{2-}、Cl^- 等水质指标（表 7-2）。可见，贾鲁河水的 HCO_3^- 和 Cl^- 的浓度最高，分别为 370 mg/L 和 389 mg/L。从 HCO_3^- 和 Cl^- 对 BPA 降解的影响可以看出，高浓度 HCO_3^- 和

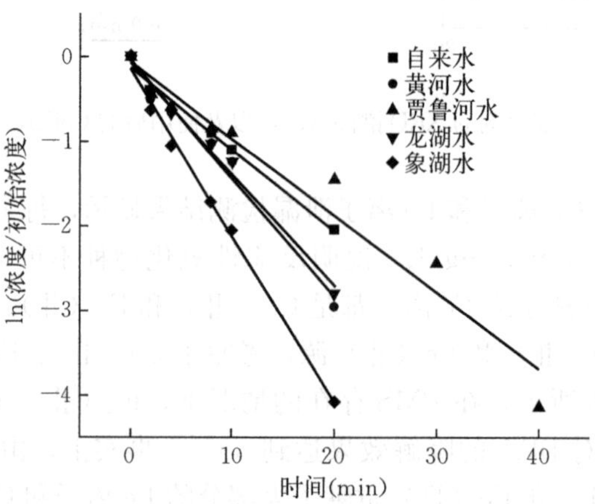

图 7-22　$CoFe_2O_4$/HPC 和 PMS 体系在不同水环境下的降解效率

注：反应条件为 $[PMS]_0$=0.5 g/L，$[催化剂]_0$=0.05 g/L，$[BPA]_0$=10 mg/L，初始 pH=7.4，T=25 ℃。

Cl^-会影响 BPA 的降解性能，说明贾鲁河水的 BPA 降解性能最差。这些结果表明，$CoFe_2O_4$/HPC 对不同的有机污染物和不同的水环境具有良好的适应性，因此在实践中被认为是活化过硫酸盐降解有机污染物的竞争性替代品。

表 7-2　不同水环境下的水质指标

项目	自来水	黄河水	贾鲁河水	龙湖水	象湖水
pH	7.26	7.30	7.14	7.22	7.40
电导率（μS/cm）	217	452	618	861	792
总溶解固体（mg/L）	103	211	263	381	340
HCO_3^-（mg/L）	139	231	370	104	197
SO_4^{2-}（mg/L）	41.8	481	406	194	310
Cl^-（mg/L）	19.5	304	389	149	241

三、对不同污染物的降解效果

与前期报道的 $CoFe_2O_4$ 基负载型催化剂相比，本研究中 $CoFe_2O_4$ 的质量分数和催化剂用量都较小，但降解效果很好，根据前面的测试，在 8 min 内将 10 mg/L 的 BPA 降解完毕。为了进一步考察 $CoFe_2O_4$/HPC 的实际应用性，将 BPA 替换为其他不同类型的典型难降解有机污染物，包括染料、抗生素和内分泌干扰素等。如图 7-23 所示，$CoFe_2O_4$/HPC 和 PMS 体系对酒石黄、羟基苯甲酸、磺胺嘧啶和苯酚也表现出良好的降解活性，10 min 内的去除率分别为 87%、72%、98%和 75%。

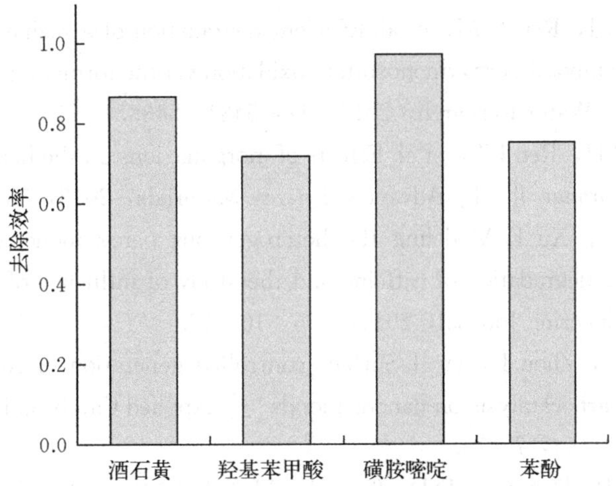

图 7-23　$CoFe_2O_4$/HPC 和 PMS 体系在 10 min 内对酒石黄、羟基苯甲酸、磺胺嘧啶和苯酚的去除率

注：反应条件为 $[PMS]_0$=0.5 g/L，$[催化剂]_0$=0.05 g/L，初始 pH=7.4，$[污染物]_0$=10 mg/L，T=25 ℃。

参 考 文 献

[1] Qin W, Fang G, Wang Y, et al. Mechanistic understanding of polychlorinated biphenyls degradation by peroxymonosulfate activated with $CuFe_2O_4$ nanoparticles: Key role of superoxide radicals [J]. Chemical Engineering Journal, 2018, 348: 526-534.

[2] Zhao Y, Xu Y, Zeng J, et al. Low-crystalline mesoporous $CoFe_2O_4$/C composite with oxygen vacancies for high energy density asymmetric supercapacitors [J]. Rsc Advances, 2017, 7: 55513-55522.

[3] Shao Z, Zeng T, He Y, et al. A novel magnetically separable $CoFe_2O_4/Cd_{0.9}Zn_{0.1}S$ photocatalyst with remarkably enhanced H_2 evolution activity under visible light irradiation [J]. Chemical Engineering Journal, 2019, 359: 485-495.

[4] Yang S, Qiu X, Jin P, et al. MOF-templated synthesis of $CoFe_2O_4$ nanocrystals and its coupling with peroxymonosulfate for degradation of bisphenol A [J]. Chemical Engineering Journal, 2018, 353: 329-339.

[5] Oh W D, Lim T T. Design and application of heterogeneous catalysts as peroxydisulfate activator for organics removal: An overview [J]. Chemical Engineering Journal, 2019, 358: 110-133.

[6] Zhang T, Hu H Z, Croue J P. Production of sulfate radical from peroxymonosulfate induced by a magnetically separable $CuFe_2O_4$ spinel in water: efficiency, stability, and mechanism [J]. Environmental Science & Technology, 2013, 47: 2784-2791.

[7] Deng J, Shao Y, Gao N, et al. $CoFe_2O_4$ magnetic nanoparticles as a highly active heterogeneous catalyst of oxone for the degradation of diclofenac in water [J]. Journal of Hazardous Materials, 2013, 262: 836-844.

[8] Guan Y H, Ma J, Ren Y M, et al. Efficient degradation of atrazine by magnetic porous copper ferrite catalyzed peroxymonosulfate oxidation via the formation of hydroxyl and sulfate radicals [J]. Water Research, 2013, 47: 5431-5438.

[9] Zhu S B, Shi P H, Ren J T, et al. Effects of inorganic ions on the heterogeneous catalytic degradation of Orange Ⅱ [J]. Advanced Energy Materials, 2012, 534: 281-284.

[10] Qi F, Chu W, Xu B. Modeling the heterogeneous peroxymonosulfate/Co-MCM41 process for the degradation of caffeine and the study of influence of cobalt sources [J]. Chemical Engineering Journal, 2014, 235: 10-18.

[11] Duan X, Su C, Zhou L, et al. Surface controlled generation of reactive radicals from persulfate by carbocatalysis on nanodiamonds [J]. Applied Catalysis B: Environment and Energy, 2016, 194: 7-15.

[12] Anipsitakis G P, Dionysiou D D, Gonzalez M A. Cobalt-mediated activation of peroxymonosulfate and sulfate radical attack on phenolic compounds. implications of chloride ions [J]. Environmental Science & Technology, 2006, 40: 1000-1007.

[13] Grebel J E, Pignatello J J, Mitch W A. Effect of halide ions and carbonates on organic contaminant degradation by hydroxyl radical - based advanced oxidation processes in saline waters [J]. Environmental Science & Technology, 2010, 44: 6822 - 6828.

[14] Yang Y, Pignatello J J, Ma J, et al. Comparison of halide impacts on the efficiency of contaminant degradation by sulfate and hydroxyl radical - based advanced oxidation processes (AOPs) [J]. Environmental Science & Technology, 2014, 48: 2344 - 2351.

[15] Zhu C, Zhu F, Dionysiou D D, et al. Contribution of alcohol radicals to contaminant degradation in quenching studies of persulfate activation process [J]. Water Research, 2018, 139: 66 - 73.

[16] Sun H, Peng X, Zhang S, et al. Activation of peroxymonosulfate by nitrogen - functionalized sludge carbon for efficient degradation of organic pollutants in water [J]. Bioresource Technology, 2017, 241: 244 - 251.

[17] Wang Y, Ao Z, Sun H, et al. Activation of peroxymonosulfate by carbonaceous oxygen groups: experimental and density functional theory calculations [J]. Applied Catalysis B: Environment and Energy, 2016, 198: 295 - 302.

[18] Fan J, Gu L, Wu D, et al. Mackinawite (FeS) activation of persulfate for the degradation of p - chloroaniline: Surface reaction mechanism and sulfur - mediated cycling of iron species [J]. Chemical Engineering Journal, 2018, 333: 657 - 664.

[19] Oh W D, Dong Z, Lim T T. Generation of sulfate radical through heterogeneous catalysis for organic contaminants removal: Current development, challenges and prospects [J]. Applied Catalysis B: Environment and Energy, 2016, 194: 169 - 201.

[20] Deng J, Xu M, Qiu C, et al. Magnetic $MnFe_2O_4$ activated peroxymonosulfate processes for degradation of bisphenol A: Performance, mechanism and application feasibility [J]. Applied Surface Science, 2018, 459: 138 - 147.

[21] Lu H, Sui M, Yuan B, et al. Efficient degradation of nitrobenzene by Cu - Co - Fe - LDH catalyzed peroxymonosulfate to produce hydroxyl radicals [J]. Chemical Engineering Journal, 2019, 357: 140 - 149.

[22] Chen L, Ding D, Liu C, et al. Degradation of norfloxacin by $CoFe_2O_4$ - GO composite coupled with peroxymonosulfate: A comparative study and mechanistic consideration [J]. Chemical Engineering Journal, 2018, 334: 273 - 284.

[23] Yun E T, Yoo H Y, Bae H, et al. Exploring the role of persulfate in the activation process: Radical precursor versus electron acceptor [J]. Environmental Science & Technology, 2017, 51: 10090 - 10099.

[24] Wang Y, Liu M, Zhao X, et al. Insights into heterogeneous catalysis of peroxymonosulfate activation by boron - doped ordered mesoporous carbon [J]. Carbon, 2018, 135: 238 - 247.

[25] Chen J, Zou G, Zhang Y, et al. Activated Flake Graphite Coated with Pyrolysis Carbon as Promising Anode for Lithium Storage [J]. Electrochimica Acta, 2016, 196: 405 - 412.

[26] Song W, Ji X, Wu Z, et al. Exploration of ion migration mechanism and diffusion capability for $Na_3V_2(PO_4)_2F_3$ cathode utilized in rechargeable sodium - ion batteries [J]. Journal of Power Sources, 2014, 256: 258 - 263.

[27] Zhu Z, Xu Y, Qi B, et al. Adsorption - intensified degradation of organic pollutants over bifunctional α - Fe@carbon nanofibres [J]. Environmental Science - Nano, 2017, 4: 302 - 306.

[28] Chen C, Ma T, Shang Y, et al. In - situ pyrolysis of Enteromorpha as carbocatalyst for catalytic removal of organic contaminants: Considering the intrinsic N/Fe in Enteromorpha and non - radical reaction [J]. Applied Catalysis B: Environment and Energy, 2019, 250: 382 - 395.

第八章
铁碳比例改变定向调控负载铁生物炭活化过一硫酸盐的效能和机制

第一节　研究意义

工业与农业的快速发展带来的饮用水源有机污染问题已经给人类健康和生态环境安全造成了很大的威胁[1]。BPA 作为一种典型的酚类有机污染物，经常被环境科学家选择作为修复技术研究的目标污染物。相对于热分解技术需要消耗大量的能量和活性污泥法在处理有毒有机物时的运转失灵，PMS 高级氧化技术是一种可以将毒性有机污染物高效去除的先进技术[2]。

目前，对负载型过渡金属催化剂的研究已发展成为 PMS 基非均相催化领域的研究热点。利用 K_2FeO_4 作为同步活化和石墨化剂，可以一步构筑负载纳米铁的分级多孔石墨化生物炭[3]。K_2FeO_4 可以作为活化剂和石墨化剂，是因为其在热解过程中会转化成钾化合物，包括 KOH、K_2CO_3、K_2O，这些钾化合物作为氧化剂，可以将固体碳氧化为气态 CO 或 CO_2，实现生物炭的活化；过程中生成的金属 Fe，可以在热解过程中催化无定形碳向石墨化碳转化。K_2FeO_4 的用量必将对制备的铁碳复合材料的结构、石墨化程度和铁含量产生很大的影响，进而影响催化剂的催化性能和潜在的催化机制。在本研究之前，这方面的研究尚未见报道。

在本章研究中，基于 3 个 K_2FeO_4 剂量，制备了形貌结构不同、石墨化程度不同和铁载量不同的负载纳米铁的玉米秸秆基分层多孔生物炭（玉米秸秆基铁碳复合材料）；使用 XRD、拉曼光谱、SEM、TEM 和 BET 对制备的材料进行了表征；研究了制备的材料活化 PMS 降解 BPA 的性能；筛选出了性能最好的材料，进行了影响因素实验以及重复使用实验；使用化学淬灭剂、EPR 及电化学分析，对制备的材料活化 PMS 降解 BPA 的机制差异进行了深度挖掘，基于材料表征结果和结构—效能关系，评价了其机制变化的内在联系。

第二节　研究内容与技术路线

本章研究使用的玉米秸秆为取自河南农业大学科教园区的成熟期玉米秸秆。以玉米秸秆为原料，在 400 ℃条件下热解出普通惰性玉米秸秆基生物炭（C400）；采用 3 个 K_2FeO_4 剂量（低、中、高）在 800 ℃条件下对 C400 进行改性，制备出 3 个不同的负载纳米铁颗粒的玉米秸秆基多孔石墨化生物炭（C800－1、C800－2 和 C800－3）；不加高铁酸钾对 C400 进行改性，制备出玉米秸秆基生物炭 C800。使用以 Cu Kα 为辐射源（30 kV/160 mA，λ=1.540 56Å）的 X 射线粉末衍射仪对不同样品的晶形结构进行表征；使用拉曼光谱仪研究碳材料的表面性质；使用比表面积分析仪测试材料的 N_2 吸附-脱附等温线；使用扫描电子显微镜和搭载有能谱仪的透射电子显微镜观察样品的形貌细节；使用振动探头样品磁力仪测定材料的磁化强度。

第三节 结果与讨论

一、材料的表征

使用XRD鉴定了C400、C800、C800－1、C800－2和C800－3的晶体结构和相组成（图8－1a）。在C400和C800图谱中，位于23.1°和位于25.4°处的宽衍射峰，说明了C400和C800为无定形碳结构。在C800－1、C800－2和C800－3的图谱中，出现了位于26.5°处的衍射峰，说明了C800－1、C800－2和C800－3中存在石墨化结构[4]。K_2FeO_4的用量增加时，制备的材料的石墨峰信号明显变弱，这可能是因为石墨碳的结晶度较低或铁信号的掩蔽效应。将C800－1、C800－2和C800－3在60℃水浴条件下用HCl（2 mol/L）洗涤了12 h（除铁）。如图8－1b所示，在酸洗后的C800－1的图谱中，位于26.5°处的强烈衍射峰，可以与石墨2H的（002）晶面（JCPDS 75－1621）的对应，表明C800－1具有极高的石墨化程度。在酸洗后的C800－2和C800－3图谱中，位于26.6°处的衍射峰，可以与石墨（JCPDS 99－0057）的（002）晶面对应；而位于24.6°处的衍射峰出现则是因为C800－2和C800－3中碳的无定形结构的存在[5]。上述结果表明，高铁酸钾处理后，可以实现生物炭从无定形碳向石墨化碳的转化；与C800－1相比，C800－2和C800－3石墨化程度较低。在C800－1、C800－2和C800－3图谱中，除了归属于碳的衍射峰以外，位于44.8°和65.2°处的衍射峰，可与金属Fe（JCPDS 87－0722）的（110）和（200）晶面一一对应；位于37.7°、39.9°、43.0°、43.8°、44.7°、45.1°、46.0°、48.7°和49.3°处的衍射峰，可与渗碳体Fe_3C的（112）、（200）、（121）、（210）、（022）、（103）、（211）、（211）和（122）晶面一一对应；位于30.1°、35.5°、43.1°、57.0°和62.6°的衍射峰，可与氧化铁Fe_3O_4（JCPDS 75－0033）的（220）、（311）、（400）、（511）和（440）晶面一一对应。上述结果表明，C800－1中的铁物种是Fe_3C和Fe_3O_4。C800－2和C800－3中的Fe_3C信号消失和金属Fe信号出现，可能与高剂量的K_2FeO_4用量下产生的更多的FeO掩盖了Fe_3C信号有关。C800－1、C800－2和C800－3中均存在Fe_3O_4，可能是热解过程后金属Fe发生了氧化造成的。使用HNO_3和$HClO_4$（体积比为4∶1）对C800－1、C800－2和C800－3进行了消解，并使用ICP－MS测定了消解液中的Fe离子的浓度。经计算，C800－1、C800－2和C800－3中铁的质量百分比分别为15.86％、19.26％和22.95％。

使用拉曼光谱的D峰（1 350 cm^{-1}）、G峰（1 580 cm^{-1}）和2D峰（2 700 cm^{-1}）来表征碳材料的石墨化程度。对于D峰和G峰，前者代表无序或者无定形碳，后者代表环或链中的sp^2碳。D峰和G峰的强度比（I_D/I_G）是反映碳材料中的缺陷或结晶程度的指标。C400、C800、C800－1、C800－2和C800－3的I_D/I_G分别为0.80、0.87、0.83、1.03和1.09（图8－2）。与C400相比，C800的ID/IG值更高，表明C800的缺陷程度的更高。与C800、C800－2和C800－3相比，C800－1的ID/IG比最低，2D峰最尖锐，说明其石墨化程度最高，这和XRD的结果是一致的。理论上，铁用量越大，石墨化碳的生

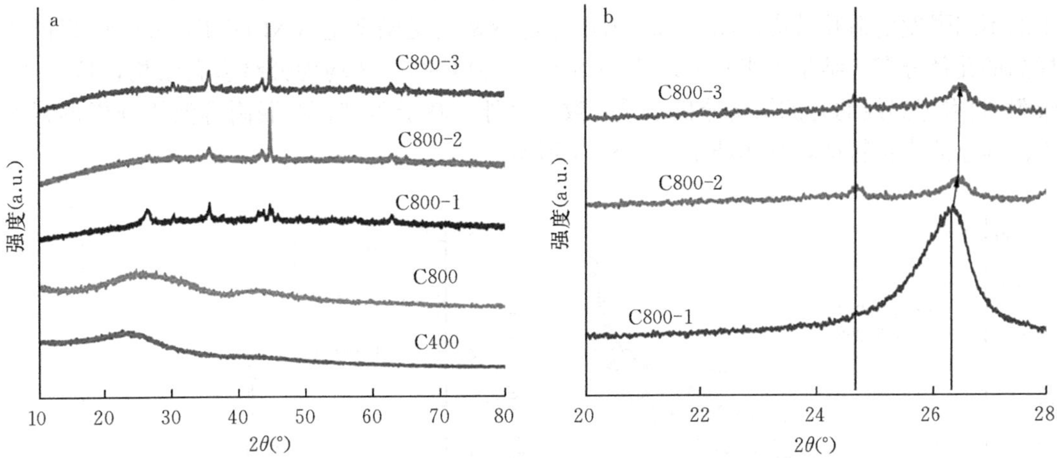

图 8-1 XRD 谱图（a）和使用盐酸蚀刻后的 XRD 谱图（b）

成应该越容易。相反的结果可能是因为高剂量 K_2FeO_4 带来的强烈的造孔作用，会破坏生成石墨化结构。

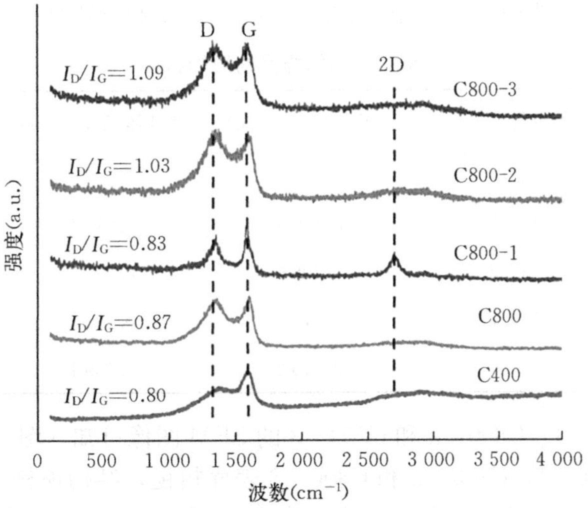

图 8-2 不同样品的拉曼光谱

图 8-3a 是 C400、C800、C800-1、C800-2 和 C800-3 的 N_2 吸附-脱附等温线。与 C400 的典型的Ⅱ型等温线相比，C800 的 N_2 吸附-脱附等温线在 $P/P_0=0$ 处快速上升，说明 C800 中存在孔结构。C800-1、C800-2 和 C800-3 的 N_2 吸附-脱附等温线为典型的Ⅰ/Ⅳ混合型，表明微孔（<2 nm）和介孔（2～50 nm）的同时存在[6]。在 $P/P_0=0$ 处，N_2 吸附-脱附等温线快速上升说明材料中存在微孔，上升的幅度反映了微孔体积的大小。由图 8-3a 可知，C800-2 的微孔体积最大，而 C800-1 的微孔体积最小。C800-1、C800-2 和 C800-3 在高压区域范围内（$P/P_0>0.45$）的回滞环逐渐变窄，说明 C800-1 的介孔体积最大，C800-3 的介孔体积最小。C800-1 的回滞环为类 H_2 型，确认了其墨水瓶孔；C800-2 的回滞环为 H_2/H_3 混合型，确认了其墨水瓶孔和狭缝孔共存；C800-3

的回滞环为类 H_3 型，确认了其狭缝孔。孔隙形貌变化可以归结于不同剂量的 K_2FeO_4 带来的不同强度的造孔效应。图 8－3b 为用非定域密度泛函理论（NLDFT）方法计算得到样品的孔径分布，结果表明 C800－1、C800－2 和 C800－3 均为分级多孔结构，这与 N_2 吸附-脱附等温线的孔隙结构分析结果一致。另外，基于 N_2 吸附-脱附等温线分析得到了不同样品的质构特征，具体结果如表 8－1 所示。

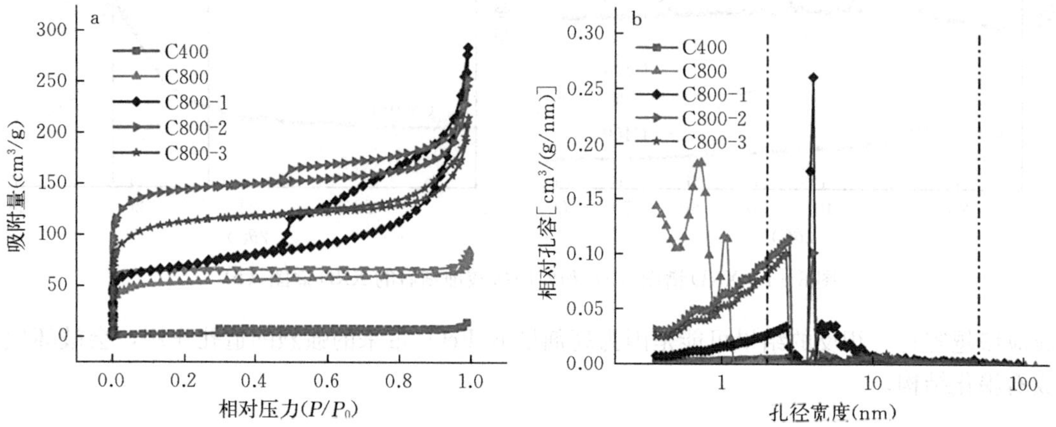

图 8－3　N_2 吸附-脱附等温线（a）和孔径分布（b）

表 8－1　不同样品的质构特征

样品	比表面积（m^2/g）	总孔体积（cm^3/g）	微孔体积（cm^3/g）	介孔体积（cm^3/g）
C400	8.1	—	—	—
C800	196.7	0.110 6	0.082 4	0.028 2
C800－1	249.8	0.408 5	0.057 1	0.351 4
C800－2	548.1	0.371 3	0.199 1	0.172 2
C800－3	411.0	0.310 2	0.159 1	0.151 1

由 C400、C800－1、C800－2 和 C800－3 的 SEM 图像可知（图 8－4），C400 表面光滑，结构致密；C800－1、C800－2 和 C800－3 表面粗糙，结构蓬松。在 K_2FeO_4 活化的过程中，大量的成分主要为 CO 和 CO_2 的气体的释放，可以造成生物炭碳层的褶皱、剥离和打乱。图 8－5 是 C400 的 TEM 图像，C400 呈现出厚且不均匀堆积的碳层形貌。由 C800－1、C800－2 和 C800－3 的 TEM 图像（图 8－6a～c）可知，制备的 C800－1、C800－2 和 C800－3 的碳层较 C400 更薄，且随着 K_2FeO_4 用量的增加，制备的材料的碳层越来越蓬松的。在 C800－1 的 TEM 图像中（图 8－6a），可以观察到直径 30～50 nm 的铁纳米颗粒均匀地分布在碳层中；在 C800－2 的 TEM 图像中（图 8－6b），可以观察到较大的纳米颗粒包裹在孔隙中；随着 K_2FeO_4 剂量的进一步增加，C800－3 中出现了大量的小粒径铁颗粒（图 8－6c）。在 C800－1（图 8－6 d）、C800－2（图 8－6e）和 C800－3（图 8－6f）的 HRTEM 图像中，均可以找到对应于石墨（002）平面（d＝0.335 nm）的晶格条纹。另外，在 C800－1 的 HRTEM 图像中，发现了规则连续的石墨化壳层，厚度约为 23.5 nm，铁芯为六角形；在 C800－2 的 HRTEM 图像中，发现了细长的石墨化区域；在

C800－3 的 HRTEM 图像（图 8－6f）中，发现了大量的微石墨化区形成了扭曲的石墨化结构。C800－3 的高角度环形暗场扫描透射电子显微镜图像（图 8－6g）与 C（图 8－6h）、Fe（图 8－6i）和 O（图 8－6j）的能量色散 X 能谱（EDS）元素映射表明，Fe 元素的分布与 C 元素的连续分布不同，是不连续的，说明铁纳米颗粒在 C800－3 中是离散分布的。

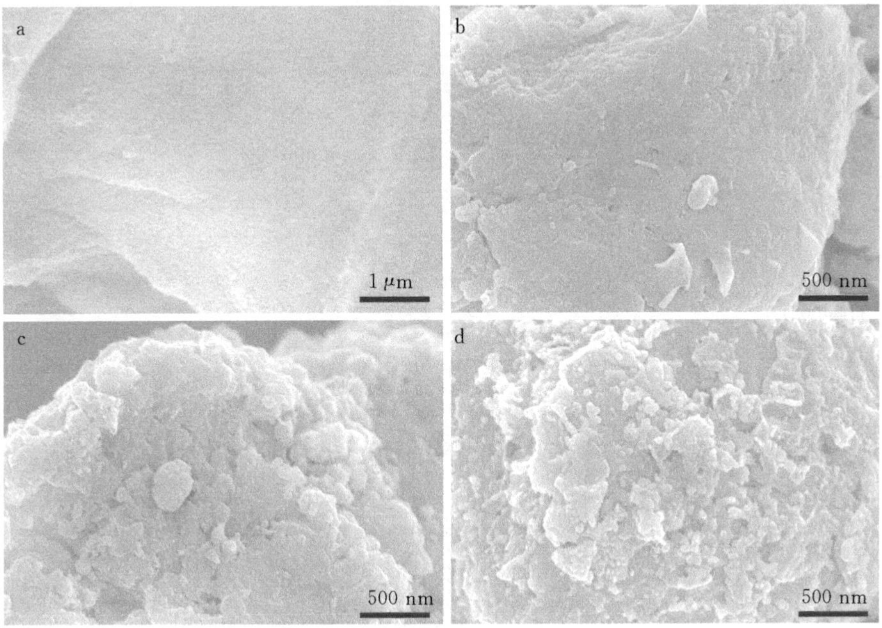

图 8－4　C400（a）、C800－1（b）、C800－2（c）和 C800－3（d）的 SEM 图像

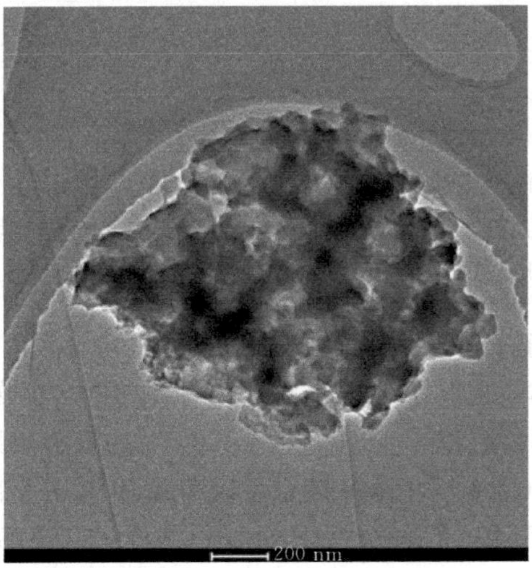

图 8－5　C400 的 TEM 图像

二、催化性能评价

如图 8－7a 所示，C400、C800、C800－1、C800－2 和 C800－3 对 BPA 的吸附能力有

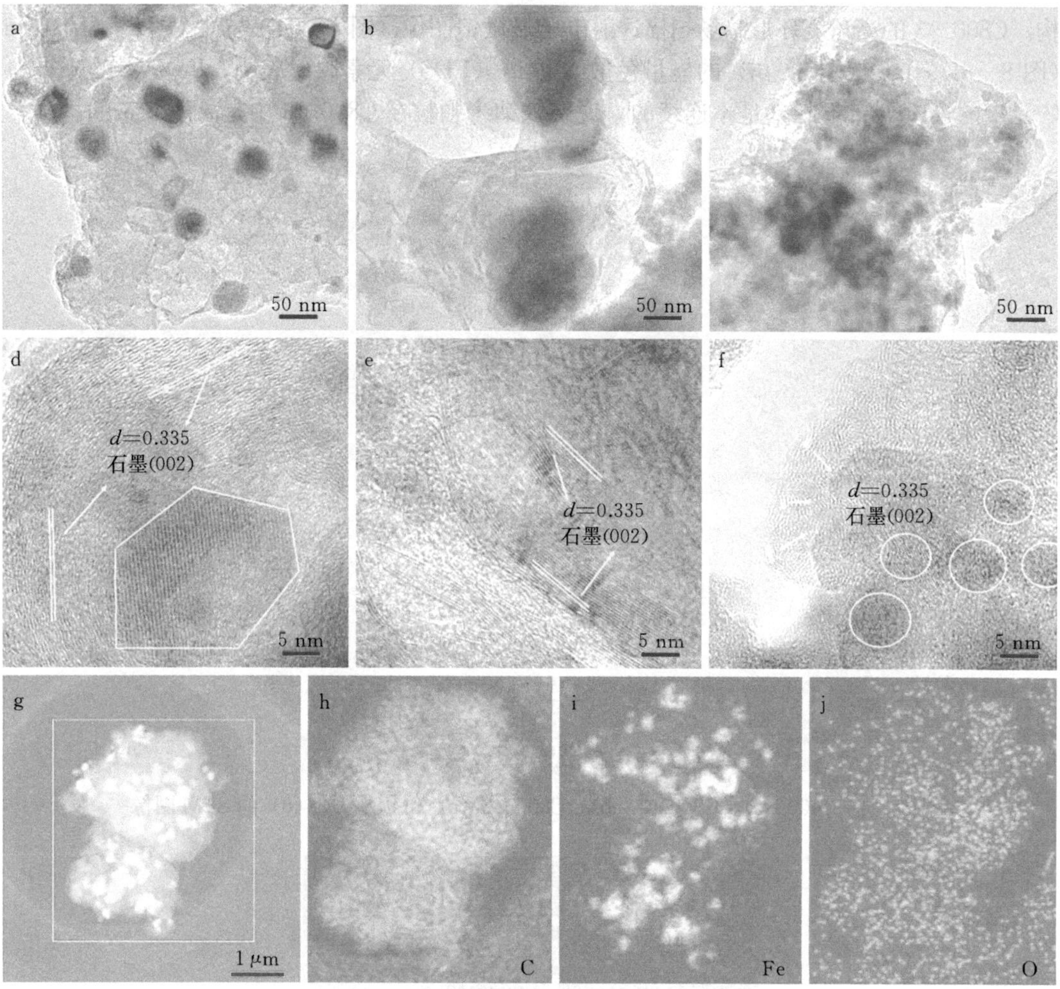

图 8-6 C800-1 (a)、C800-2 (b) 和 C800-3 (c) 的 TEM 图像，C800-1 (d)、C800-2 (e) 和 C800-3 (f) 的 HRTEM 图像，以及 C800-3 的高角度环形暗场扫描透射电子显微镜图像 (g) 和相应的 C (h)、Fe (i)、O (j) 的能量色散 X 射线能谱 (EDS) 元素映射

限。单独的 PMS 很难降解 BPA，且在 C400/PMS 体系中亦没有观察到 BPA 的降解。在 90 min 内，C800/PMS 体系去除了 32.1%的 BPA。在 PMS 存在时，C800-1、C800-2 和 C800-3 的降解效果明显超过了 C800，且 C800-3 的降解效果要优于 C800-2，远超 C800-1。在 90 min 内，C800-3/PMS 体系可以实现 BPA 的全部去除。使用拟一阶动力学方程拟合了 C800-1/PMS、C800-2/PMS 和 C800-3/PMS 体系的降解曲线。对于 C800-1、C800-2 和 C800-3，BPA 去除的表观速率常数（k_{obs}）由 0.013 7 增加到了 0.054 6 min^{-1}（图 8-7b），不同材料的催化降解性能变化基本与其比表面积的变化没有关系，表明材料的催化活性位点，例如铁纳米颗粒和石墨化结构，可能对 BPA 降解效果的变化起至关重要的作用。

测定了 C800-1、C800-2 和 C800-3 的室温磁化曲线。如图 8-8 所示，C800-1、C800-2 和 C800-3 的磁化值分别为 9.05 emu/g、25.02 emu/g、37.49 emu/g。C800-3

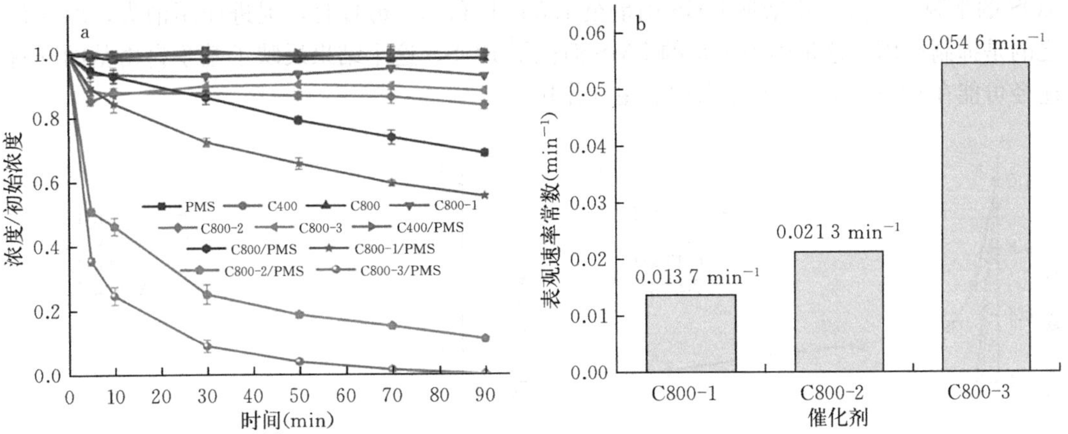

图 8-7　不同反应体系对 BPA 的去除效果（a）和 BPA 在不同催化剂/PMS 体系中降解的 k_{obs}（b）

的磁化值最高，表明其磁分离特性最好。好的磁分离特性有利于提高材料的实际应用潜力。随着循环使用次数的增加，C800-3/PMS 体系对 BPA 的去除率逐渐降低（图 8-8b）。C800-3 的失活可能与其表面的氧化有关[7]。此外，去除率下降也不可避免地与铁泄漏的问题及吸附的降解中间产物对活性点位的钝化作用有关。然而，在 C800-3 的第 4 次循环中，BPA 在 90 min 内的去除率仍保持在 75%以上。

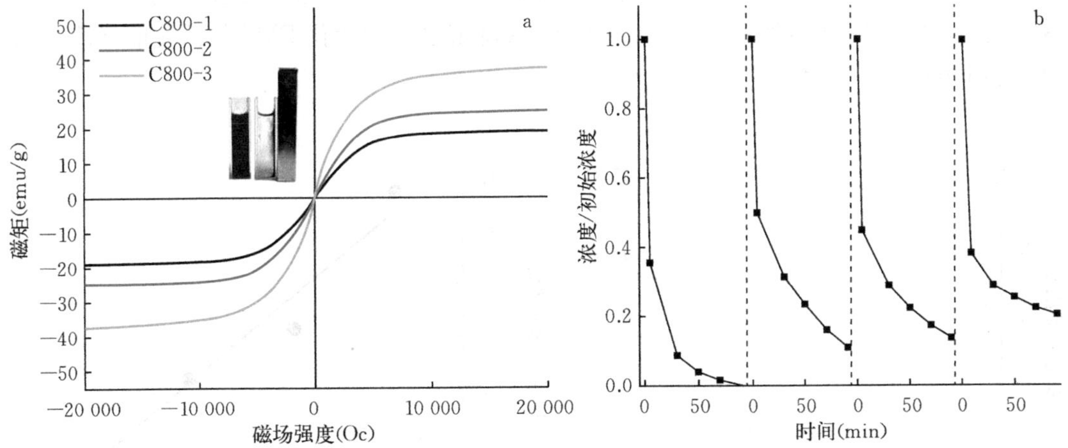

图 8-8　C800-1、C800-2 和 C800-3 的室温磁化曲线（a）和 C800-3 的磁分离和重复使用（b）

注：$[PMS]_0$＝1.0 g/L，$[catalyst]_0$＝0.10 g/L，$[BPA]_0$＝20 mg/L，T＝25℃。

三、催化剂剂量、PMS 剂量和温度的影响

如图 8-9a 所示，C800-3 的剂量对 BPA 的去除起促进作用（图 8-9a）。当 C800-3 浓度为 0.10 g/L、0.15 g/L 和 0.20 g/L 时，BPA 的完全去除分别在 90 min、70 min 和 30 min 内实现，这与 C800-3 用量增加时更多活性位点出现有关。如图 8-9b 所示，当 PMS 用量为 0.5 g/L 时，BPA 的去除率为 94.3%，当 PMS 用量为 1.0 g/L 时，BPA 的

去除率达到了100%。低剂量的PMS是BPA降解的限制因素，增加PMS剂量会增加ROS的来源[8]。进一步增加PMS用量至1.5 g/L和2.0 g/L时，促进作用消失，取而代之的是抑制作用，这是因为过量的PMS消耗了ROS，这个结果反映了基于自由基的降解途径可能在C800-3/PMS体系中起主导作用。

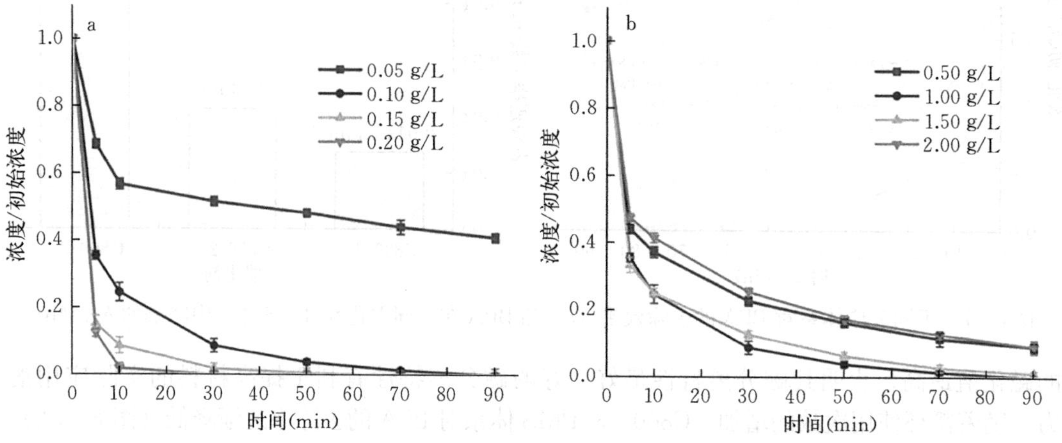

图8-9 催化剂（a）和PMS（b）剂量对BPA去除率的影响

如图8-10所示，随着温度升高，BPA的降解速度明显加快，这可能是由于较高的温度增大了催化剂、PMS和污染物之间的碰撞频率。在45 ℃条件下，C800-3/PMS体系在30 min内实现了BPA的完全去除。基于阿伦尼乌斯方程，拟合了温度与表观速率常数的关系。如图8-10b所示，C800-3在BPA降解过程中活化PMS的活化能（Ea）为61.59 kJ/mol。

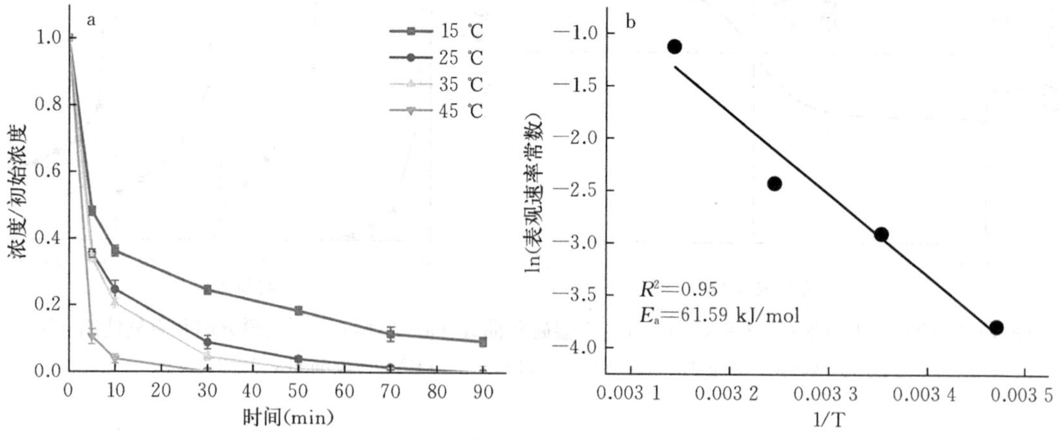

图8-10 温度对BPA降解的影响（a）和拟合的活化能（b）

四、阴离子和腐殖酸的影响

如图8-11所示，1 mmol/L Cl^-的加入对BPA的降解效果有轻微的抑制作用。这

可能是因为 Cl^- 与 $SO_4^{\cdot-}$ 和 ·OH 反应生成了低氧化电位的 Cl· /$Cl_2^{\cdot-}$ 导致[9]。当加入 10 mmol/L Cl^- 时，观察到 Cl^- 对 BPA 降解的轻微促进作用，这可能是因为 Cl^- 和 PMS 反应生成具有强氧化能力的 HOCl/Cl_2。提高 Cl^- 浓度到 20 mmol/L 或者更高时，BPA 在前 5 min 内被快速去除 94.5%以上。但在 5 min 后，会观察到 BPA 浓度的异常升高。这些结果已被反复实验所证实。据报道，Cl^- 的二次活性物质（$Cl_2^{\cdot-}$/Cl· /HOCl/Cl_2）与目标污染物之间的反应是十分复杂的。在此次工作之前，Luo 等人[10]报道了用 100 mmol/L Cl^- 活化 PMS 时，BPA 的氯化产物生成；Guo 等人[11]报道了 2,4 -二氯苯酚在铁碳复合材料/PMS 体系中的降解始于污染物脱氯反应。因此，笔者推测本研究中出现的异常现象很可能与 BPA 的氯化反应导致的 BPA 氯化产物生成和随后的 BPA 氯化产物脱氯有关。

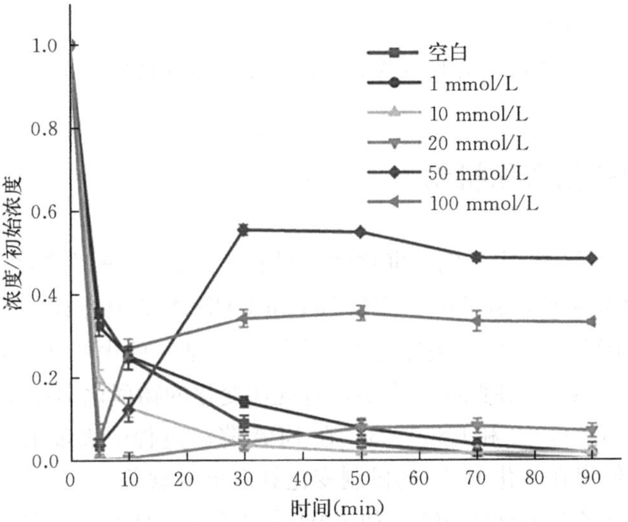

图 8 - 11　Cl^- 对 BPA 降解的影响

如图 8 - 12a 所示，随着 NO_3^- 或 $H_2PO_4^-$ 的添加浓度升高，BPA 的去除率逐渐下降。这一现象可以解释为 $SO_4^{\cdot-}$ 和 ·OH 会与 NO^{3-} 和 $H_2PO_4^-$ 反应，生成弱氧化性的 ·NO_3 和 ·H_2PO_4。据报道，$H_2PO_4^-$ 可与 Fe - OH 表面络合形成内表面络合物，会在一定程度上掩盖铁基材料的活性位点。因此，$H_2PO_4^-$ 与 Fe - OH 表面络合，可能是 $H_2PO_4^-$ 对 BPA 去除的抑制效应要强于 NO_3^- 的抑制效应的原因。自然水体中普遍存在的可溶性有机物总是参与有机污染物的迁移、转化和降解，因此研究了 HA 对 C800 - 3/PMS 体系降解性能的影响[12]。如图 8 - 12b 所示，当 HA 浓度为 1 mg/L 时，BPA 的去除率有所提高，但当 HA 浓度为 5 mg/L 和 10 mg/L 时，HA 对 BPA 降解的促进效应消失，取而代之的是对 BPA 降解的抑制效应。一方面，低浓度的 HA 可以作为催化剂，活化 PMS 形成 ROS，进而提高 BPA 的降解效果[13]。另一方面，HA 本身作为高分子聚合物，既可以与 BPA 竞争自由基，也可以占据催化剂的吸附和催化活性位点，进而抑制 BPA 的降解。

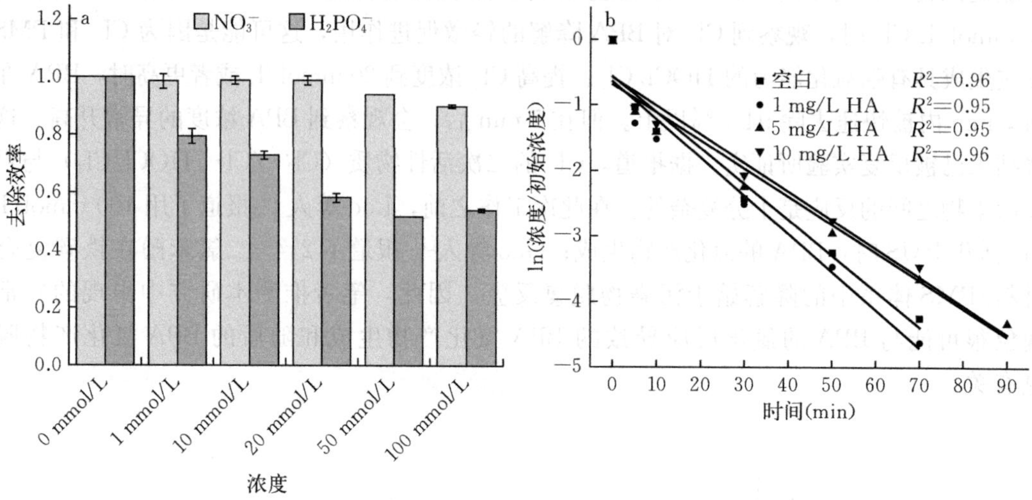

图 8-12 NO_3^- 和 $H_2PO_4^-$ 对 BPA 降解的影响（a），以及 HA 对 BPA 降解的影响（b）

五、材料的催化活化机制

铁碳复合材料经常表现出不同的催化活化机制，比如在 Fe-生物炭-700 和 PMS 体系中至关重要的自由基途径，在 Fe/Fe_3C@NG 和 PMS 体系中纯粹的电子传导途径，在 Fe-N@MC500 和 PMS 体系中，主导的 $^1O_2$ 路径[14]。某一催化剂催化活化 PMS 的机制与其物理化学特性密切相关。在此次工作中，有规律变化的物理化学特性的 3 个同属铁碳复合材料（C800-1、C800-2 和 C800-3）在 BPA 降解过程中表现出不同的 PMS 活化效果。因此，探索它们潜在活化 PMS 的机制变化具有重要意义。

用经典的淬灭剂乙醇来确定 $SO_4^{\cdot-}$ 和 ·OH 在 3 个催化体系中的作用[15]。如图 8-13a 所示，乙醇的存在对 C800-1/PMS 体系中 BPA 的去除基本没有影响，表明 $SO_4^{\cdot-}$ 和 ·OH在 C800-1/PMS 体系中的作用不存在。在 C800-2/PMS 和 C800-3/PMS 体系（图 8-13b 和 c）中，乙醇加入后，BPA 的降解过程明显受阻，表明 $SO_4^{\cdot-}$ 和 ·OH 在 C800-2/PMS 和 C800-3/PMS 体系中的作用存在。当乙醇和 PMS 的摩尔比为 1 000∶1 时，乙醇的加入抑制了 C800-2/PMS 体系中 26.5%的 BPA 去除，抑制了 C800-3/PMS 体系中 35.6%的 BPA 去除，上述结果表明在 C800-3/PMS 体系中，产生了更多的 $SO_4^{\cdot-}$ 和 ·OH。TBA 被用于识别 ·OH 的贡献，在 C800-1/PMS 和 C800-2/PMS 体系中，叔丁醇的抑制作用要比相同摩尔数的乙醇更强，这显然是不合理的。最近的一些报道认为叔丁醇不适合作为 ·OH 的淬灭剂。例如，Huang 等人[16]报道了叔丁醇对孔隙的堵塞作用；Wang 等人提出叔丁醇阻碍了碳表面的电子转移。使用了 NB 来证明 ·OH 在 C800-2/PMS 和 C800-3/PMS 体系中的作用[17]。如图 8-13b 和 c 所示，NB 对 C800-2/PMS 和 C800-3/PMS 体系中 BPA 降解的抑制作用不明显，说明 ·OH 在 C800-2/PMS 和 C800-3/PMS 体系中对 BPA 的降解作用有限。过量乙醇的加入不能终止 3 个体系的降解反应，说明 3 个体系中，均可能存在非自由基途径。根据以往的研究，石墨化碳质材料/PMS 体系中经常出现非自由基途径（$^1O_2$ 和电子转移）[18]。以 L-H 作为淬灭剂，识别了$^1O_2$ 的作用。如图 8-13 所示，L-H 的引入对 BPA 的降解基本没有影响，说明$^1O_2$ 对 BPA 的去除不起作用。因此，电子转移途径是极有可能存在于 3 个降解体系中的。

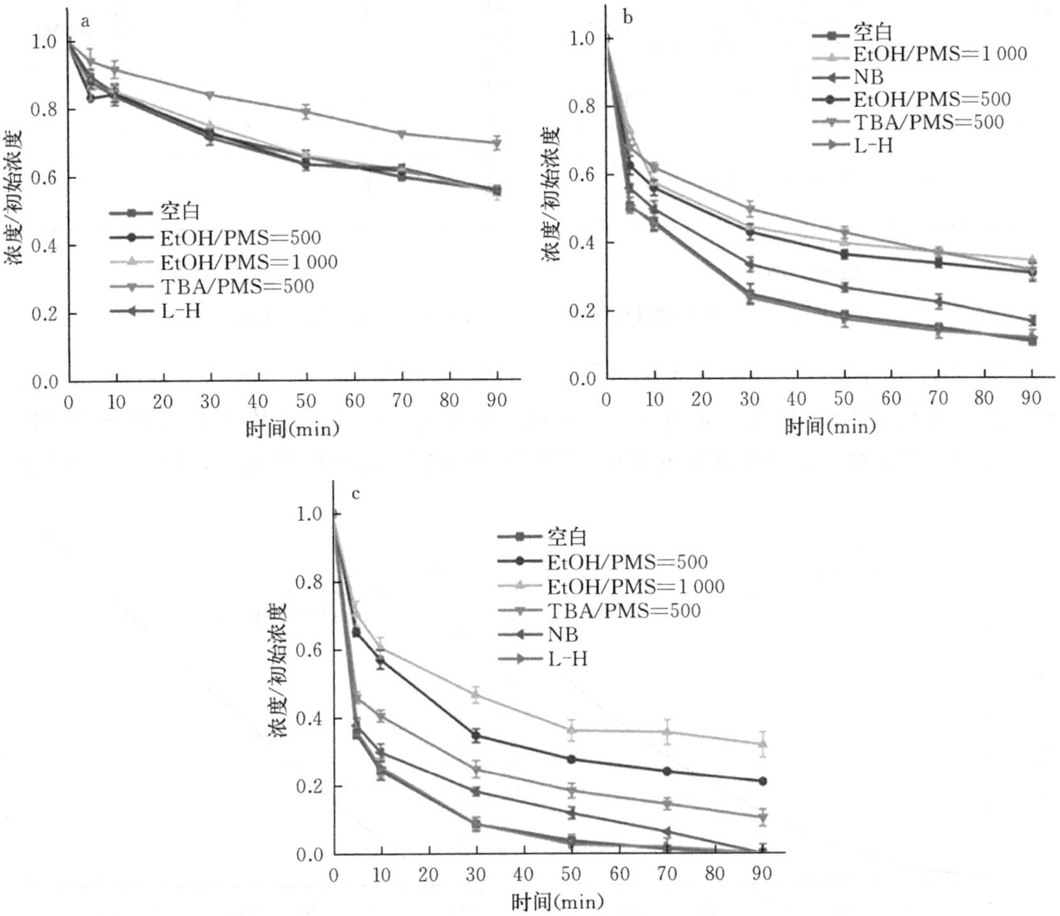

图 8-13　不同淬灭剂对 C800-1/PMS（a）、C800-2/PMS（b）和 C800-3/PMS（c）体系中 BPA 降解的影响

用 DMPO 作为自旋捕获剂进行了 EPR 测试，如图 8-14a 所示，在所有的 C800-X/PMS 体系中都可以检测到强度比为 1∶2∶1∶2∶1∶2∶1 的轴对称七元峰。这个典型七元峰的出现，表明 DMPO-X 在反应体系中生成。然而，对于 DMPO-X 的生成是由电子转移途径直接氧化 DMPO 生成的[19]，还是由 $SO_4^{\cdot-}$ 过度氧化 DMPO 生成的，目前尚无定论。基于化学淬灭剂的实验结果，认为 DMPO-X 在 C800-1/PMS 体系中的生成是由于电子转移路径直接氧化 DMPO 导致的；而 DMPO-X 在 C800-2/PMS 和 C800-3/PMS 体系中的生成是由于自由基路径和电子传递路径共同作用导致的。使用 TEMP 作为自旋捕获剂进行 EPR 测试，为$^1O_2$ 的产生提供了证据[20]。如图 8-14b 所示，与单独 PMS 产生的$^1O_2$ 信号相比，C800-1、C800-2 和 C800-3 的加入并没有引起信号的增强，说明它们很难活化 PMS 产生$^1O_2$。

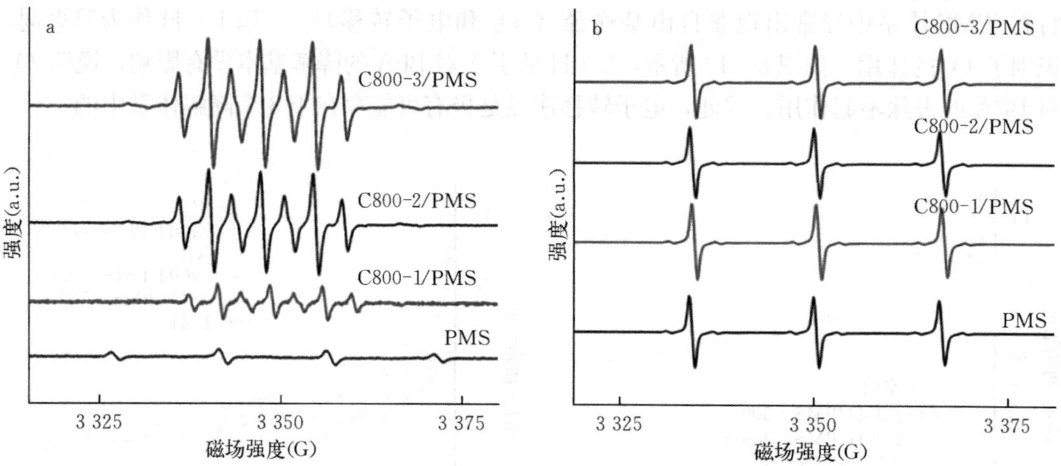

图 8－14　使用的 DMPO（a）和 TEMP（b）的 EPR 测试

为了进一步证明 C800－1/PMS、C800－2/PMS 和 C800－3/PMS 系统中存在电子转移途径，进行了 LSV 测试。如图 8－15 所示，在所有反应体系中依次加入 PMS 和 BPA 后，电流均明显增大。这些现象说明在 PMS 和 BPA 同时存在的情况下，C800－1/PMS、

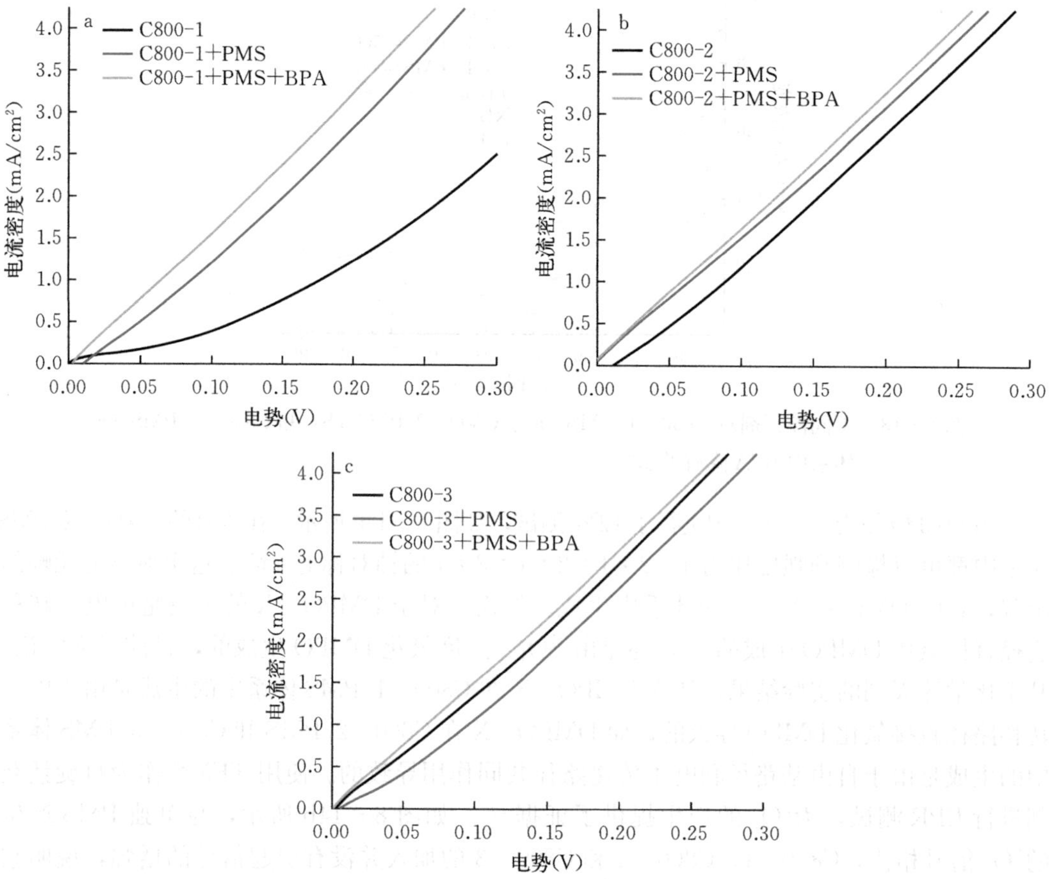

图 8－15　在不同条件下获得的 C800－1（a）、C800－2（b）和 C800－3（c）的 LSV 曲线

C800－2/PMS 和 C800－3/PMS 体系中存在更强的电子转移能力和电子响应，说明 C800－1/PMS、C800－2/PMS 和 C800－3/PMS 体系中存在电子传导途径。

进一步利用电流阶跃实验来鉴定降解过程中自由基途径和电子转移途径的存在。如图 8－16a 所示，注入 PMS 后，在 C800－1 电极上几乎没有检测到电流变化，而在 C800－2 和 C800－3 电极上却检测到了明显的电流变化。注入 PMS 对电流输出的影响是催化剂向 PMS 释放电子的证据。因此，可以得出 C800－1 很难活化 PMS 产生自由基的结论，这和化学淬灭剂的实验结果是一致的。C800－3 的电流跳变最大，说明其活化 PMS 产生自由基的能力最优，这和化学淬灭剂的实验结果也是一致的。注入 BPA 后，在所有催化剂电极上均能观察到明显的电流变化，表明在 C800－X 的介导下，电子从 BPA（供体）向 PMS（受体）转移[21]。C800－1 在 BPA 注入后获得了最强的电流变化，这可能是其最佳的电子转移能力导致的。材料的电子转移能力可以通过电化学阻抗谱的分析结果进行验证，使用图 8－16b 中的等效电路对不同材料的电化学阻抗谱进行拟合，得到 C800－1、C800－2、C800－3 的 R_{ct} 值分别为 22.92 Ω、43.22 Ω、43.76 Ω。C800－1 的电荷转移电阻最低，可能是由于其最大的介孔体积为离子运输提供了流畅的通道。

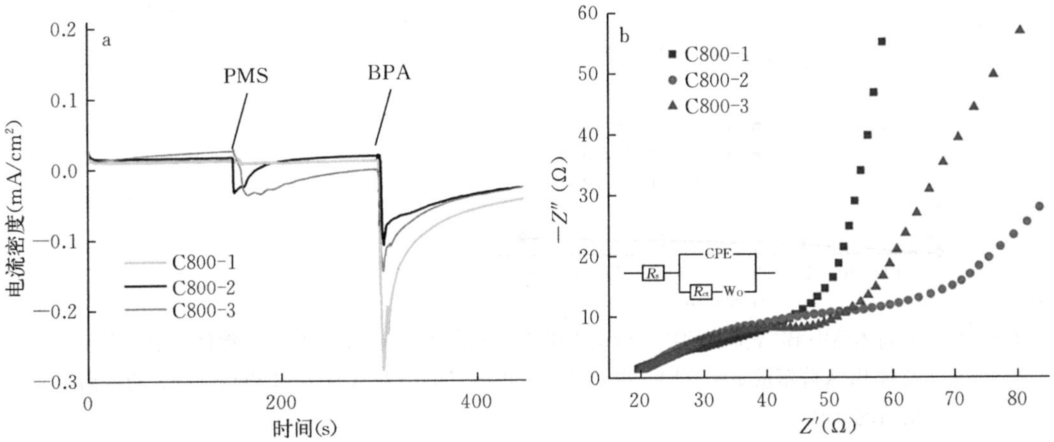

图 8－16　在 0.00 V 下获得的 $i-t$ 曲线（a），以及 C800－1、C800－2 和 C800－3 的电化学阻抗谱的尼奎斯特图（b）

基于上述分析讨论结果可知，C800－1/PMS 体系中只存在电子传导途径，C800－2/PMS 和 C800－3/PMS 体系中自由基途径和电子转移途径共存。为了计算自由基（$SO_4^{\cdot-}$ 和 ·OH）路径在 C800－2/PMS 和 C800－3/PMS 体系中对 BPA 去除的贡献大小，在 Li 等和 Han 等[22]之前使用的计算方法的基础上，进行了动力学研究。在 EtOH（EtOH/PMS＝1 000）存在下，C800－2/PMS 和 C800－3/PMS 体系中 BPA 去除的 k_{obs} 分别为 0.010 1 min^{-1} 和 0.011 1 min^{-1}（图 8－17a）。与没加 EtOH 的 C800－2/PMS 和 C800－3/PMS 体系中 BPA 去除的 k_{obs} 进行比较，可以计算出在 C800－2/PMS 和 C800－3/PMS 体系中用 EtOH（EtOH/PMS＝1 000）淬灭掉的 $SO_4^{\cdot-}$ 和 ·OH 对 BPA 去除的贡献分别为 52.5%和 79.7%（图 8－17b）。这一结果进一步验证了自由基途径在 C800－3/PMS 体系中比 C800－2/PMS 体系中的贡献强，也证明了自由基途径在 C800－3/PMS 体系降解

BPA 过程中的主导作用。

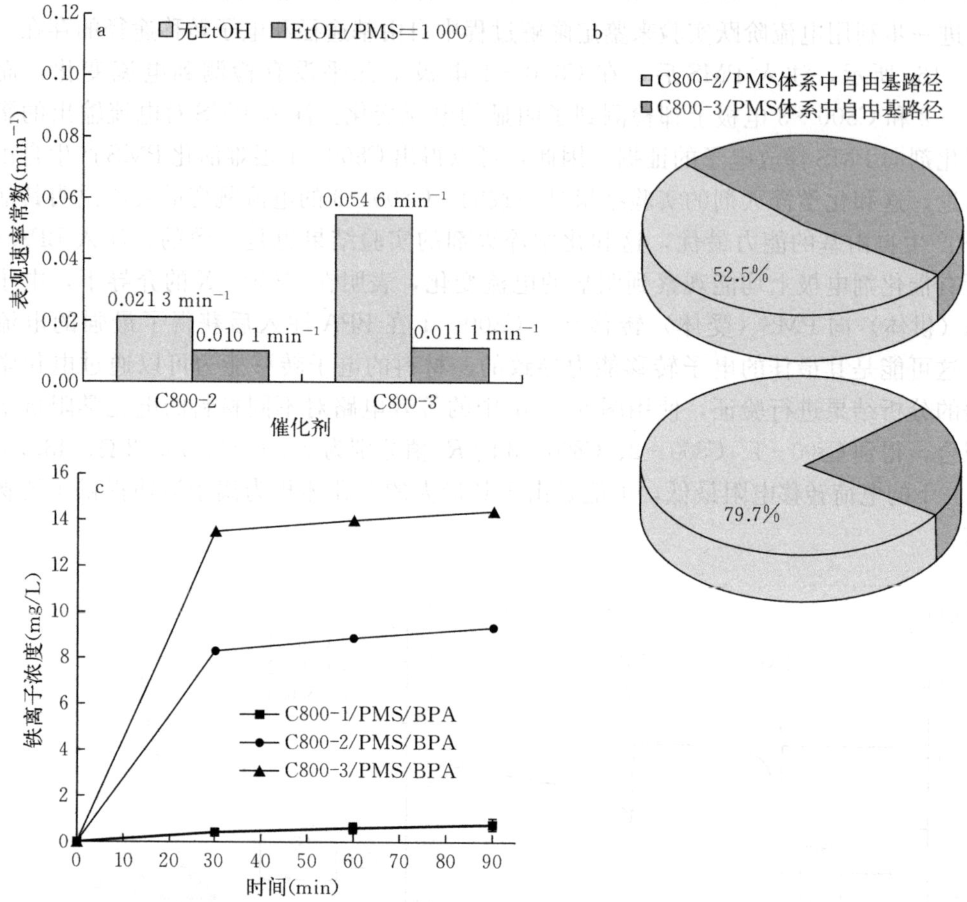

图 8-17　不同体系中 BPA 降解的拟一阶动力学方程拟合结果（a），相应的降解体系中的自由基路径对 BPA 降解的贡献（b），以及降解过程中 C800-1、C800-2 和 C800-3 的铁离子泄漏情况（c）

XRD 的分析结果表明，本章研究中不同的玉米秸秆基铁碳复合材料中的铁物种存在差异，如 C800-1 中的铁成分为 Fe_3C 和 Fe_3O_4，而 C800-2 和 C800-3 中铁成分为 Fe 和 Fe_3O_4。在本章研究之前，Zhang 等[23]报道了嵌在生物炭上的 Fe_3C 可以有效地活化 PMS 生成 $SO_4^{\cdot-}$，而 Peng 等[24]则报道了 Fe/Fe_3C@NG 和 PMS 体系中只存在电子转移途径。Fe_3C 在铁碳复合材料中可通过自由基或非自由基途径参与 PMS 的活化。因此，3 个催化剂中 Fe 物种的不同不应是它们 PMS 活化途径不同的原因。根据催化剂的表征结果，可以认为铁含量的增加和生物炭结构的破坏是影响自由基路径的关键。随着 Fe 含量的增加，以 $SO_4^{\cdot-}$ 为主的自由基途径取代了电子转移途径的关键作用。这可能是因为 Fe^{2+} 具有极强的给电子能力（给 PMS），$SO_4^{\cdot-}$ 经常在铁基金属催化剂和 PMS 降解体系中占主导地位。但是，嵌构在石墨碳内的金属铁的核壳结构意味着金属颗粒很难与 PMS 直接接触。因此，C800-1/PMS 体系中自由基途径的缺失应该与铁颗粒被嵌入厚而完整的石墨化碳中有关。C800-2 和 C800-3 的自由基生成能力逐渐增强，是由于铁含量的增加和石墨化碳保护层的逐渐破坏为铁颗粒接触反应介质PMS提供了更多的机会。用ICP-MS监测了C800-1、C800-2和C800-3在降解BPA过程中的Fe离子泄漏情况（图8-17b）。不同材料在降解过程中的铁离子泄漏量为铁颗粒的暴露水平的变化提供了直接证据。另外，K_2FeO_4 用量越多，带来的造孔效应越强，会导致对生物炭结构更强的破坏作用，产生更多的缺陷结构。据报道，生物炭的缺陷结构有利于 $SO_4^{\cdot -}$ 的产生。综上所述，随着 K_2FeO_4 用量的增加，制备的铁碳复合材料/PMS体系中以 $SO_4^{\cdot -}$ 为主的自由基途径对BPA去除的贡献逐步增强并进一步取代电子转移途径对BPA降解的关键作用，这是因为铁含量增加和石墨化生物炭碳层的破坏（图8-18）。

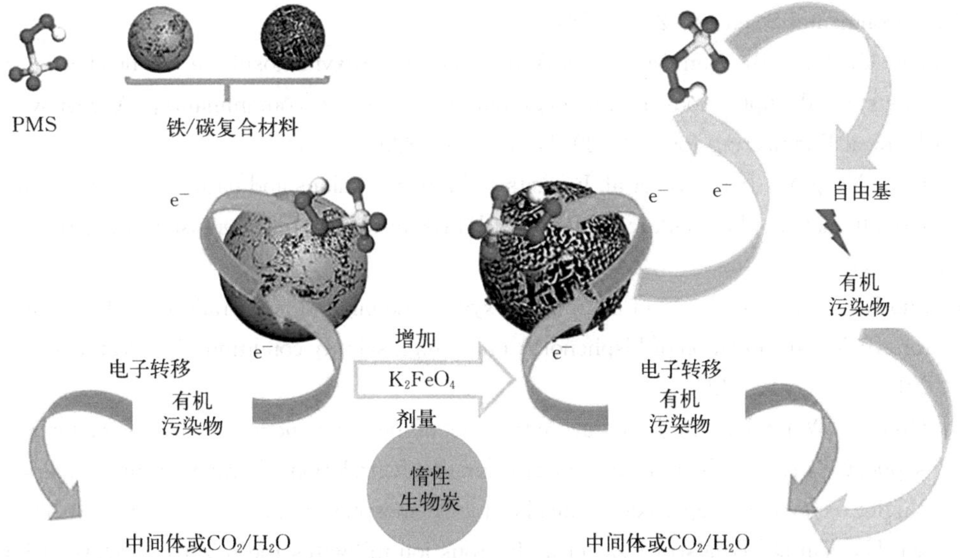

图8-18　K_2FeO_4 剂量对合成铁碳复合材料的PMS活化机制的影响

参 考 文 献

[1] Li J, Li Y, Xiong Z, et al. The electrochemical advanced oxidation processes coupling of oxidants for organic pollutants degradation: A mini-review [J]. Chinese Chemical Letters, 2019, 30 (12): 2139-2146.

[2] 鱼杰．新型锰基催化剂的研制及其激活过一硫酸盐氧化降解双酚A的研究[D]. 杭州：浙江大学，2019.

[3] Fu H, Zhao P, Xu S, et al. Fabrication of Fe_3O_4 and graphitized porous biochar composites for activating peroxymonosulfate to degrade p-hydroxybenzoic acid: Insights on the mechanism [J]. Chemical Engineering Journal, 2019, 375: 121980.

[4] Gong Y, Li D, Luo C, et al. Highly porous graphitic biomass carbon as advanced electrode materials for supercapacitors [J]. Green Chemistry, 2017, 19 (17): 4132-4140.

[5] Ouyang D, Chen Y, Yan J, et al. Activation mechanism of peroxymonosulfate by biochar for catalytic degradation of 1, 4 - dioxane: Important role of biochar defect structures [J]. Chemical Engineering Journal, 2019, 370: 614 - 624.

[6] Meng H, Nie C, Li W, et al. Insight into the effect of lignocellulosic biomass source on the performance of biochar as persulfate activator for aqueous organic pollutants remediation: Epicarp and mesocarp of citrus peels as examples [J]. Journal of Hazardous Materials, 2020, 399: 123043.

[7] Zhang G, Ding Y, Nie W, et al. Efficient degradation of drug ibuprofen through catalytic activation of peroxymonosulfate by Fe_3C embedded on carbon [J]. Journal of Environmental Sciences, 2019, 78: 1 - 12.

[8] Zhao C, Shao B, Yan M, et al. Activation of peroxymonosulfate by biochar - based catalysts and applications in the degradation of organic contaminants: A review [J]. Chemical Engineering Journal, 2021, 416: 128829.

[9] Ma J, Yang Y, Jiang X, et al. Impacts of inorganic anions and natural organic matter on thermally activated persulfate oxidation of BTEX in water [J]. Chemosphere, 2018, 190: 296 - 306.

[10] Luo R, Li M, Wang C, et al. Singlet oxygen - dominated non - radical oxidation process for efficient degradation of bisphenol A under high salinity condition [J]. Water research, 2019, 148: 416 - 424.

[11] Guo F, Wang K, Lu J, et al. Activation of peroxymonosulfate by magnetic carbon supported Prussian blue nanocomposite for the degradation of organic contaminants with singlet oxygen and superoxide radicals [J]. Chemosphere, 2019, 218: 1071 - 1081.

[12] Qin H, Yin D, Bandstra J Z, et al. Ferrous ion mitigates the negative effects of humic acid on removal of 4 - nitrophenol by zerovalent iron [J]. Journal of Hazardous Materials, 2020, 383: 121218.

[13] Jia J, Liu D, Tian J, et al. Visible - light - excited humic acid for peroxymonosulfate activation to degrade bisphenol A [J]. Chemical Engineering Journal, 2020, 400: 125853.

[14] Zou Y, Li W, Yang L, et al. Activation of peroxymonosulfate by sp^2 - hybridized microalgae - derived carbon for ciprofloxacin degradation: Importance of pyrolysis temperature [J]. Chemical Engineering Journal, 2019, 370: 1286 - 1297.

[15] Wu S, Liang G, Guan X, et al. Precise control of iron activating persulfate by current generation in an electrochemical membrane reactor [J]. Environment international, 2019, 131: 105024.

[16] Huang G, Wang C, Yang C, et al. Degradation of bisphenol A by peroxymonosulfate catalytically activated with $Mn_{1.8}Fe_{1.2}O_4$ nanospheres: Synergism between Mn and Fe [J]. Environmental science & technology, 2017, 51 (21): 12611 - 12618.

[17] Chen J, Rao D, Dong H, et al. The role of active manganese species and free radicals in permanganate/bisulfite process [J]. Journal of Hazardous Materials, 2020, 388: 121735.

[18] Duan X, Sun H, Shao Z, et al. Nonradical reactions in environmental remediation processes: uncertainty and challenges [J]. Applied Catalysis B: Environmental, 2018, 224: 973-982.

[19] Wang H, Guo W, Liu B, et al. Edge-nitrogenated biochar for efficient peroxydisulfate activation: An electron transfer mechanism [J]. Water research, 2019, 160: 405-414.

[20] Solís R R, Mena I F, Nadagouda M N, et al. Adsorptive interaction of peroxymonosulfate with graphene and catalytic assessment via non-radical pathway for the removal of aqueous pharmaceuticals [J]. Journal of Hazardous materials, 2020, 384: 121340.

[21] Yun E, Lee J, Kim J, et al. Identifying the nonradical mechanism in the peroxymonosulfate activation process: singlet oxygenation versus mediated electron transfer [J]. Environmental science & technology, 2018, 52 (12): 7032-7042.

[22] Han C, Duan X, Zhang M, et al. Role of electronic properties in partition of radical and nonradical processes of carbocatalysis toward peroxymonosulfate activation [J]. Carbon, 2019, 153: 73-80.

[23] Zhang G, Ding Y, Nie W, et al. Efficient degradation of drug ibuprofen through catalytic activation of peroxymonosulfate by Fe_3C embedded on carbon [J]. Journal of Environmental Sciences, 2019, 78: 1-12.

[24] Peng Q, Ding Y, Zhu L, et al. Fast and complete degradation of norfloxacin by using Fe/Fe_3C @ NG as a bifunctional catalyst for activating peroxymonosulfate [J]. Separation and Purification Technology, 2018, 202: 307-317.

第九章
石墨化生物炭活化过硫酸盐降解磺胺嘧啶的效能和机制

第一节　研究意义

磺胺类抗生素（SAs）属于一类常见抗生素，鉴于其廉价和稳定的优越性，在全球范围内被广泛应用。磺胺嘧啶（SDZ）是使用最广泛的 SAs，普遍发现 SDZ 也可能导致毒性风险。SDZ 已被归类为按剧毒有机污染物标准发布全球统一分类和标签制度的化学物质，因此，吸附、催化氧化、生物处理等多种技术已被应用于 SDZ 的去除。在这些方法中，高级氧化技术（AOPs）被研究得非常多，因为各种过氧化物的活化会产生更多的活性氧，从而提高有机物矿化产生 CO_2 和 H_2O 的效果。一系列集中在过渡金属基纳米催化剂上的研究被开展，这些纳米催化剂已被证实具有超强的加速 PDS 活化能力。钴离子具有较低的复杂性和较高的表面活性，但过渡金属在水环境中的泄漏使其回收困难。催化石墨化是在过渡金属（如 Fe、Co、Ni）的催化辅助下，在固体碳材料中原位制备石墨纳米结构的有效方法，且在一定程度上减少了金属泄漏。采用这种方法，可以在适当的条件下（<1 000 ℃）制备部分石墨化碳材料，具有成本低、易于加工的优点。狐尾藻经常被用作湿地植物来处理含有牲畜粪便的污水，因为其生长迅速、收获量大，因此每年都有大量的秸秆需要处理。本试验采用热解碳化、活化、石墨化、化学刻蚀等方法制备了一种基于狐尾藻的负载钴石墨碳催化剂，用于激活 PDS 降解有机污染物。通过改变是否添加 $KHCO_3$、Co（NO_3）$_2$·6H_2O 和酸洗、二次煅烧等条件，来讨论造孔和石墨化优势。进一步研究了工艺参数对制备的石墨化纳米结构生物炭的影响，并提出了一种新的 SDZ 降解机制。

第二节　研究内容与技术路线

本章以狐尾藻为原料，以 $KHCO_3$ 为造孔剂，以 Co（NO_3）$_2$·6H_2O 为石墨化剂，制备多孔石墨化生物炭，并利用其激活 PDS 降解 SDZ。通过透射电子显微镜（TEM）、扫描电子显微镜（SEM）、X 射线粉末衍射、X 射线光电子能谱仪、拉曼光谱仪和比表面积测试（BET），对所得材料的形貌结构、物相晶面、元素价态、比表面积等进行了系统表征。制备的材料被用作激活 PDS 降解 SDZ 的催化剂，探析了不同剂量的 PDS、SDZ 和催化剂下降解效果的差异，并测定了不同浓度的腐殖酸、阴离子对降解效果的影响。利用特异性化学淬灭剂和电子自旋共振对 ROS 的产生进行了研究。通过淬灭剂试验、电化学测试、衰减全反射-傅里叶变换红外光谱（ATR－FTIR）和原位拉曼分析了复合材料 SGB 活化过二硫酸盐降解水中污染物的机制。并对该复合材料的磺胺类污染物、芳香类污染物选择性降解、重复利用性及实际应用进行了测定与研究。最后，利用液相色谱-质谱联用技术识别降解过程中产生的中间体，提出了 SDZ 可能的降解途径，并通过 ECOSAR 软件模拟出中间产物的生态毒性。技术路线如图 9－1 所示。

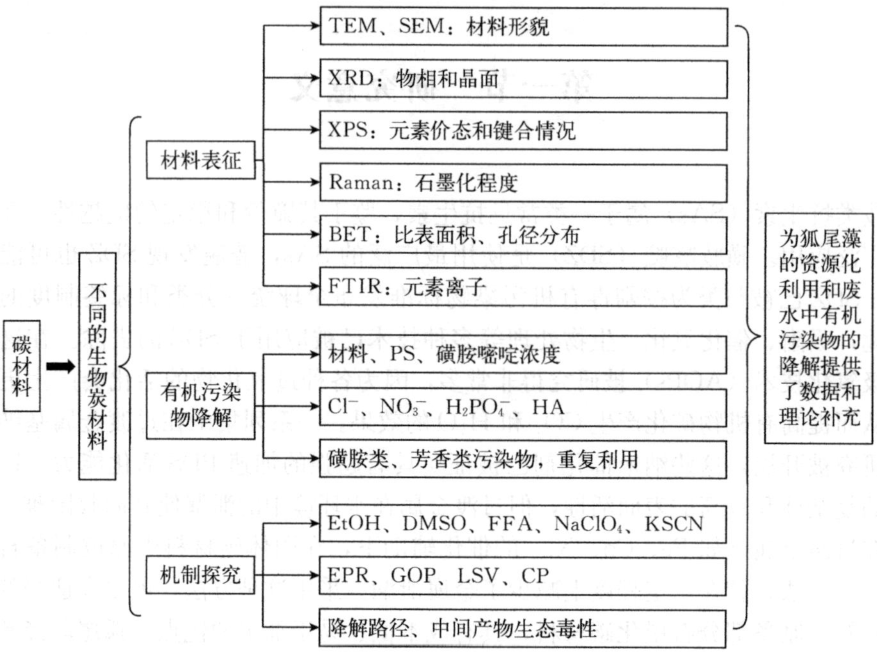

图 9-1　技术路线

第三节　催化剂物理化学性质表征结果与分析

一、石墨化生物炭 SEM 和 TEM 表征结果

从 SEM 图像来看，RB 呈现出厚实的块状形貌，没有孔隙（图 9-2a）。对于 PB，可以在碳片上发现明显的直径从 50～200 nm 的大孔（图 9-2b）。从 CoGB 的图像中可以观察到不规则的 Co 基纳米颗粒沉积在多孔碳片上（图 9-3a）。对于 AGB，酸刻蚀后暴露出更多的介孔和大孔，表面没有出现 Co 基纳米颗粒（图 9-3b）。随着进一步退火，碳片上的孔隙数量在 SGB 上明显增加（图 9-3c）。从图 9-2c～e 和图 9-2d～f 的 TEM 图像可以看出，$KHCO_3$ 活化、酸刻蚀和二次退火均使碳片变薄，总孔隙和微孔增多。此外，在 CoGB 上可以看到丰富的 Co 基纳米颗粒，而在 SGB 上这些大的纳米颗粒几乎消失，剩下的小的纳米颗粒被碳片包裹。出乎意料的是，一些大的 Co 基纳米颗粒重新出现在 SGB 上。这一现象可能归因于 AGB 表面碳片上的 Co 物种以非常小的直径存在，并在二次退火下团聚在一起形成纳米颗粒。从图 9-3g～i 的高分辨 TEM 图像中可以发现，在 3 种 Co 掺杂的活化剂上都可以发现一个深色的核，具有几个晶格条纹（d=0.203 nm）归属于金属 Co 的（111）面[1] 和一个浅色的环，具有晶格条纹（d=0.340 nm、0.347 nm 和 0.338 nm 分别对应于 CoGB、AGB 和 SGB）归属于石墨的（002）面[2,3]。对比图 9-3j 和图 9-3k 可以发现，酸刻蚀后这些核壳结构的数量明显减少，只剩下一些具有完美石墨碳壳的核壳结构。此外，与 CoGB 和 AGB 相比，SGB 获得了最厚的石墨化碳片。图 9-3j

和图 9－3k 分别为 CoGB 和 AGB 的高角度环形场扫描透射电子显微镜图像和相应的 C、Co 和 O 的能量色散 X 能谱（EDS）元素映射。Co 和 O 元素的位置重叠并占据内核，C 元素占据外壳，进一步说明催化石墨化效应的发生。

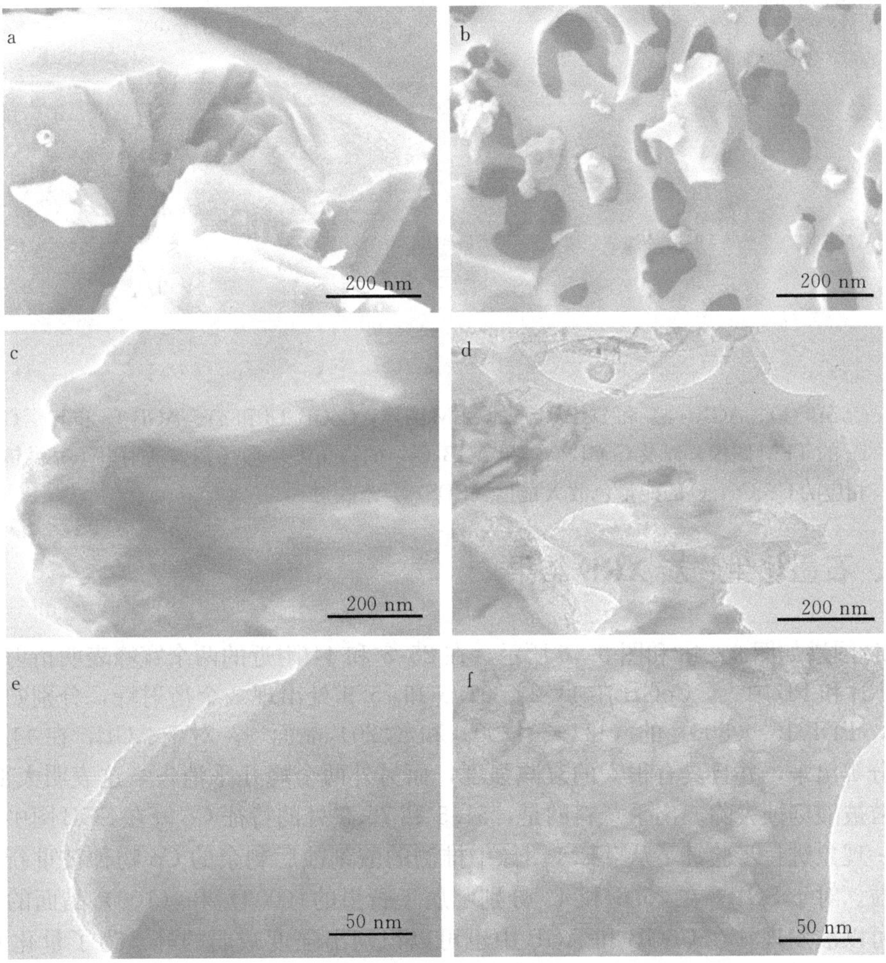

图 9－2　RB（a）和 PB（b）的 SEM 图像，以及 RB（c 和 e）和 PB（d 和 f）的 TEM 图像

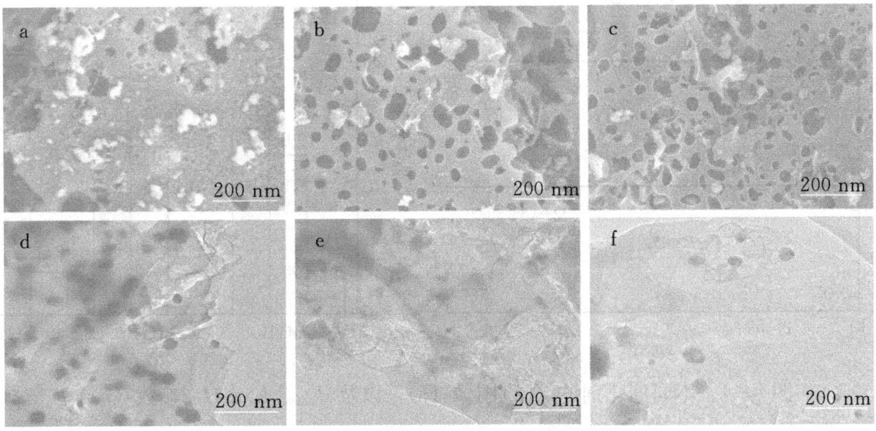

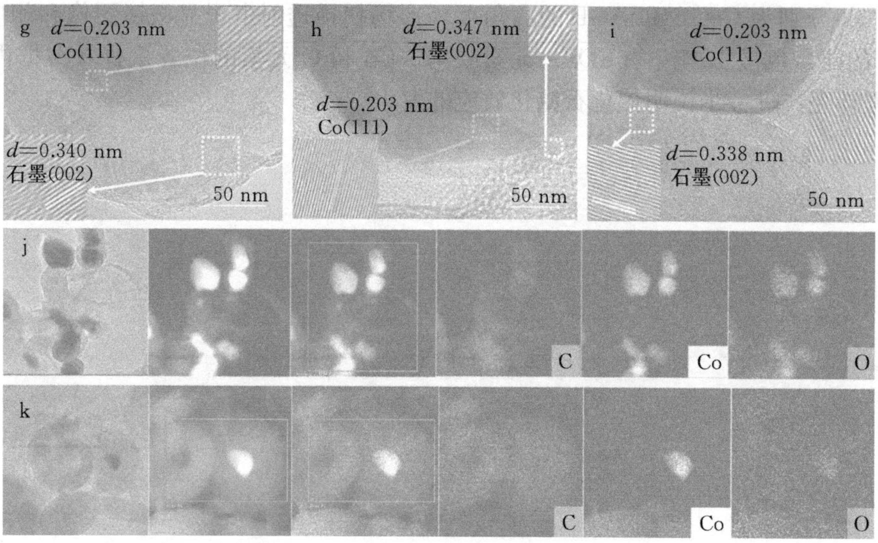

图 9-3　CoGB（a）、AGB（b）和 SGB（c）的 SEM 图像，CoGB（d 和 g）、AGB（e 和 h）、GB（f 和 i）的 TEM 图像，以及 CoGB（j）和 AGB（k）的高角度环形场扫描透射电子显微镜图像和相应的 C、Co、O 的能量色散 X 能谱（EDS）元素映射

二、石墨化生物炭 XRD 结果

XRD 图谱如图 9-4a 和图 9-5 所示，在 25.5°和 44°附近的两个宽峰表明衍射畴主要存在于 RB 和 PB 中[4]。CoGB 在 44.2°、51.5°和 75.9°处出现 3 个衍射峰，分别归属于立方相 Co（PDF 15-0806）的（111）、（200）和（220）晶面[5]。对于 AGB，在 44.2°处的峰可以分辨出来，并且具有很大的衰减强度，而另外两个峰几乎消失，这表明大部分 Co 纳米颗粒被酸刻蚀去除。出乎意料的是，51.5°和 75.9°处的特征 Co 峰在 SGB 图中重新出现。这一现象进一步验证了从 TEM 图像中推测的酸刻蚀后剩余的 Co 物种被重新组装成纳米颗粒。对于 SGB，在 25.5°和 44°分别归属于石墨的（002）和（100）晶面的小而尖锐的峰可以被发现。在 CoGB 和 AGB 中也可以识别出强度减弱的峰。为了量化 CoGB、

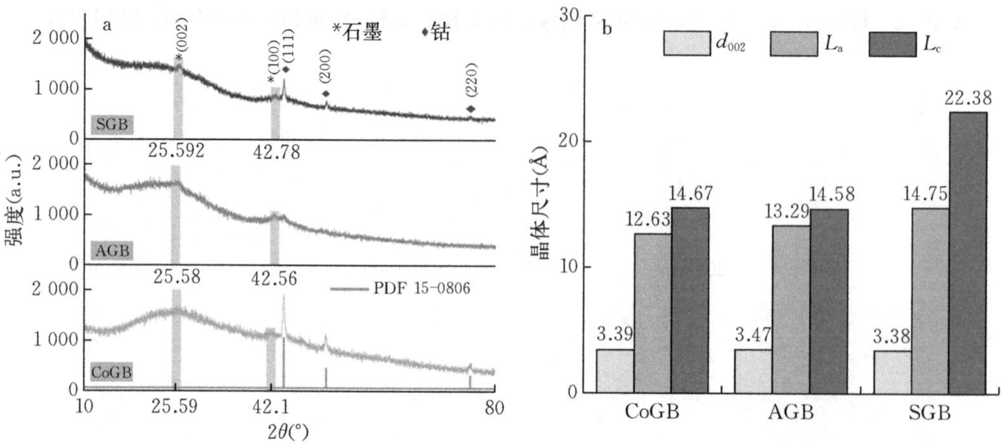

图 9-4　不同催化剂的 XRD 图像（a），以及 d_{002}、L_a 和 L_c 参数（b）

AGB和SGB的石墨化程度，计算了石墨烯纳米片之间的面内相干长度（L_a）、平均堆积高度（L_c）和平均间距（d_{002}）[6,7]。如图9-4b所示，所有催化剂的d_{002}均高于石墨（3.35Å），其中AGB最大（3.47Å），CoGB（3.39Å）次之，SGB（3.38Å）最小。SGB的最小d_{002}意味着其最高的石墨化程度，而AGB的最大d_{002}应该归因于酸刻蚀引起的氧化效应导致的含氧官能团在石墨化碳片之间的插入。CoGB和AGB具有相似的L_c值，表明酸刻蚀对石墨烯纳米片的面内尺寸影响不大，SGB的L_c约为CoGB和AGB的1.5倍，L_a遵循CoGB<AGB<SGB的顺序。考虑到酸刻蚀无法引发石墨化转变，AGB的L_a增强很可能是由于石墨烯纳米片之间的空间膨胀引起的，这与其最大的d_{002}值一致。

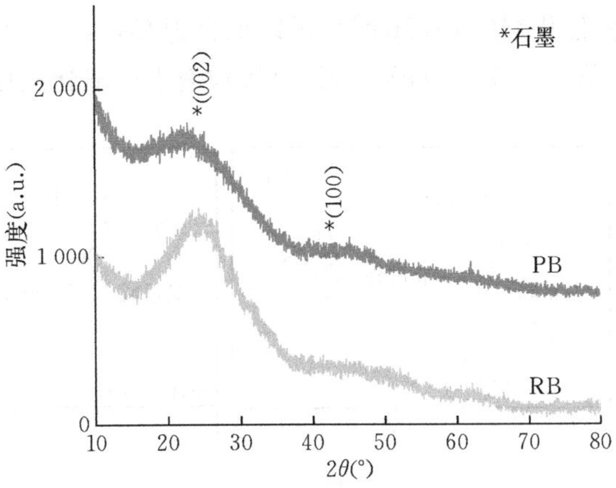

图9-5　RB和PB的XRD图像

三、石墨化生物炭XPS表征结果

通过XPS图谱分析C和Co元素的化学状态。CoGB、AGB和SGB的C 1s谱可以按照sp^2-C、sp^3-C、C═O、O═C—O和π-π*的卫星峰分别在284.1～284.8 eV、285.8～286.0 eV、287.3 eV、288.7～288.9 eV和290.2～290.6 eV分裂为5个峰（图9-6）[8]。sp^2-C含量为SGB（65.13%）＞CoGB（63.25%）＞AGB（61.08%）。酸刻蚀后，sp^2-C含量略有下降，这是由于强酸和超声处理对完美sp^2-C的强氧化破坏。发现SGB具有最佳的石墨化程度，表明二次退火可以进一步促进sp^3-C向sp^2-C转化。利用XPS

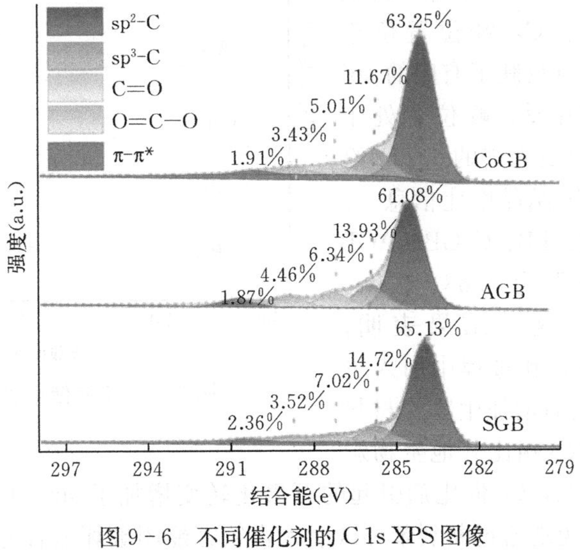

图9-6　不同催化剂的C 1s XPS图像

技术研究反应前后 CoGB、AGB 和 SGB 中 Co 的价态变化，如图 9－7 所示，反应前后 3 种催化剂的 Co 2p 峰均可以拟合为 Co $2p_{3/2}$ 和 Co $2p_{1/2}$ 两个组分，分别在 796.3～796.8 eV 和 781.5～781.9 eV。表明 Co 没有发生氧化还原反应，即没有参与活化过程。

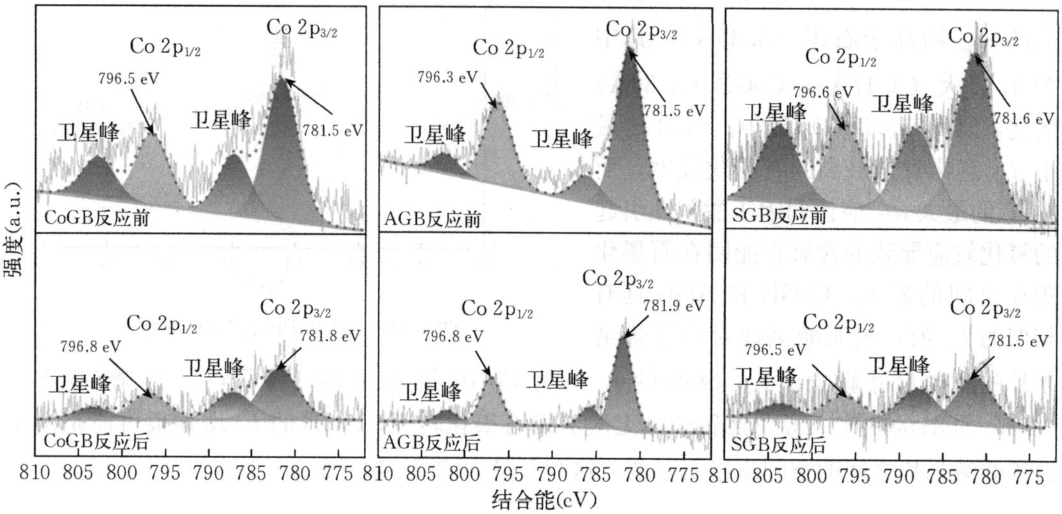

图 9－7　不同催化剂使用前后的 Co 2p XPS 图像

四、石墨化生物炭拉曼光谱表征结果

拉曼光谱通过辨析入射光频率与散射光谱的差异，来获得与分子结构研究有关的分子振动、转动等信息，是表征石墨化生物炭的有力工具。生物炭的拉曼光谱中有 2 个典型峰，即 D 峰（反映了无序或非晶 sp^3－C，峰位置位于 1 350 cm^{-1}）和 G 峰（反映了有序的 sp^2 杂化碳的面内伸缩振动，峰位置处于 1 580 cm^{-1}），基于拉曼光谱的 I_D/I_G 给出了碳质材料的缺陷/结晶度比信息[9]。如图 9－8 所示，RB、PB、CoGB、AGB 和 SGB 的 I_D/I_G 分别为 0.88、0.91、0.89、0.93、0.91。这一结果表明，$KHCO_3$ 活化可以在造孔过程中引入更多的边缘碳物种，从而增加生物炭材料的无序度，因此与 RB 相比其他生物炭材料具有更高的 I_D/I_G，Co 催化剂引起的石墨化转变增加了 sp^2－C 的比例。然而，酸刻蚀去除 Co 不可避免地通过断裂苯环或引入含氧官能团破坏缩合芳香结构。二次退火

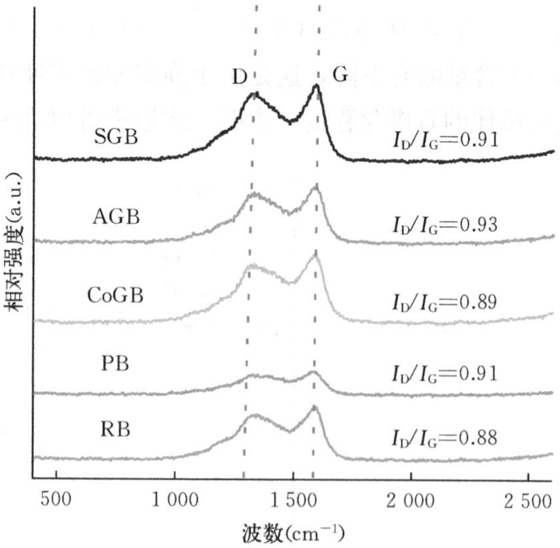

图 9－8　不同催化剂的拉曼光谱

过程进一步将 sp^3-C 重排为 sp^2-C，因此 SGB 获得了比 AGB 更低的 I_D/I_G。以上结果与C 1s XPS 谱图中 sp^2-C 百分比的变化趋势一致。

五、石墨化生物炭 BET 表征结果

制备催化剂的比表面积、孔径分布和孔体积通过 N_2 吸附-脱附等温线进行了评估。如图 9-9 所示，RB、PB、CoGB、AGB 和 SGB 的等温线属于典型的Ⅰ/Ⅳ混合型曲线，表明它们具有微孔和介孔的多级孔结构。等温线在 $P/P_0=0$ 处的脉冲程度表示微孔体积的大小[10]。

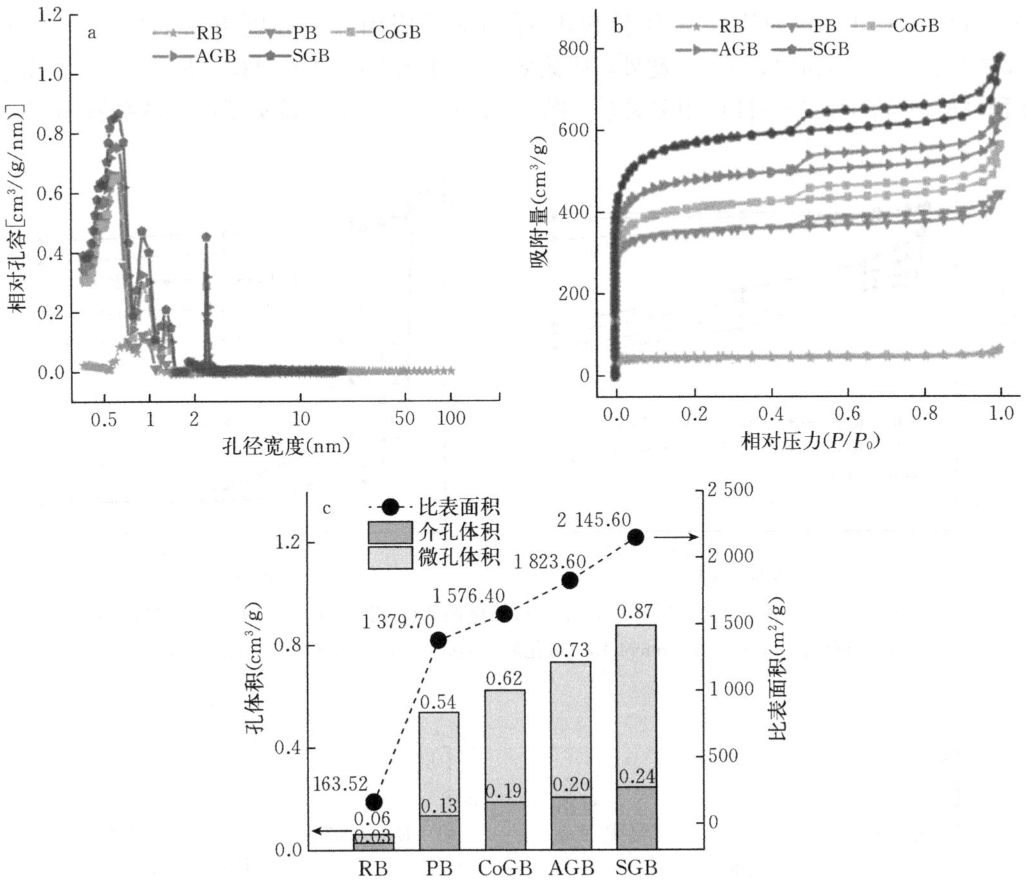

图 9-9　不同催化剂的 N_2 吸附-脱附等温线（a 和 b）和比表面积（c）

所有催化剂在高压范围内均表现出 H4 型滞后环，几种生物炭材料的孔径分布通过非定域密度泛函理论方法得到，孔径分布也表明了是具有微孔和介孔的多层孔隙结构，从而也进一步证实了 $KHCO_3$ 在形成多级孔结构中的关键作用[11]。尤其是 CoGB、AGB 和 SGB 的比表面积和总孔体积分别为 1 576.40 m^2/g 和 0.81 cm^3/g、1 823.60 m^2/g 和 0.93 cm^3/g、2 145.60 m^2/g 和1.11 cm^3/g。其中，微孔所占比例分别为 76.5%、78.5%和 78.4%，说明微孔占绝对优势。另外，可以发现比表面积、总孔体积、介孔体积和微孔体积均为

SGB>AGB>CoGB>PB>RB，这表明，通过造孔剂、金属石墨化催化剂、酸洗和二次热解，可以有效增加生物炭材料的比表面积、总孔体积、介孔体积和微孔体积。

第四节　生物炭/PDS 氧化体系对有机污染物的去除

一、生物炭/PDS 体系对 SDZ 的降解与吸附

如图 9－10a 所示，仅添加 PDS 时，未发生氧化，说明单独的 PDS 无法氧化 SDZ。在 60 min 内 RB、PB、CoGB、AGB 和 SGB 对 SDZ 的吸附效率分别为 3.44%、39.69%、43.10%、47.76%和 52.94%。此外，吸附效率与催化剂的比表面积（R^2＝0.983）和孔体积（R^2＝0.967）呈线性正相关关系（图 9－11）。图 9－10b 显示了不同体系的 SDZ 降

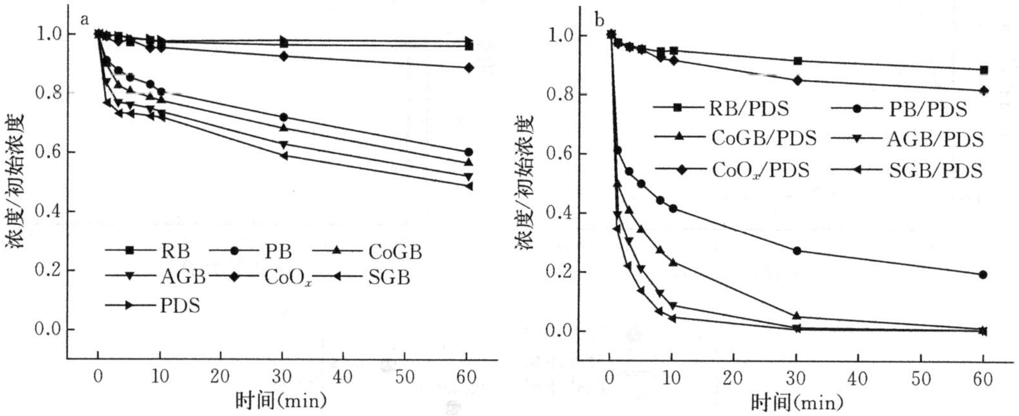

图 9－10　单一催化剂或 PDS（a）和不同催化剂活化 PDS（b）对 SDZ 的去除效果

注：反应条件为 $[PDS]_0$＝2.0 mmol/L，$[催化剂]_0$＝0.10 g/L，$[SDZ]_0$＝20 mg/L，T＝25 ℃。

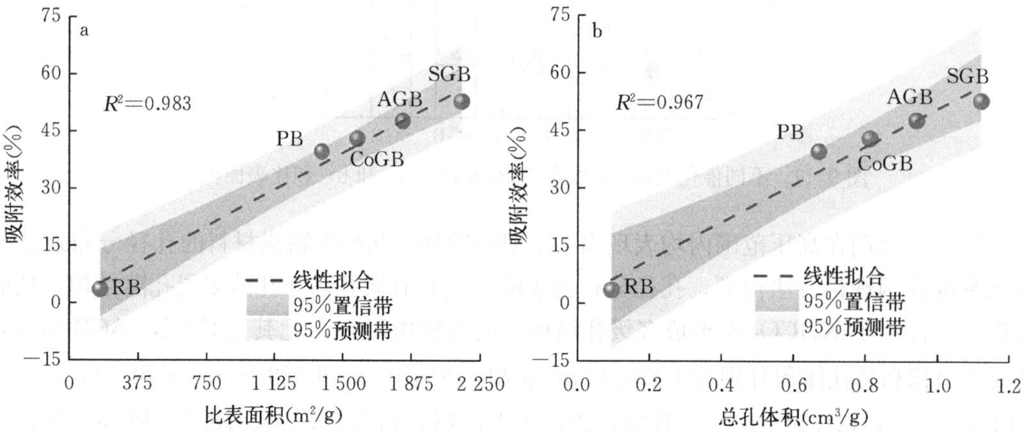

图 9－11　吸附效率分别与各种催化剂的比表面积（a）和总孔体积（b）呈线性关系

解效率，其中 RB/PDS 体系表现出较差的性能，PB、CoGB、AGB 和 SGB 的降解效果依次增强。此外，对比表面积、孔体积和吸附效率分别与表观反应速率常数（k_{obs}）进行相关性分析，可以发现良好的线性正相关关系（图 9-12）。这一结果意味着 SDZ 在催化剂上的吸附对其后续降解起到了至关重要的作用。

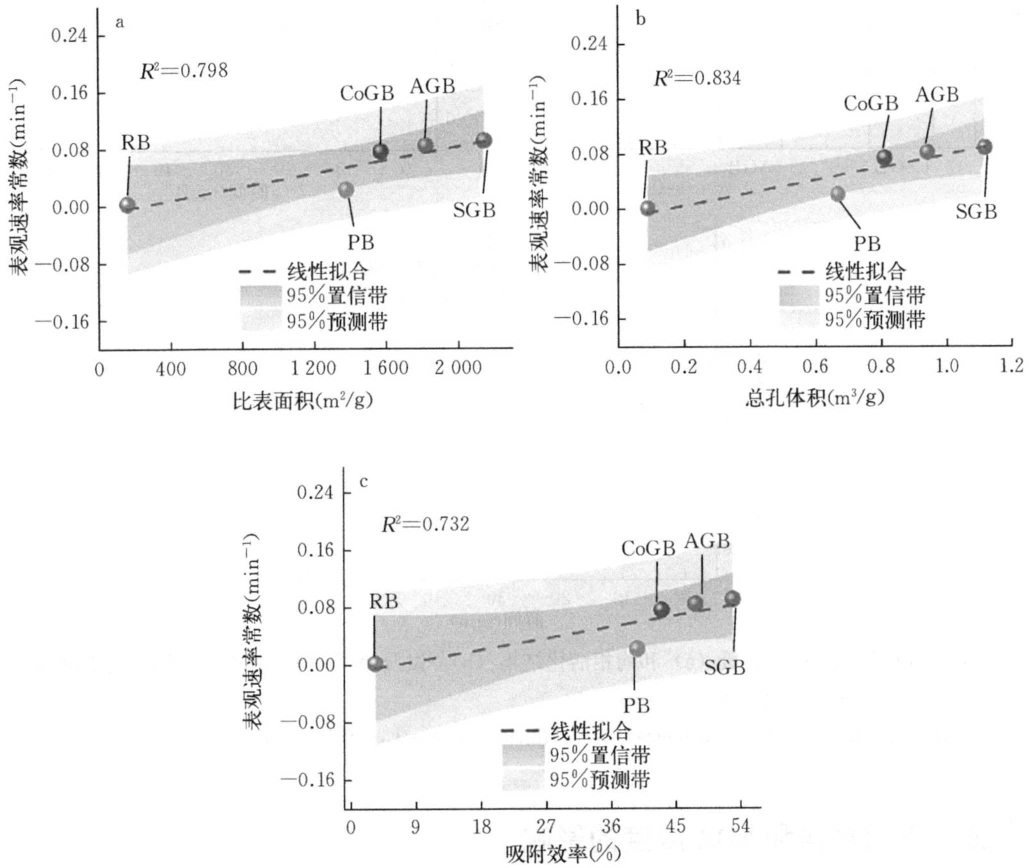

图 9-12　k_{obs} 与各种催化剂的比表面积（a）、总孔体积（b）和吸附效率（c）的线性关系

二、钴物种在 PDS 降解 SDZ 体系中的作用

原子吸收法测得 CoGB、AGB、SGB 中 Co 元素的重量比分别为 4.45%、0.54%、0.67%。为了考察 Co 物种的作用，测定了与 CoGB、AGB 和 SGB 中 Co 含量相同浓度的 Co^{2+} 溶液的催化性能。如图 9-13a 所示，这些均相活化过程得到了极不明显的降解结果。此外，由于 SCN^- 与金属的配位能力强，可以堵塞催化剂的活性位点，因此选择 SCN^- 作为螯合剂来钝化催化剂上 Co^{2+} 物种的反应活性[12,13]。可以发现，不同浓度的 SCN^-（0.03 mmol/L 或 0.3 mmol/L）的存在对降解性能几乎没有影响，表明 Co 物种对 PDS 活化的作用是微不足道的（图 9-13b）。因此，推测生物炭载体应该是这些 Co 掺杂催化剂能激活 PDS 的主要原因。

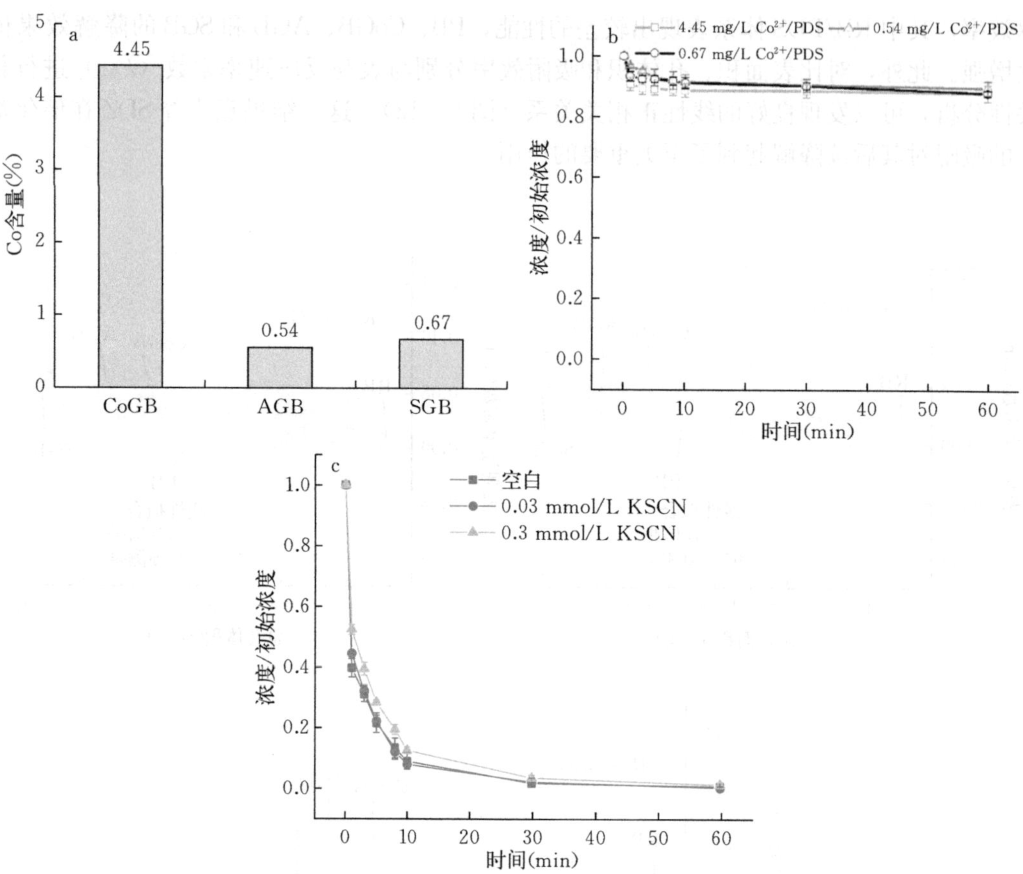

图 9-13 各种催化剂的钴含量（a）和均相活化结果（b），以及 AGB/PDS 体系中不同浓度 KSCN 对 SDZ 降解的影响（c）

注：反应条件为 $[PDS]_0=2.0$ mmol/L，$[催化剂]_0=0.10$ g/L，$[SDZ]_0=20$ mg/L，T=25 ℃。

三、不同材料和 SDZ 浓度的影响

如图 9-14 所示，随着材料浓度从 0.025 g/L 增加到 0.2 g/L，CoGB/PDS 体系 60 min 后的 SDZ 的降解效率为 50%、79%、99%、100%；AGB/PDS 体系 60 min 后的 SDZ 的降解效率为 54%、86%、100%、100%，SGB/PDS 体系 60 min 后的 SDZ 的降解效率为 56%、88%、100%、100%。当浓度为 0.1 g/L 时，3 种石墨化生物炭材料在 60 min 反应后对 SDZ 的降解效率均接近 100%；当浓度为 0.2 g/L 时，3 种石墨化生物炭材料可在 10 min内完全降解 SDZ。由于过快的反应不易于机制探究，故选择 0.1 g/L 作为试验材料浓度。随着污染物浓度从 5 mg/L 增加到 40 mg/L，3 种石墨化生物炭/PDS 体系降解 SDZ 的速率均逐渐降低。当 SDZ 浓度为 5 mg/L 或 10 mg/L 时，3 种催化可在 10 min 或 30 min 内彻底降解污染物，当 SDZ 浓度为 40 mg/L 时，3 种催化均不能在 60 min 内彻底降解污染物，说明浓度越高的污染物，需要的降解时间更长和活性物种更多[14]。考虑到实际水体污染物浓度较低，且由于过快的反应不易于机制探究，故选择 20 mg/L 作为试验材料浓度。

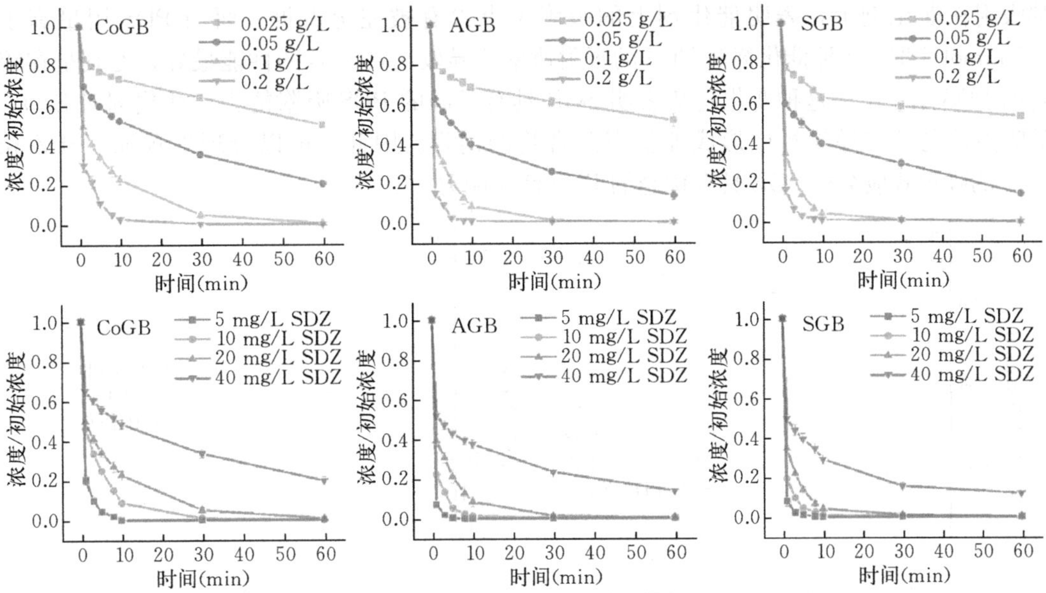

图 9-14　3 种催化剂/PDS 体系中不同材料浓度、不同 SDZ 浓度对 SDZ 降解动力学的影响

注：反应条件为 T=25 ℃。

四、材料吸附能力与 PDS 活化能力的关系

图 9-15 展示了 PDS 剂量对石墨化生物炭材料激活 PDS 降解 SDZ 性能的影响。当 PDS 应用于低剂量（0.125～0.5 mmol/L）时，CoGB 的 SDZ 降解效率为 69%、86%、91%，AGB 的 SDZ 降解效率为 75%、89%、98%，SGB 的 SDZ 降解效率为 83%、93%、99%，说明 3 种石墨化生物炭材料的降解性能随着 PDS 剂量的增加明显提高。进一步增加 PDS 的剂量，从 1 mmol/L 增加到 4 mmol/L，CoGB 的 SDZ 降解效率为 98%、99%、100%，AGB 的 SDZ 降解效率为 99%、100%、100%，SGB 的 SDZ 降解效率为 100%、100%、100%，说明 SDZ 氧化效率的增加量变得很小。值得注意的是，SGB 在任何 PDS 剂量下的 k_{obs} 始终高于 CoGB 和 AGB（图 9-16a）。此外，考察了 CoGB、AGB 和 SGB 对 PDS 的吸附效果（图 9-16b），在低于 0.5 mmol/L 的低 PDS 剂量下，所有添加的 PDS

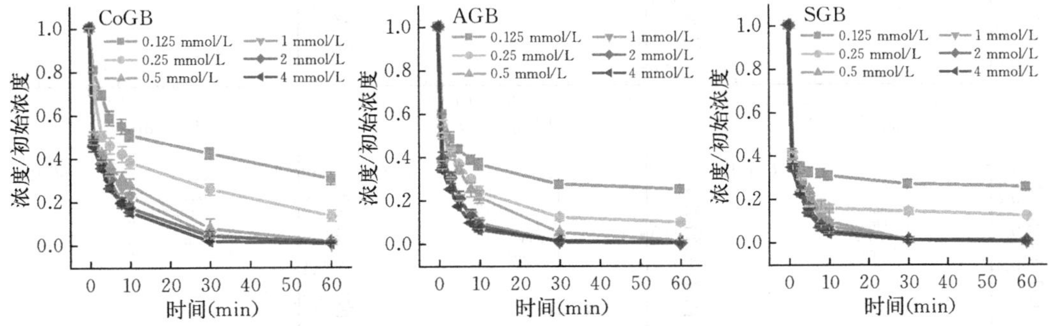

图 9-15　PDS 剂量对 SDZ 降解动力学的影响

注：反应条件为 [催化剂]$_0$=0.10 g/L，[SDZ]$_0$=20 mg/L，T=25 ℃。

都吸附在催化剂上，表明催化剂上的吸附位点没有被完全占据。而当 PDS 用量高于 0.5 mmol/L时，3 种催化剂对 PDS 的吸附速率差异较大，SGB 的性能最好，尤其是在较高的 PDS 用量下。这种变化趋势表明 SGB 具有最高的 PDS 吸附能力。活化剂对 $S_2O_8^{2-}$ 的吸附是电子传递途径中形成亚稳态配合物的前提。因此，可以合理地预期，SDZ 和 PDS 的吸附效应会使 SGB 具有优越的 PDS 活化能力[15]。

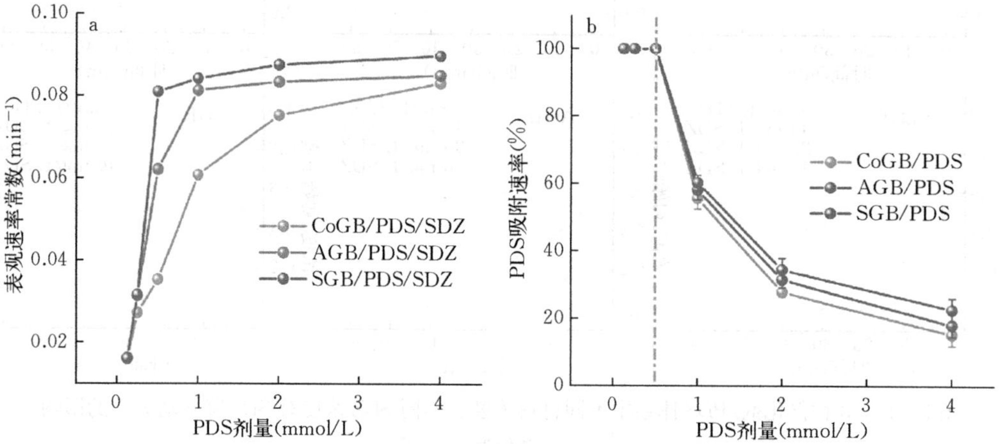

图 9-16 不同 PDS 剂量下 SDZ 降解 k_{obs}（a）和 PDS 吸附 k_{obs}（b）

注：反应条件为 $[催化剂]_0=0.10$ g/L，$[SDZ]_0=20$ mg/L，T=25 ℃。

五、水中共存离子及腐殖酸对氧化降解的影响

实际水体中往往存在多种无机阴离子和腐殖酸，为了模拟实际水环境，本章选择在反应体系中加入不同浓度的腐殖酸、Cl^-、NO_3^- 和 $H_2PO_4^-$。如图 9-17 所示，不同浓度的腐殖酸、Cl^-、NO_3^- 和 $H_2PO_4^-$ 等杂质对 3 种石墨化生物炭/PDS 体系降解 SDZ 的影响均很小。与 CoGB 相比，AGB 和 SGB 表现出更强的耐受性，在 1～100 mmol/L 范围的阴离子或 1～10 mg/L 腐殖酸中保持突出的降解性能。这表明 3 种石墨化生物炭具有较强的抵抗

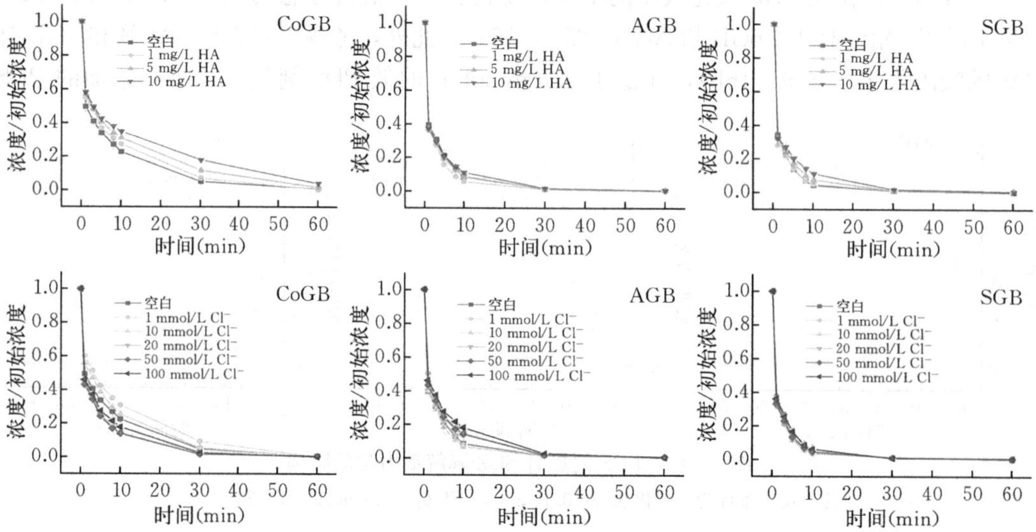

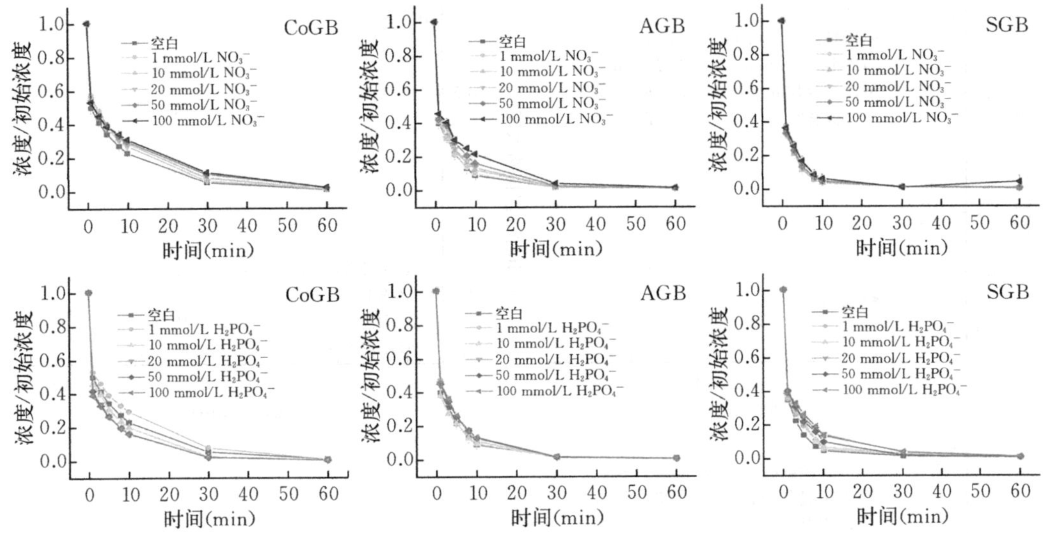

图 9-17 3 种催化剂/PDS 体系中不同浓度 HA、Cl^-、NO_3^- 和 $H_2PO_4^-$ 对 SDZ 降解动力学的影响

注：反应条件为 $[PDS]_0=2.0$ mmol/L，$[催化剂]_0=0.1$ g/L，$[SDZ]_0=20.0$ mg/L，T=25 ℃。

天然大分子和无机阴离子干扰的能力，且 AGB 和 SGB 抵抗能力更强[16,17]。根据之前的报道，自由基途径可以被杂质抑制，而非自由基途径如电子传递途径对杂质的存在并不敏感，因此本章初步推断 3 种石墨化生物炭/PDS 体系降解 SDZ 过程中均存在电子传递途径[18,19]。

六、预混合试验

有机污染物/PDS 吸附和电子传递机制在众多碳材料中发生，如碳纳米管、氮掺杂碳纳米管、氧基功能化碳纳米管、氮掺杂生物炭。电子传递机制发生在 PDS 和有机污染物同时参与的反应过程中，而在缺乏有机污染物的情况下，仅 PDS 被吸附在催化剂上可以触发 ROS（$SO_4^{\cdot-}$、$\cdot OH$、$^1O_2$ 和 $\cdot O_2^-$）的生成。为了验证石墨化生物炭/PDS 体系中的机制，分别将 CoGB、AGB 或 SGB 与 PDS 先混合一定时间（2 min、10 min、30 min）。随后，在反应体系中加入 SDZ，以区分 SDZ 去除的动力学差异。如果机制不是基于电子传递，由于 PDS 的持续分解，则 SDZ 去除率和 k_{obs} 会随着混合时间的增加而逐渐降低。如图 9-18 所示，CoGB、AGB 和 SGB 与不同时间的 PDS 预混合对后续 SDZ 降解影响不

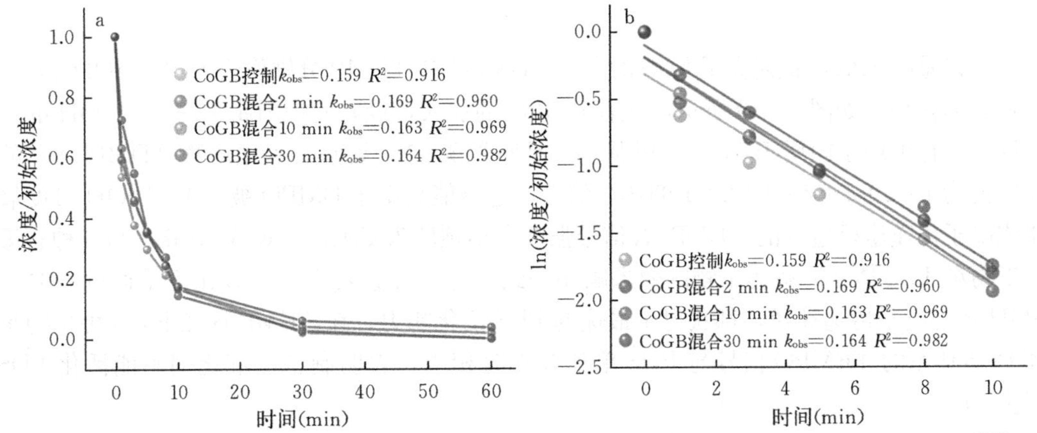

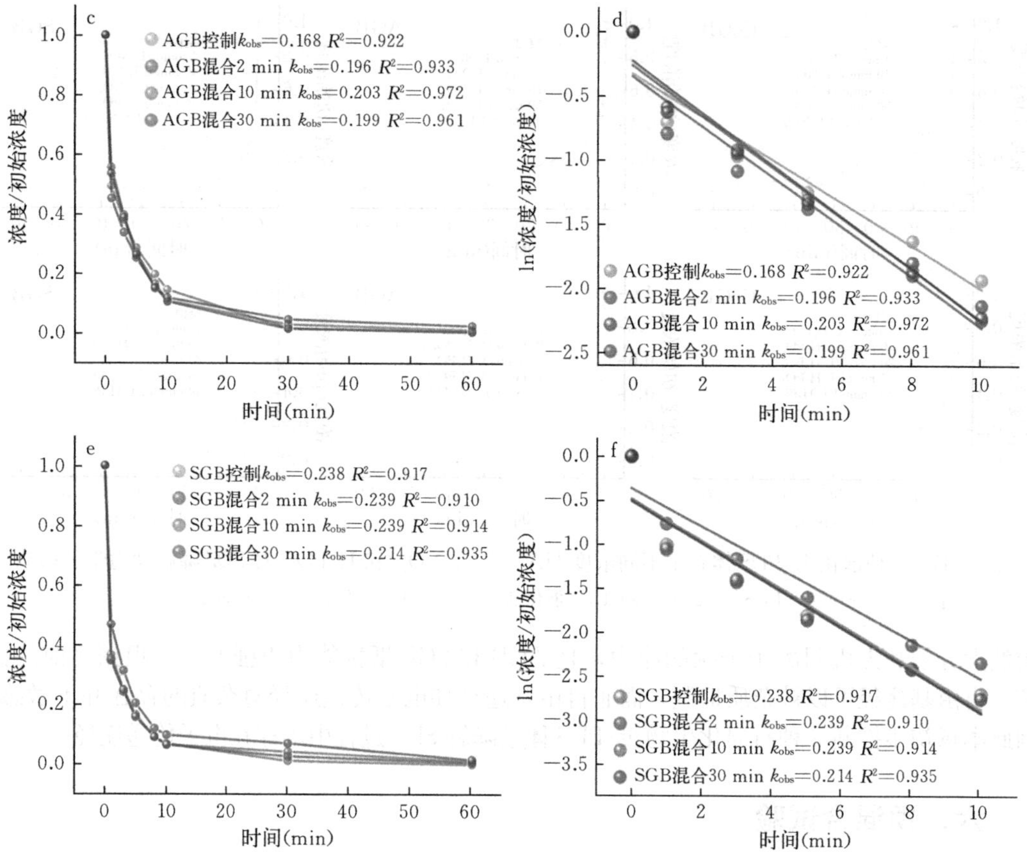

图 9-18 CoGB/PDS 体系、AGB/PDS 体系和 SGB/PDS 体系中 PDS 与碳材料混合不同时间间隔添加 SDZ 后去除 SDZ 的效果（a、c、e）及拟一阶动力学拟合（b、d、f）

注：反应条件为 $[PDS]_0$=2.0 mmol/L，$[催化剂]_0$=0.10 g/L，$[SDZ]_0$=20 mg/L，T=25 ℃。

大。因此，初步推测在这些降解体系中，电子传递途径应该主导 SDZ 的降解[20]。

第五节　生物炭活化 PDS 降解 SDZ 机制探究

首先通过 EPR 测试研究了 ROS 的产生，DMPO 和 TEMP 分别作为 $SO_4^{\cdot-}$/ ·OH 和 $^1O_2$ 的自旋捕获剂。如图 9-19 所示，随着 DMPO 的加入，没有发现归属于 $SO_4^{\cdot-}$/ ·OH 的特征峰，并且出现了归属于 5,5-二甲基-2-吡咯烷酮-N-氧基的氧化产物（DMPOX）的强度比为 1∶2∶1∶2∶1∶2∶1 的典型信号，这可能是由于 DMPO 被 $SO_4^{\cdot-}$/ ·OH 过度氧化或电子传递途径造成的。DMPOX 信号强度大小顺序为 CoGB<AGB<SGB，与 3 种石墨化生物炭/PDS 体系降解污染物的效果顺序一致。这一现象表明，SGB 无论是通过 $SO_4^{\cdot-}$/ ·OH 还是电子传递途径，都获得了最优的 PDS 活化能力。在 TEMP 存在下，3 种生物炭和 PDS 体系的 TEMPO 信号与 PDS 单独存在时相当，表明制备的催化剂不能活化 PDS 产生 $^1O_2$。

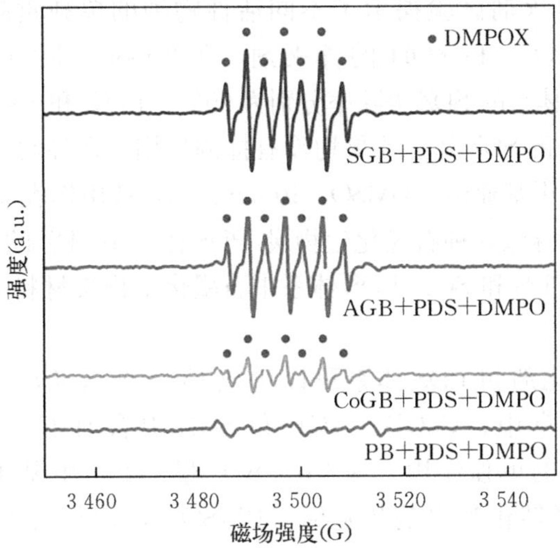

图 9-19　EPR 图谱

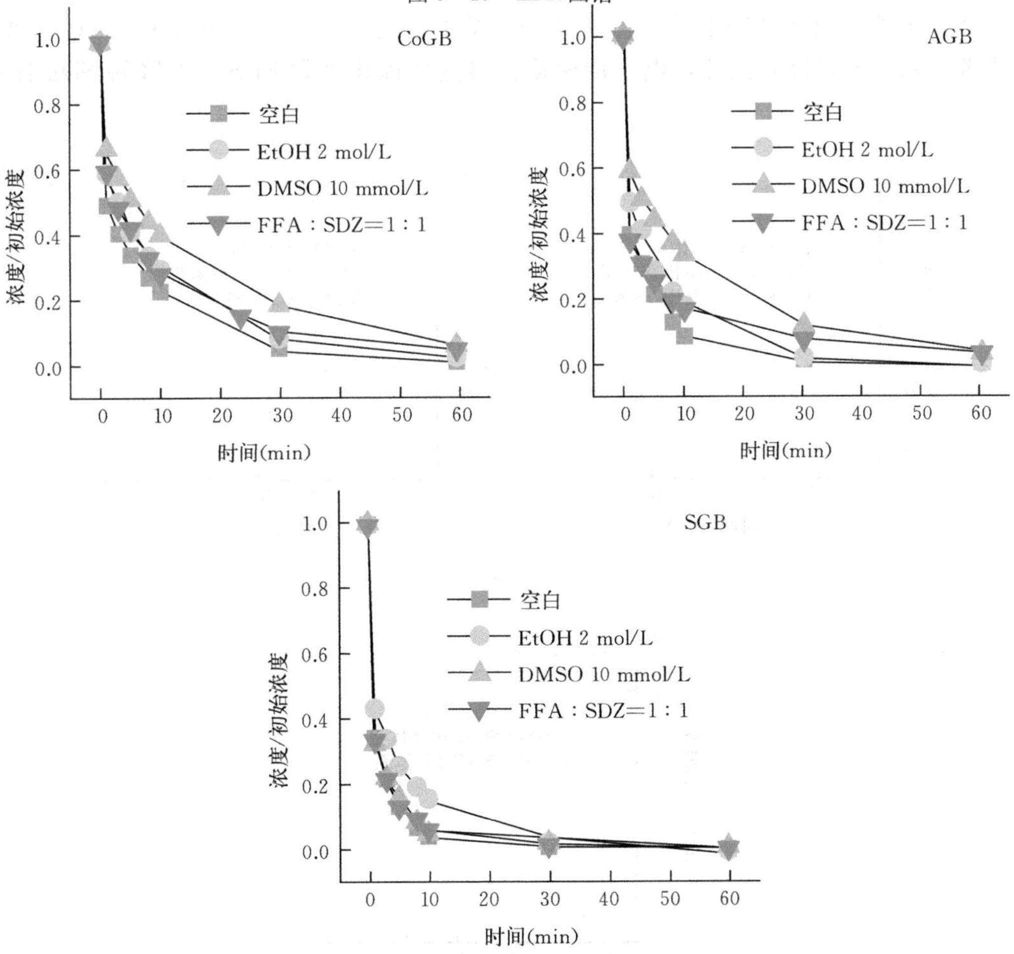

图 9-20　3 种催化剂/PDS 体系中不同牺牲剂对 SDZ 降解的影响

注：反应条件为 $[PDS]_0$=2.0 mmol/L，$[催化剂]_0$=0.10 g/L，$[SDZ]_0$=20 mg/L，[EtOH]=2 mol/L，FFA/SDZ 摩尔比为 1∶1，$[DMSO]_0$=10 mmol/L，T=25 ℃。

此外，通过化学淬灭剂试验揭示了不同活性物种的单独贡献（图 9-20）。通常，EtOH 是一种典型的 $SO_4^{\cdot-}$ 和 ·OH 的淬灭剂，在 2 mol/L EtOH 存在下，CoGB/PDS、AGB/PDS 和 SGB/PDS 体系的 SDZ 去除率分别为 99%、100%和 100%，表明 EtOH 对 3 种石墨化生物炭/PDS 体系的 SDZ 降解效果均没有抑制作用，在降解过程中不涉及本体溶液中的 $SO_4^{\cdot-}$ 和 ·OH。二甲基亚砜（DMSO，10 mmol/L）被用作表面绑缚 ·OH 或 $SO_4^{\cdot-}$ 的淬灭剂。DMSO 的存在导致 3 种石墨化生物炭/PDS 体系中 SDZ 的去除受到抑制。这证实了 CoGB/PDS、AGB/PDS 和 SGB/PDS 体系中石墨化生物炭材料上均不存在表面键合的 ·OH 或 $SO_4^{\cdot-}$。

据报道，Co 基催化剂和 PDS 体系可以生成 Co（Ⅳ），Co（Ⅳ）可能是降解 SDZ 的关键氧化剂。在本章中，CoGB、AGB 和 SGB 中含有 Co 物种，因此需要考察 Co（Ⅳ）在降解反应中的单独作用。在 Co（Ⅳ）存在下，甲基苯基亚砜（PMSO）可以通过氧原子转移途径转化为甲基苯基砜（$PMSO_2$），这与自由基主导的途径明显不同。3 种石墨化生物炭/PDS 体系对 PMSO 的降解效果很差，没有产生 $PMSO_2$，说明 Co（Ⅳ）的贡献可以忽略不计（图 9-21）。综上所述，$SO_4^{\cdot-}$、·OH、$^1O_2$ 和 Co（Ⅳ）的主要贡献已被排除，因此，电子传递途径对这些催化剂和 PDS 体系降解 SDZ 有重要贡献。

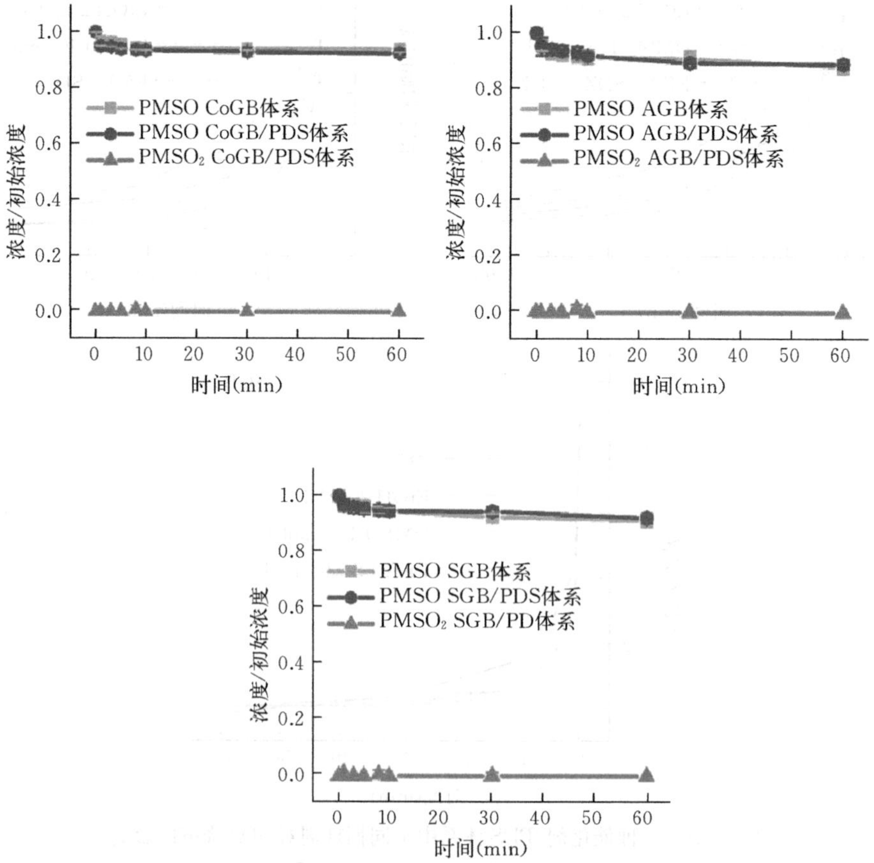

图 9-21　3 种催化剂/PDS 体系中 PMSO 和 $PMSO_2$ 的变化

注：反应条件为 $[PDS]_0$=2.0 mmol/L，$[催化剂]_0$=0.10 g/L，$[SDZ]_0$=20 mg/L，$[PMSO]_0$=20 mg/L，T=25 ℃。

第六节　催化降解过程中降解路径的探究

一、催化降解过程中存在电子传递机制的证明

电化学氧化过程（GOP）被开发用于进一步研究石墨化生物炭/PDS体系降解有机污染物的机制（图9-22a）。在该试验中，有机污染物和PDS分别置于两个半电池中，如果发生SDZ降解，只能通过直接电子传递而不是自由基氧化来实现。在反应过程中监测有机污染物的电流和氧化效率，如图9-22b所示，3种涂有催化剂层的电极对SDZ的吸附能力明显优于未涂催化剂层的电极，其中SGB电极的吸附能力最强。正如预期的那样，GOP过程中SDZ的去除遵循与单电极吸附SDZ相同的变化趋势，证实了吸附对降解的促进作用。如图9-22c所示，当PDS溶液注入PDS电池中时，未涂催化剂层的电极、涂有CoGB、AGB和SGB层的电极体系均能检测到电流响应，电流响应迅速达到最大值（49 μA、

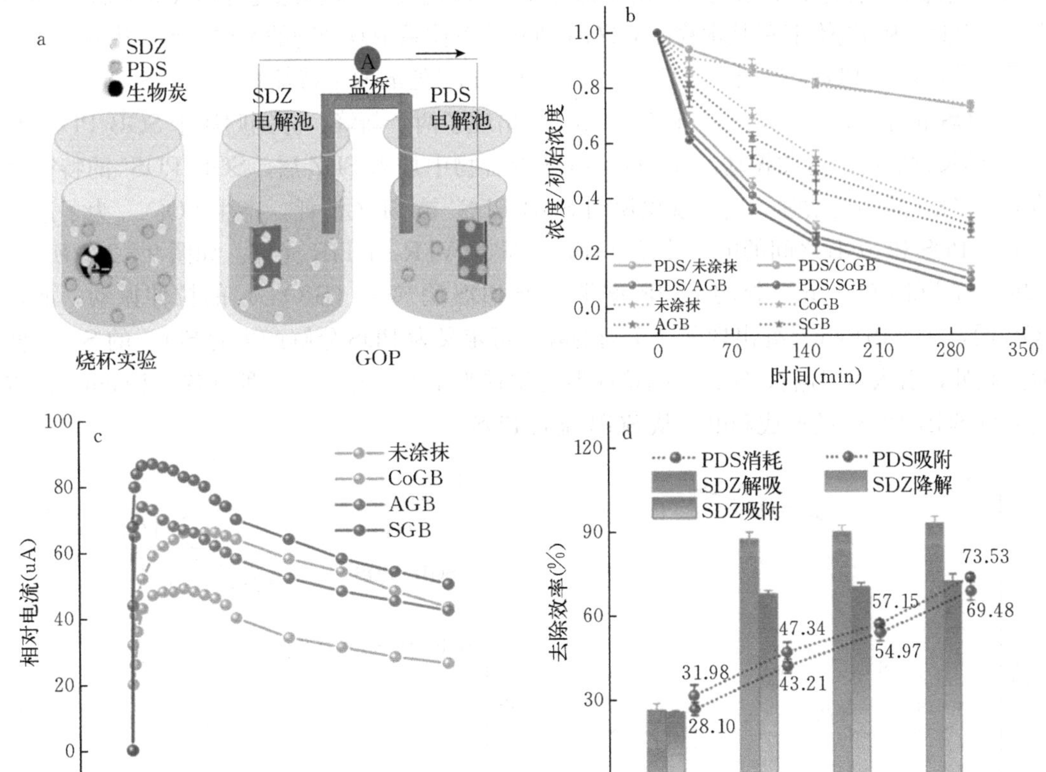

图9-22　分批高级氧化工艺及GOP系统设置（a），SDZ在GOP体系中的降解（b），GOP系统中从PDS电池流向SDZ电池的电流（c），以及单电极吸附PDS和SDZ，GOP体系中PDS消耗、SDZ脱附、SDZ降解（d）

66 μA、74 μA、87 μA），随后逐渐下降。与 CoGB 和 AGB 相比，SGB 获得了最大的峰值电流，表明 2 个 SGB 涂层电极之间的电子传递最多。同时考察了 GOP 过程中单电极对 SDZ 的吸附和 GOP 过程中 SDZ 的去除。此外，使用热甲醇进行 SDZ 脱附试验，以明确是否所有被去除的 SDZ 都归因于 GOP 过程中的降解。可以发现，大部分 SDZ 分子的去除归因于降解，CoGB、AGB 和 SGB 电极吸附去除的 SDZ 分别只有 6.58%、7.44%和 8.23%（图 9-22 d）。然而，对于无涂层电极体系，49.98%的 SDZ 被去除归因于吸附。此外，GOP 过程中单电极上的 PDS 吸附量和 PDS 消耗量与涂覆电极去除 SDZ 的顺序相同，均高于未涂催化剂层的电极，SGB 电极取得最大值。这些结果共同说明 SDZ 可以通过直接电子传递的方式降解，并且在具有更强 SDZ 和 PDS 吸附能力的催化剂存在下，直接电子传递的速率更快。

二、催化降解过程亚稳态复合物的探究

正如先前报道的，电子传递途径通常发生在催化剂和 PDS 之间，形成亚稳态复合物，然后电子从有机污染物传递到这些复合物的。基于 GOP 过程得出 PDS 吸附量越高的催化剂对 SDZ 的降解性能越高的结论，提出生物炭吸附 PDS 会诱导亚稳态复合物（催化剂/PDS*）产生。因此，利用原位拉曼技术验证了 SGB/PDS 降解体系中复合物的生成机制。从图 9-23a 中可以发现，在 PDS 溶液中，825 cm^{-1}和 1 065 cm^{-1}处的两个特征峰归属于 $S_2O_8^{2-}$。对于 SGB/PDS 混合物，在 793 cm^{-1}和 972 cm^{-1}处出现了两个新峰，分别归属于 SGB/PDS* 和 SO_4^{2-} 延长过氧键的弯曲振动。在 SGB/PDS 混合物中加入 SDZ 后，SGB/PDS* 的特征峰消失，SO_4^{2-} 的强度增强。这一现象说明 SGB/PDS* 被 SDZ 消耗，产生 SO_4^{2-}。为了进一步了解 PDS 和 SGB 之间的电子传递过程，测量了 ATR-FTIR 光谱。如图 9-23b 所示，1 285 cm^{-1}和 1 060 cm^{-1}处的 FTIR 谱带源于 PDS 阴离子（$S_2O_8^{2-}$）的拉伸振动。加入 SGB 后，在 1 191 cm^{-1}处出现了一个新的峰，可定义为 PDS 分解产生的 SO_4^{2-} 的 S—O 伸缩。此外，引入 SGB 后，$S_2O_8^{2-}$ 的特征振动位移为 1 275 cm^{-1}。这种红移（10 cm^{-1}）应该来自 SGB/PDS* 的形成和电子从 SGB 流向 PDS。

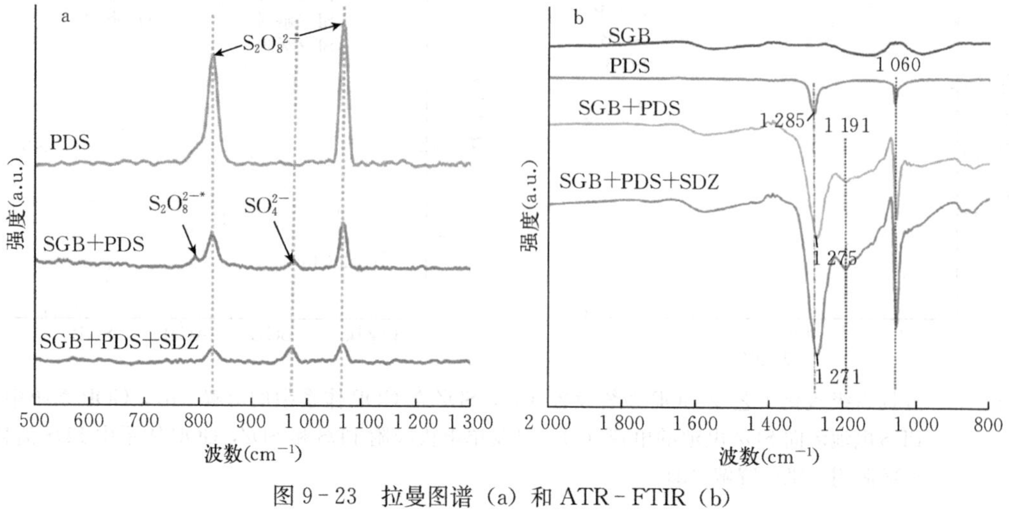

图 9-23　拉曼图谱（a）和 ATR-FTIR（b）

三、内球络合作用的证明

催化剂与 PDS 之间的络合作用可分为内球络合作用和外球络合作用两种类型，前者是由共价键或离子键作用形成，后者则是由静电作用形成。内球配合物几乎不受溶液离子强度的影响，所以当反应体系中离子强度增大时，内球络合作用的催化剂/PDS 体系的氧化降解效果不会受到影响；而外球配合物在离子强度剂存在下可以解离，故内球络合作用的催化剂/PDS 体系的氧化降解效果会随着反应体系中离子强度增大而降低。因此，通过考察 SDZ 在常用离子强度剂 $NaClO_4$ 存在下的降解变化，可以明确 CoGB、AGB、SGB 与 PDS 形成复合物的类型。如图 9－24 所示，当在反应体系中加入不同剂量（0.1 mol/L、0.5 mol/L、1 mol/L 和 2 mol/L）的 $NaClO_4$ 时，3 种石墨化生物炭/PDS 体系的 SDZ 降解速率维持恒定，说明离子强度对 3 种石墨化生物炭/PDS 体系的降解性能几乎没有影响。这一现象直接证明了内球络合作用在这些催化剂和 PDS 体系中的主导作用。

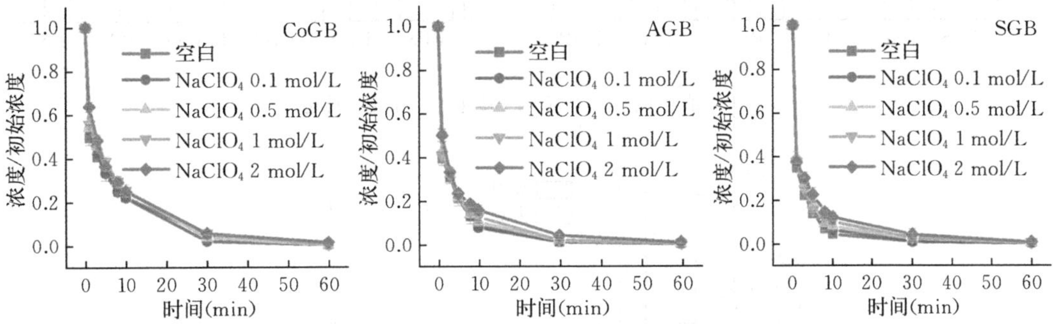

图 9－24　3 种催化剂/PDS 体系中不同浓度 $NaClO_4$ 对 SDZ 降解的影响

注：反应条件为 $[PDS]_0$＝2.0 mmol/L，$[催化剂]_0$＝0.10 g/L，$[SDZ]_0$＝20 mg/L，T＝25 ℃。

四、催化降解过程中存在单一电子传递机制的证明

此外，为了进一步了解石墨化生物炭/PDS 体系中的电子传递机制，对不同种类有机污染物的氧化反应展开了对照试验。例如，对硝基苯酚（PNP）和苯甲酸（BA，缺电子污染物）很难发生电子传递反应；双酚 A（BPA）和双酚 S（BPS，酚类内分泌干扰物）易发生单电子传递反应，而卡马西平（CBZ，一种含有烯基的药物）和 PMSO（亚砜类化学品）更易发生双电子传递反应。与石墨电极的吸附作用相比，GOP 体系对 SMX、TCS、BPA 和 BPS 有明显的氧化作用。如图 9－25 所示，CoGB/PDS，AGB/PDS 和 SGB/PDS 体系对 BPS 和 BPA 的去除率分别为 84％和 86％，92％和 91％，92％和 98％，可见 3 种石墨化生物炭/PDS 体系均对 BPA 和 BPS 表现出优于其他 4 种化合物的氧化能力。值得注意的是，尽管它们各自的类似物都很难被氧化，但系统获得了中等程度的 CBZ 和 PNP 降解性能，CoGB/PDS、AGB/PDS 和 SGB/PDS 体系对 CBZ 和 PNP 的去除率分别为 42％和 47％，41％和 47％，33％和 48％；但 CoGB/PDS，AGB/PDS 和 SGB/PDS 体系对 CBZ 和 PNP 的吸附率分别为 41％和 46％，40％和 47％，32％和 47％，这一

结果可以解释为 CoGB、AGB 和 SGB 对 CBZ 和 PNP 的吸附效果较好，与它们的降解结果几乎相同。基于以上分析，CoGB/PDS、AGB/PDS 和 SGB/PDS 体系是一种选择性氧化过程，更容易促进易发生单电子传递的有机污染物的氧化，而不是双电子传递或自由基机制履行其降解功能。

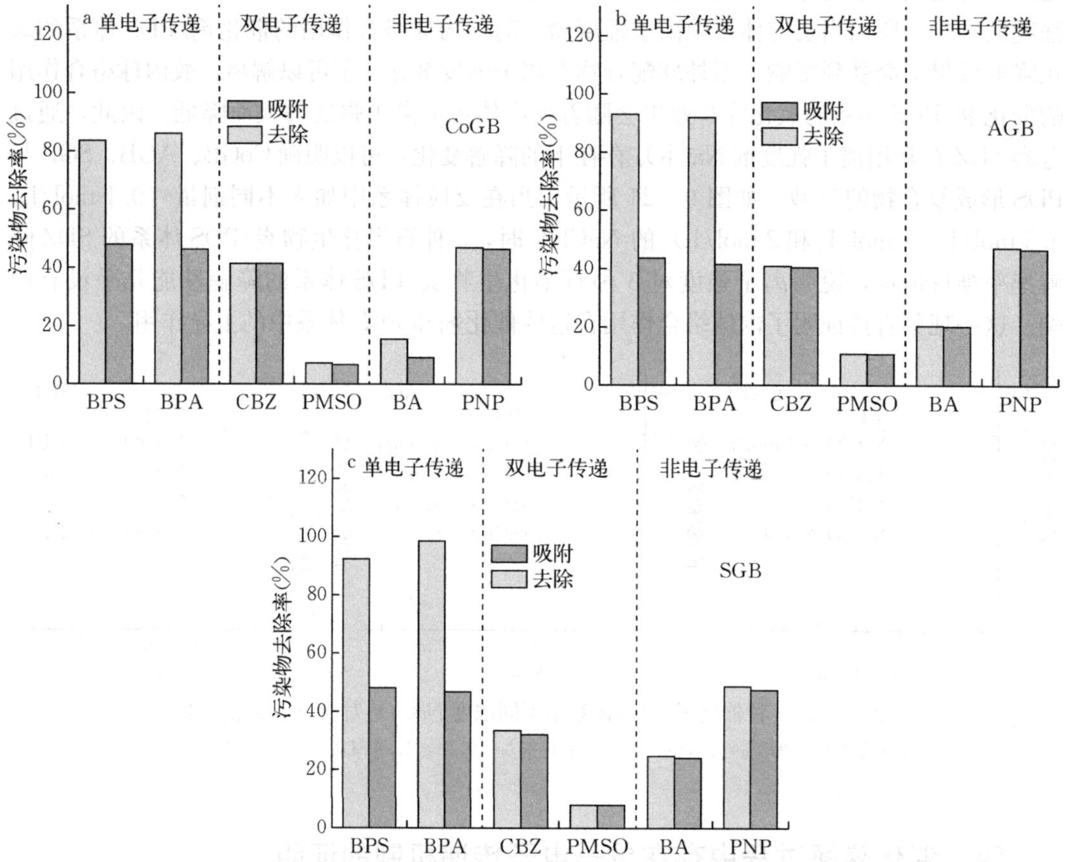

图 9-25　CoGB/PDS (a)、AGB/PDS (b)、SGB/PDS (c) 体系中不同污染物的去除

注：反应条件为 $[PDS]_0=2.0$ mmol/L，$[催化剂]_0=0.10$ g/L，$[污染物]_0=20$ mg/L，T=25 ℃。

第七节　构效关系分析

一、比表面积/总孔体积与 k_{obs} 的构效关系

由图 9-12 可知，比表面积/总孔体积与 k_{obs} （$R^2=0.789/0.834$）之间可以建立线性正相关关系，因此，比表面积和总孔体积的大小对 SDZ 的降解效率有很大的促进作用。电子传递途径主要通过亚稳态复合物的首次形成和随后亚稳态复合物从 SDZ 中提取电子发生。催化剂较大的 PDS 吸附能力意味着在固-液界面上产生更多的亚稳态配合物。与

SDZ 在本体溶液中的迁移距离相比，吸附的 SDZ 可以被氧化，并且电子的迁移距离更短。而且，较大的比表面积和总孔体积有利于暴露更多易于接触的活性催化位点进行降解反应。

二、探究含氧官能团对催化性能的贡献

通过测定石墨化程度参数与 k_{obs} 的关系，判断石墨化碳域对降解性能的作用。在建立关联式之前，需要注意的是 AGB 的含氧官能团与其他催化剂不同，因为 AGB 是 CoGB 的酸刻蚀产物。如图 9－26a 所示，与 CoGB 和 SGB 相比，AGB 的 FTIR 图谱证明了其具有更多的羰基。据报道，羰基是 PDS 氧化反应的主要反应催化位点。因此，应消除 AGB 中的羰基，以特意评估石墨化结构的作用。通过 $NaBH_4$ 还原 AGB 而得到的材料命名为还原酸蚀石墨化生物炭（RAGB）。从图 9－26a、b 可以看出，RAGB 中羰基的量明显减少，RAGB 的氧化活性略低于 AGB，说明羰基的确可以促进催化过程，但其贡献较小。因此，在不考虑 AGB 的情况下，建立了石墨化参数与 k_{obs} 的关系。

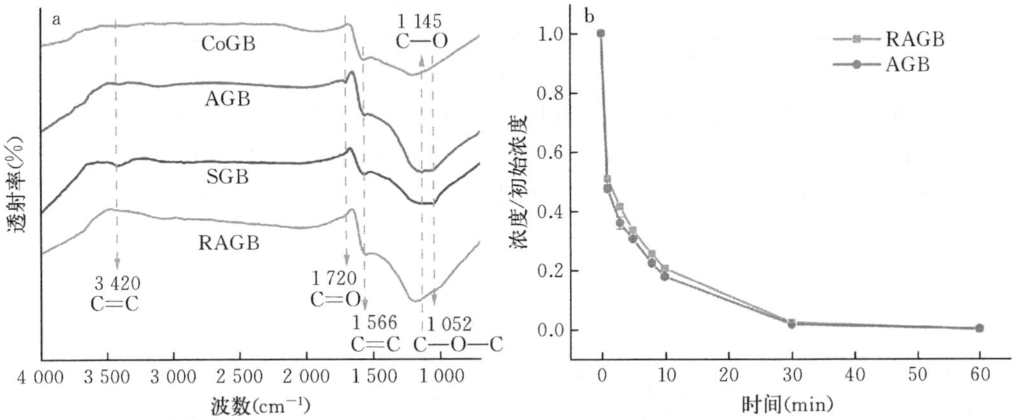

图 9－26　各种催化剂的 FTIR 光谱（a），AGB 和 RAGB 活化 PDS 降解 SDZ 的动力学拟合（b）

注：反应条件为 $[PDS]_0$=2.0 mmol/L，$[催化剂]_0$=0.10 g/L，$[SDZ]_0$=20 mg/L，T=25 ℃。

三、石墨化程度与降解效果之间的相关性

为了建立石墨化程度与降解效果之间的相关性，将 AGB 在 800 ℃下分别退火 4 h 和 6 h 制备了 SGB4 和 SGB6，并对其物相、晶面、元素组分和降解性能进行了研究。如图 9－27a 所示，在 25.5°和 44°可以发现分别归属于石墨的（002）和（100）晶面小而尖锐的峰。SGB4、SGB6 在 36.5°、44.3°和 61.5°处呈现 3 个衍射峰，分别归属于立方相 Co（JCPDS No. 48－1719）的（111）、（200）和（220）晶面。如图 9－27b 所示，SGB4 和 SGB6 有相似的 d_{002}，且 SGB6 的 L_a 和 L_c 均比 SGB4 的大，这可能是因为随着热解时间的延长，催化剂的石墨化程度增强了。由图 9－27c 可以看出 SGB6 的降解性能略好于 SGB4。图 9－27d 展示出 SGB4 和 SGB6 的 C 1s 谱可以按照 sp^2－C、sp^3－C、C=O、O=C—O 和 $\pi-\pi^*$ 的卫星峰分别在 284.1～284.8 eV、285.8～286.0 eV、287.3 eV、288.7～288.9 eV 和 290.2～290.6 eV 分裂为 5 个峰。SGB6 的 sp^2－C 含量高于 SGB4，这与 XRD 结果一致。

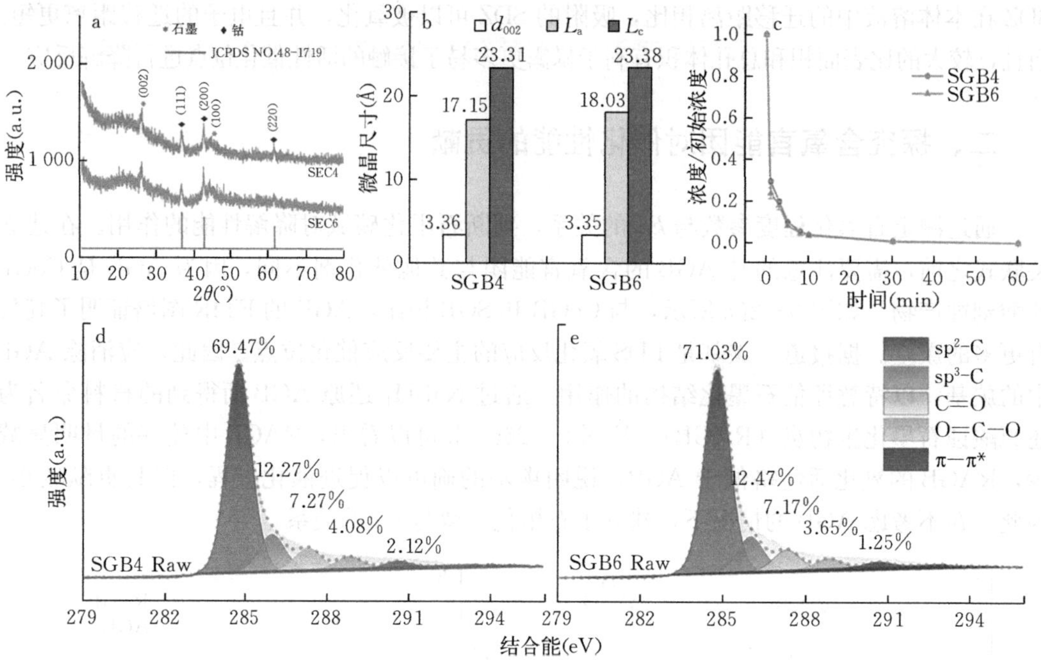

图 9-27　SGB4 和 SGB6 的 XRD 图谱（a）及其相关参数 d_{002}、L_a、和 L_c（b），SGB4 和 SGB6 活化 PDS 降解 SDZ 的动力学拟合（c），以及 SGB4 和 SGB6 的 C 1s XPS 图谱（d）

注：反应条件为［PDS］$_0$＝2.0 mmol/L，［催化剂］$_0$＝0.10 g/L，［SDZ］$_0$＝20 mg/L，T＝25 ℃。

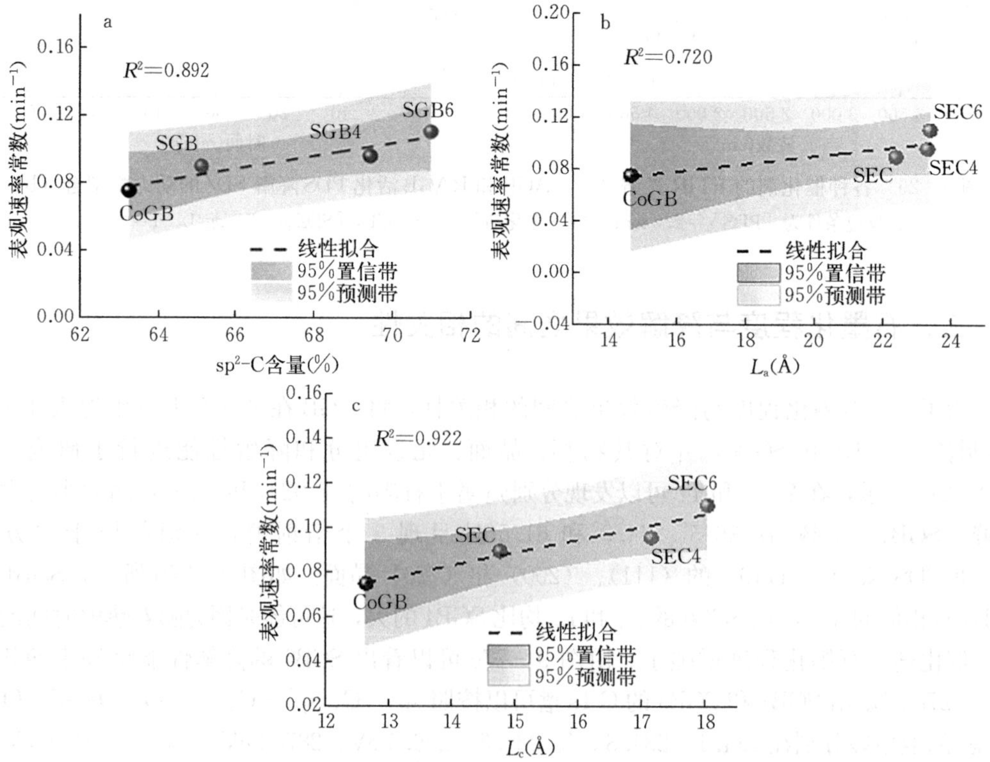

图 9-28　k_{obs} 与 sp^2-C 含量的相关性（a）、k_{obs} 与 L_a（b）的相关性，以及 k_{obs} 与 L_c（c）的相关性

从图 9－28a 中，由 C 1s 谱计算的 sp^2－C 含量对 k_{obs} 表现出正相关性（R^2＝0.892），进一步为石墨碳层在去除 SDZ 中的关键作用提供了确凿的证据。与无定形碳相比，石墨化碳的优点是具有更好的导电性。如图 9－28b、c 所示，各种催化剂的 L_a 和 L_c 与其 k_{obs} 呈线性正相关关系（R^2＝0.720 和 0.922）。L_c 和 k_{obs} 之间的拟合结果优于 L_a 和 k_{obs} 之间的拟合结果，表明沿 c 轴的石墨微晶比沿 a 轴的石墨烯片对降解效果的支持作用更强。

四、电荷转移电阻与降解效果之间的相关性

为了探究不同石墨化生物炭材料的电荷转移阻力，EIS 被执行，图 9－29a 展示了 EIS 图的等效拟合图。图 9－29b 展示了不同材料的电荷转移电阻（R_{CT}），以原始狐尾藻作为前体的 RB 具有最高的 R_{CT}，造孔后的 PB 的 R_{CT} 仅次于 RB，而加入金属石墨化催化剂的碳材料的 R_{CT} 远远小于 RB 和 PB，这说明造孔剂和金属催化石墨化剂能够有效提升碳材料的电子传递能力。而且几种石墨化生物炭材料的 R_{CT} 大小遵循以下顺序：AGB＞CoGB＞SGB＞SGB4＞SGB6，这说明石墨化程度越高的催化剂获得的电荷转移电阻越低。如图9－29c 所示，R_{CT} 与 k_{obs} 之间可以建立令人满意的线性负相关关系。这一结果表明，石墨化生物炭对 PDS 活化的促进作用源于其显著的电子传递能力。

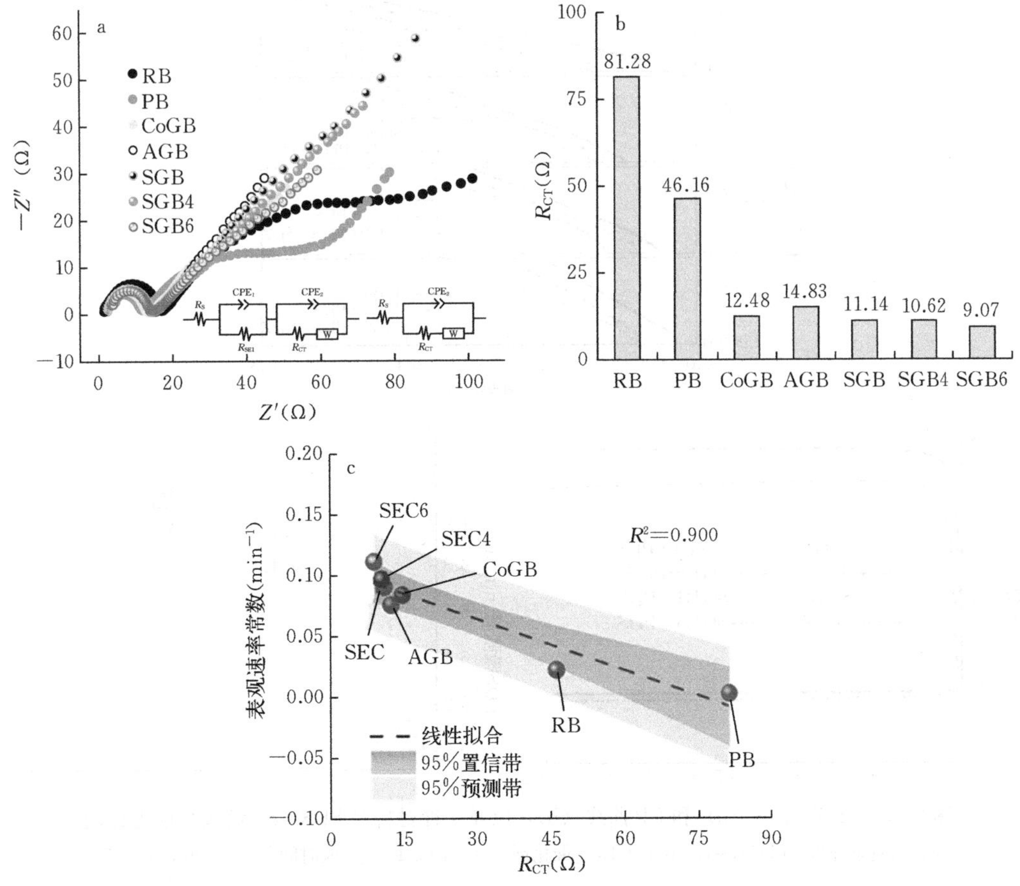

图 9－29　电化学阻抗谱的尼奎斯特图（a）和电荷转移电阻（b），k_{obs} 与 R_{CT} 的相关性（c）

五、电流密度及还原电位对降解效果的影响

通过LSV分析揭示了不同催化剂/PDS体系中的电子传递过程。从图9－30a中可以看出，催化剂自身的电流密度大小顺序为CoGB＜SGB＜SGB4＜SGB6，说明在一定的电位下，石墨化结构更好的催化剂确实具有更大的电流密度。在电解液中引入PDS后，所有的电流密度都有明显增加，表明亚稳态中间体形成，其中SGB6仍然获得最大的电流密度。为了比较不同亚稳态配合物氧化还原电位的大小，进行了CP测试，结果如图9－30b所示。SGB、SGB4、SGB6的开路电位输出（OCP）稳定在＋0.2 V左右，CoGB的OCP稳定在0.15 V左右。当引入PDS后，OCP响应灵敏，电位急剧升高，CoGB、SGB、SGB4和SGB6分别达到了0.66、0.69、0.73和0.78 V的平衡电位。PDS的引入会导致亚稳态复合物的形成，因此得到的电位反映了催化剂/PDS* 的氧化能力。可见，SGB6具有最大的复合物潜力，使其具有最优的SDZ降解性能。将这种现象与SGB6最好的PDS结合能力（图9－30c）和石墨化程度联系起来是合理的。

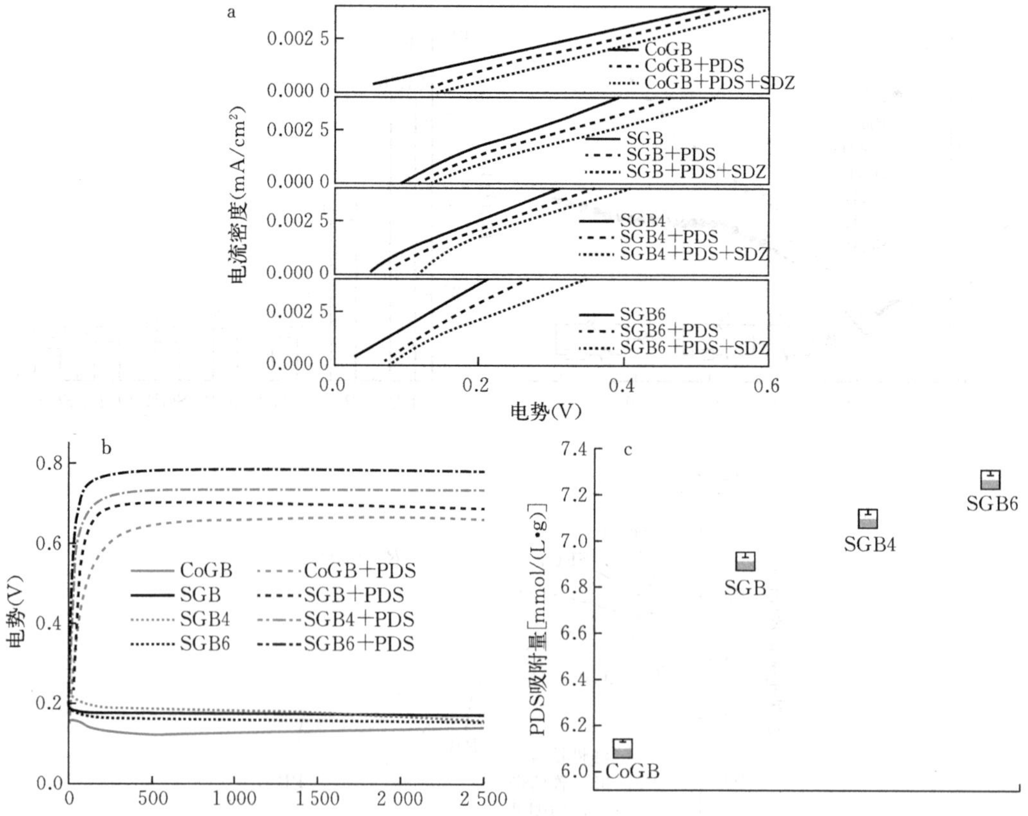

图9－30　LSV曲线（a）和CP曲线（b），以及4种材料对PDS（c）的吸附能力比较

注：反应条件为［PDS］$_0$＝2.0 mmol/L，［催化剂］$_0$＝0.10 g/L，［反应时间］＝60 min，T＝25 ℃。

第八节　SGB/PDS 体系的应用前景

一、SGB 和 PDS 体系对磺胺类污染物的选择性降解

为了探究 SGB/PDS 体系的选择性降解，研究了 6 种磺胺类抗生素，即磺胺甲噁唑（SMX）、SDZ、磺胺噻唑（STZ）、磺胺甲基嘧啶（SMR）、磺胺二甲嘧啶（SMT）和磺胺（SA）的降解情况。由图 9-31a 可知，SGB/PDS 工艺在 60 min 内可以显著去除 6 种不同的磺胺类抗生素，衰减率从 88.8%提高到 100%，对于所有选定的化合物，降解过程遵循拟一阶动力学（图 9-31b）。然而，SGB/PDS 体系对不同取代基的磺胺类药物表现出不同的降解效果。k_{obs}依次为 STZ>SMX>SDZ>SMR>SMT>SA。这些结果清楚地证明了 SGB/PDS 体系对污染物的氧化具有取代基依赖性。有取代基的磺胺类抗生素的降解速率大于无取代基的磺胺类抗生素。与含有六元杂环的磺胺类抗生素相比，含有五元杂环的磺胺类抗生素更容易被降解。

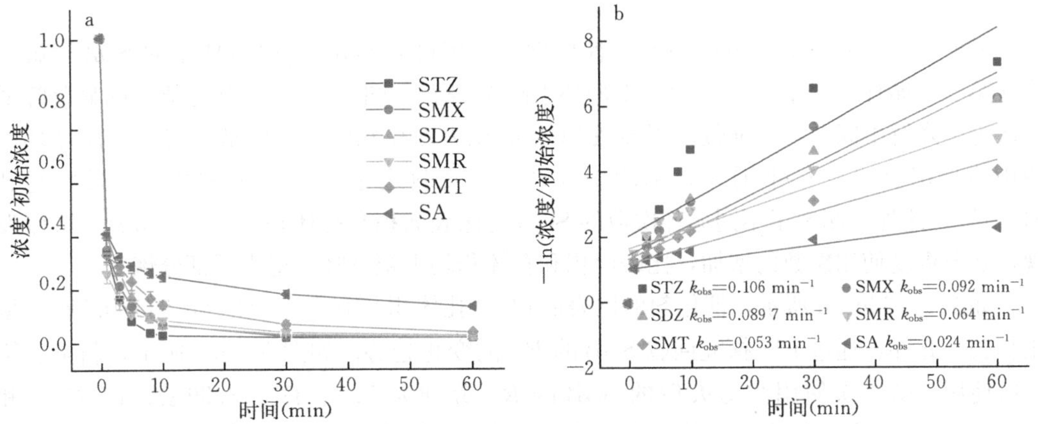

图 9-31　在 SGB/PDS 体系中各种磺胺类药物的降解情况（a）和对应的 k_{obs}（b）

注：反应条件为［PDS］$_0$=2.0 mmol/L，［催化剂］$_0$=0.10 g/L，［污染物］$_0$=20 mg/L，T=25 ℃。

二、SGB 和 PDS 体系对芳香族化合物的选择性降解

此外，还测试了几种具有不同官能团的芳香族化合物，以提供关于 SGB/PDS 体系选择性降解的额外信息。如图 9-32a 所示，SGB/PDS 体系对含供电子基团的 4-羟基苯甲酸（HBAc）、苯酚（PE）和 4-氯苯酚（CP）均表现出良好的降解效果，可在 60 min 内完全降解，但对含缺电子基团的苯甲酸（BA）的降解效果很差，去除率仅为 24.5%。SGB/PDS 体系对 4-硝基苯酚（NP）的降解效率居中，去除率仅为 58.5%，这是由于供电子基团和缺电子基团的相互作用。有机化合物的电离势（IP）被用作估算电子供体供电子能力的指标。如图 9-32b 所示，k_{obs}与有机污染物的 IP 之间存在明显的负相关关系，

表明离子势较低的有机化合物更容易被降解。

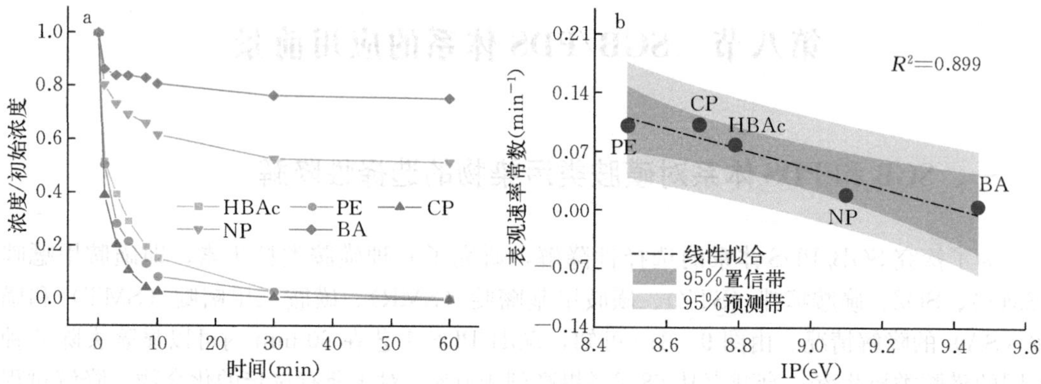

图 9-32　各种芳香族化合物在 SGB/PDS 体系中的降解动力学（a），以及在 SGB/PDS 体系中各种芳香族化合物的 k_{obs} 与 IP 的线性关系（b）

注：反应条件为［PDS］$_0$=2.0 mmol/L，［催化剂］$_0$=0.10 g/L，［污染物］$_0$=20 mg/L，T=25 ℃。

三、SGB 的重复利用性

另外，本研究考察了 SGB 的重复使用性。使用过的 SGB 和 PDS 体系的 SDZ 降解性能在第二次循环下降至 51%，第三次循环下降至 18%（图 9-33a）。活化能力的显著降低被认为是降解中间产物的屏蔽作用导致 SGB 的比表面积和电导率降低。将第三次循环中使用的 SGB 在 800°C 下退火以消除中间产物。意料之中，60 min 内降解效果恢复到 94.11%。此外，测定了不同循环次数的 SGB 的比表面积和孔体积（图 9-33b）。可以发现，随着重复使用次数的增加，比表面积和孔体积均大幅下降，退火后部分恢复。

如图 9-33c、d 所示，催化剂的比表面积/总孔体积与其 k_{obs}（R^2=0.911/0.880）呈正相关。此外，通过 EIS 探究回收 SGB 的 R_{CT}的变化趋势。如图 9-33e 所示，新鲜、第一次使用、第二次使用和退火后的 SGB 的 R_{CT}分别为 11.14 Ω、13.39 Ω、13.75 Ω 和 11.99 Ω。这一结果表明 SGB 的电荷转移电阻随着重复使用次数的增加而增大，退火后减小。此外，R_{CT}与 k_{obs}（R^2=0.938）具有较好的负相关性（图 9-33f），由此可见，所制备催化剂的 SDZ 降解性能与其比表面积和电荷转移电阻密切相关。

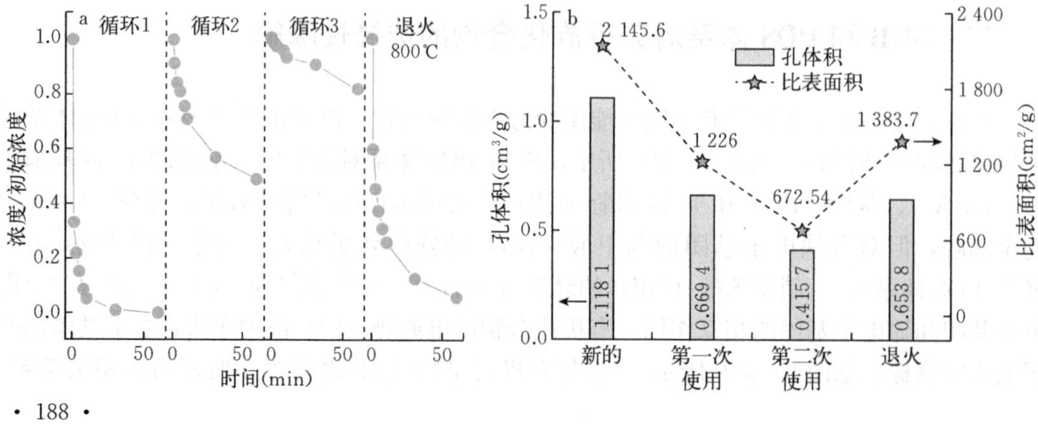

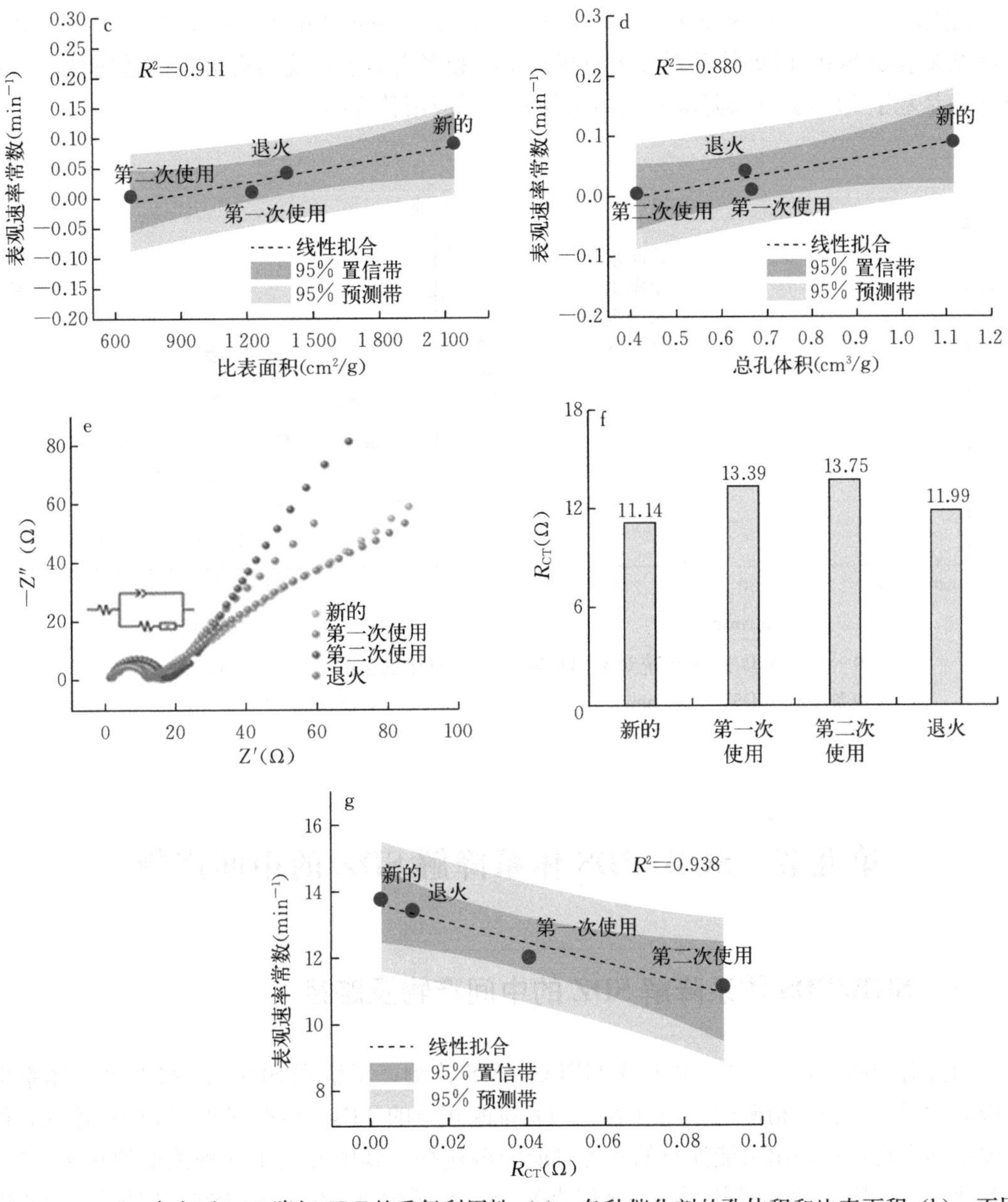

图 9-33　PDS 存在下 SGB 降解 SDZ 的重复利用性（a），各种催化剂的孔体积和比表面积（b），不同催化剂的 k_{obs} 与比表面积（c）和总孔体积（d）的线性关系，各种催化剂电化学阻抗谱的尼奎斯特图（e），以及不同催化剂的 k_{obs} 与 R_{CT} 的线性关系（f）

注：反应条件为［PDS］$_0$＝2.0 mmol/L，［催化剂］$_0$＝0.10 g/L，［SDZ］$_0$＝20 mg/L，T＝25 ℃。

四、SGB/PDS 在实际水体环境中对 SDZ 的去除

此外，为了评估 SGB/PDS 的实际应用效果，本研究分别在黄河水、龙湖水、象湖水和自来水 4 种实际水体中进行了 SDZ 降解试验。从图 9-34a 可以看出，4 个实际水体中的

SDZ 在 10 min 内大部分已经被去除。黄河水、龙湖水、象湖水和自来水在 60 min 内可将 SDZ 完全去除，k_{obs}分别为 0.081 min^{-1}、0.073 min^{-1}、0.069 min^{-1}和 0.061 min^{-1}（图 9－34b）。这些结果表明 SGB/PDS 体系对多种有机污染物和多变的水环境具有突出的适应性，因此被认为是基于 PDS 去除难降解有机污染物的实际应用替代品。

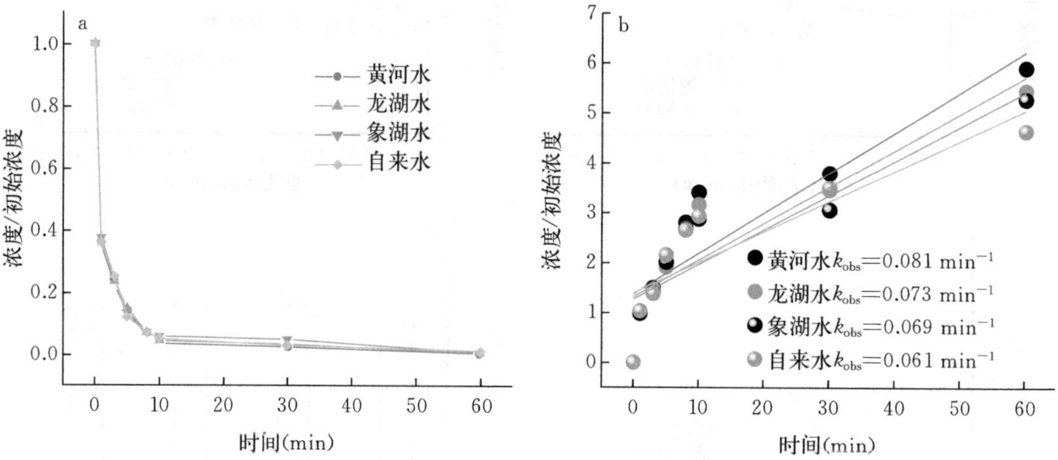

图 9－34　SGB/PDS 系统对不同水体基质中 SDZ 的去除效果（a）和 k_{obs}（b）

注：反应条件为［PDS］$_0$＝2.0 mmol/L，［催化剂］$_0$＝0.10 g/L，［SDZ］$_0$＝20 mg/L，T＝25 ℃。

第九节　SGB/PDS 体系降解 SDZ 的中间产物

一、SGB/PDS 体系降解 SDZ 的中间产物及路径

通过对中间产物（TPs）进行 UHPLC－MS 检测，了解到 SDZ 在 SGB/PDS 体系中的降解途径，并根据精确的 m/z（表 9－1）推断相应的 TPs。根据图 9－35 中描述的 8 种主要中间产物，推测出可能涉及的 4 种可能降解途径，其中发生了 5 种关键的转化反应：羟基化（α 位点）、SO_2 挤压反应（β 位点）、S—N 裂解（γ 位点）、嘧啶开环反应（δ 位点）和 Smiles 重排。在路径Ⅰ中，$SO_4^{\cdot-}$ 可直接进攻 SDZ 的 S—N 键（γ 位点），形成中间体 TP 96 和 TP 173。然后将两个中间体 TP 173 和 TP 96 开环转化为 TP 118。在途径Ⅱ中，开环反应破坏了 SDZ 分子的嘧啶环 δ 位点，形成 TP 227；TP 265 为路线Ⅲ中 SDZ（α 位点）的羟基化产物；TP 227 和 TP 265 进一步发生开环反应和羟基化反应生成 TP 114。此外，在路线Ⅳ中，首先对靠近 S—N 键的带正电荷的苯胺自由基阳离子的碳进行亲核进攻，然后将电负性较高的嘧啶环上的氮作为亲核试剂，导致分子间发生了 Smiles 重排。最后 γ 位置发生 SO_2 挤压反应生成 TP 187，随后，TP 187 被进一步氧化为 TP 199。

表 9-1 SDZ 降解产物

物质	分子式	相对分子质量	质荷比（m/z）	分子结构
SDZ	$C_{10}H_{10}N_4O_2S$	250	251 [M+H]	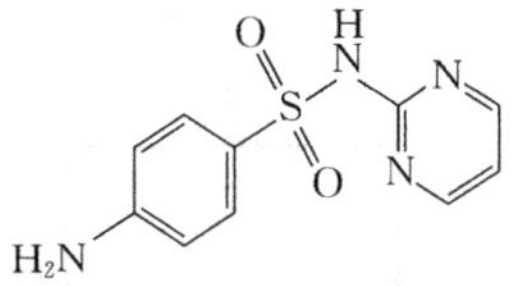
TP 173	$C_6H_7NO_3S$	172	173 [M+H]	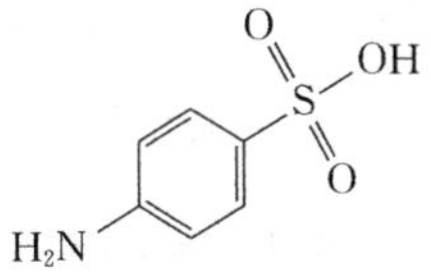
TP 96	$C_4H_5N_3$	95	96 [M+H]	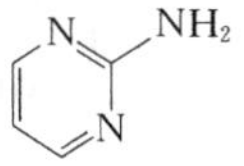
TP 118	$C_3H_3O_5$	119	118 [M-H]	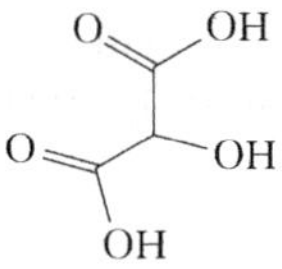
TP 227	$C_8H_{10}N_4O_2S$	226	227 [M+H]	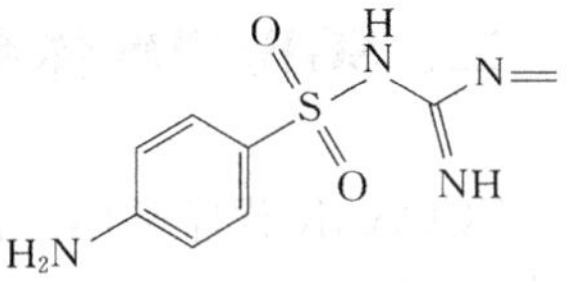
TP 265	$C_{10}H_{10}N_4O_3S$	266	265 [M-H]	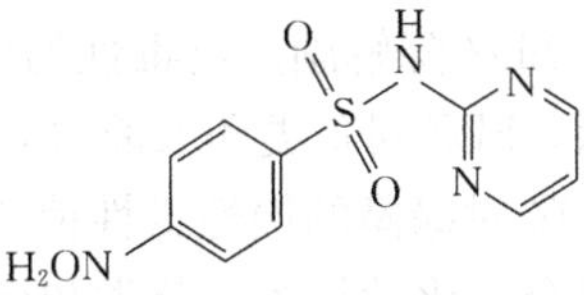
TP 114	CH_4O_4S	113	114 [M+H]	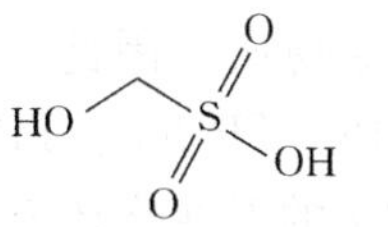
TP 187	$C_{10}H_{10}N_4$	186	187 [M+H]	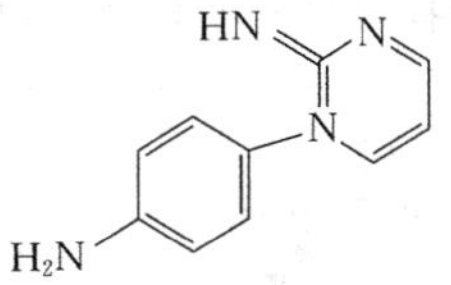
TP 199	$C_{10}H_8N_4O$	200	199 [M-H]	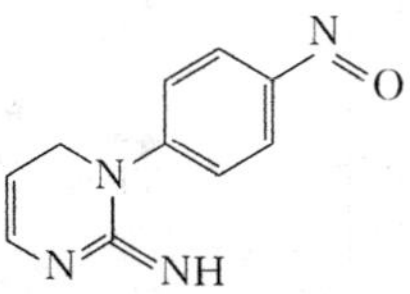

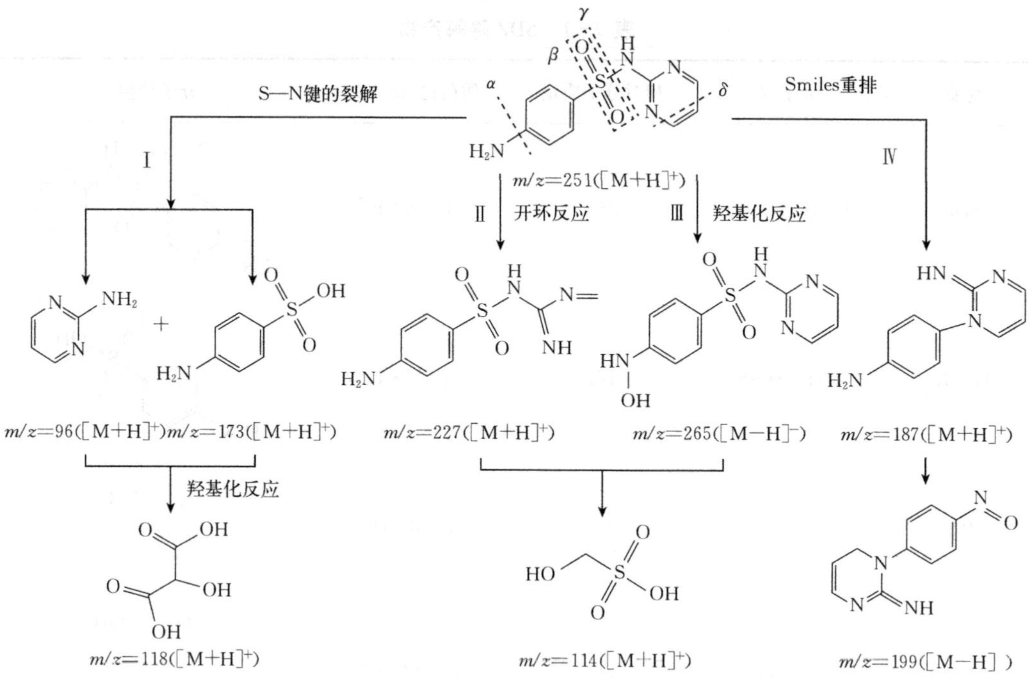

图 9-35 SGB/PDS 体系中 SDZ 可能的降解途径

二、SGB/PDS 体系降解 SDZ 的中间产物的生态毒性

ECOSAR 程序常用于预测母体化合物及其转化副产物的毒性。此外，利用 ECOSAR 计算了 SDZ 及其不同 TPs 对 3 种水生生物（鱼类、水蚤和绿藻）的潜在生态毒性。通过对 SDZ 降解副产物毒性的识别，减少和控制 SDZ 降解产生的有毒副产物。如图 9-36 所示，SDZ 对鱼类和水蚤的 LC_{50} 分别为 907 mg/L 和 10.3 mg/L，对绿藻的 EC_{50} 为 40.4 mg/L；SDZ 对绿藻的慢性毒性值为 29 mg/L，对鱼类为 28.3 mg/L，对水蚤为 0.101 mg/L。根据全球化学品统一分类和标签体系制定的标准（表 9-2），SDZ 对水蚤具有慢性毒性，属于剧毒物质。因此，应考虑 PDS 氧化过程中氧化副产物的毒性。中间体（TP 173、TP 118、TP 265、TP 187、TP 114 和 TP 199）的毒性水平远低于 SDZ。尽管 TP 96 和 TP 227 的毒性略高于 SDZ，但随着氧化反应的进行，TP 96 和 TP 227 分别逐渐转化为开环产物 TP 118 和 TP 114。因此，SDZ 经 SGB/PDS 系统处理后毒性大大降低。

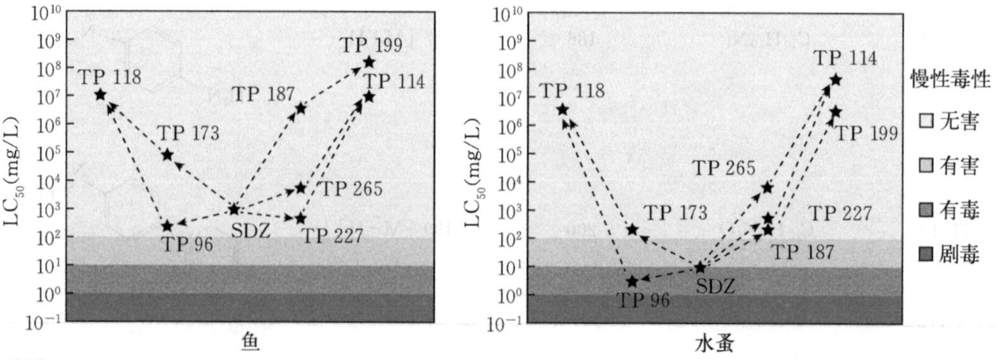

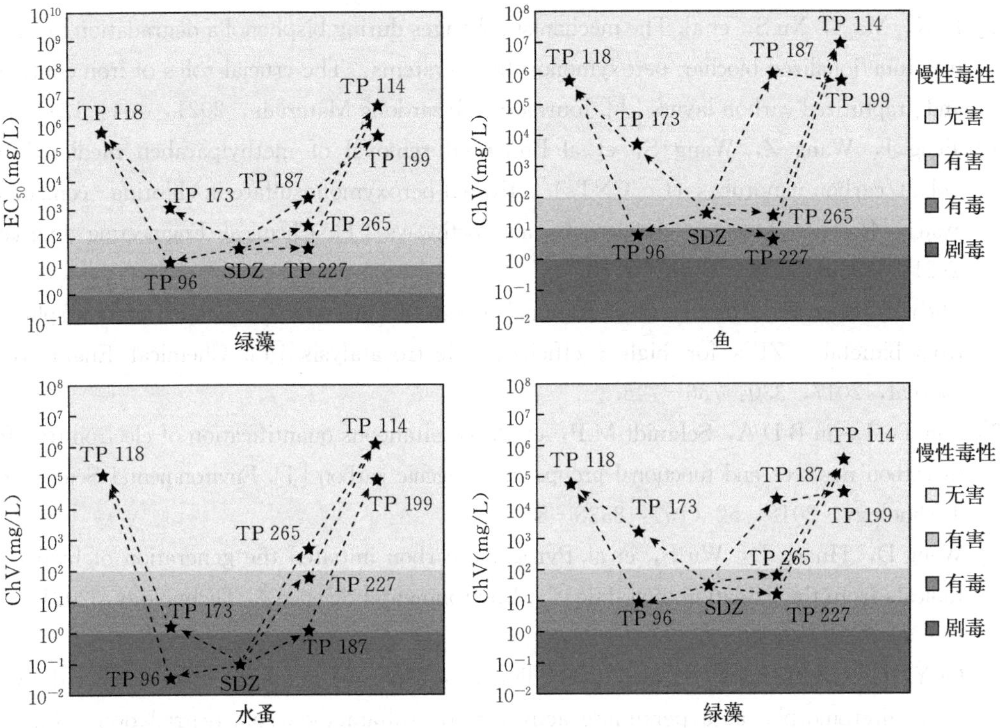

图 9-36　SDZ 和 TPs 在 SGB/PDS 体系中的生态毒性

表 9-2　按照全球化学品统一分类和标签体系进行化学物质毒性分级的分类和标注

毒性范围（mg/L）	对数转换后的毒性范围	分类
$k\leqslant1$	$\lg k\leqslant0$	剧毒
$1<k\leqslant10$	$0<\lg k\leqslant1$	有毒
$10<k\leqslant100$	$1<\lg k\leqslant2$	有害
$k>100$	$\lg k>2$	无害

参 考 文 献

[1] Zhou W, Su H, Wang Z, et al. Self-synergistic cobalt catalysts with symbiotic metal single-atoms and nanoparticles for efficient oxygen reduction [J]. Journal of Materials Chemistry A, 2021, 9 (2): 1127-1133.

[2] Yang J, Zeng D, Li J, et al. A highly efficient Fenton-like catalyst based on isolated diatomic Fe-Co anchored on N-doped porous carbon [J]. Chemical Engineering Journal, 2021, 404: 126376.

[3] Li K, Ma S, Xu S, et al. The mechanism changes during bisphenol a degradation in three iron functionalized biochar/peroxymonosulfate systems: The crucial roles of iron contents and graphitized carbon layers [J]. Journal of Hazardous Materials, 2021, 404: 124145.

[4] Peng J, Wang Z, Wang S, et al. Enhanced removal of methylparaben mediated by cobalt/carbon nanotubes (Co/CNTs) activated peroxymonosulfate in chloride - containing water: Reaction kinetics, mechanisms and pathways [J]. Chemical Engineering Journal, 2021, 409: 128176.

[5] Chen X, Shen K, Chen J, et al. Rational design of hollow N/Co - doped carbon spheres from bimetal - ZIFs for high - efficiency electrocatalysis [J]. Chemical Engineering Journal, 2017, 330: 736 - 745.

[6] Sun T, Levin B D A, Schmidt M P, et al. Simultaneous quantification of electron transfer by carbon matrices and functional groups in pyrogenic carbon [J]. Environmental Science & Technology, 2018, 52 (15): 8538 - 8547.

[7] Wang D, Huang D, Wu S, et al. Pyrogenic carbon initiated the generation of hydroxyl radicals from the oxidation of sulfide [J]. Environmental Science & Technology, 2021, 55 (9) 4: 6001 -6011.

[8] Qi Y, Ge B, Zhang Y, et al. Three - dimensional porous graphene - like biochar derived from enteromorpha as a persulfate activator for sulfamethoxazole degradation: Role of graphitic N and radicals transformation [J]. Journal of Hazardous Materials, 2020, 399: 123039.

[9] Zhong Q, Lin Q, He W, et al. Study on the nonradical pathways of nitrogen - doped biochar activating persulfate for tetracycline degradation [J]. Separation and Purification Technology, 2021, 276: 119354.

[10] Dong C D, Chen C W, Thanh B N, et al. Degradation of phthalate esters in marine sediments by persulfate over Fe - Ce/biochar composites [J]. Chemical Engineering Journal, 2020, 384: 123301.

[11] Shi Y, Du J, Zhao T, et al. Removal of nanoplastics from aqueous solution by aggregation using reusable magnetic biochar modified with cetyltrimethylammonium bromide [J]. Environmental Pollution, 2023, 318: 120897.

[12] Zeng T, Li S, Hua J, et al. Synergistically enhancing Fenton - like degradation of organics by in situ transformation from Fe3O4 microspheres to mesoporous Fe, N - dual doped carbon [J]. Science of the Total Environment, 2018, 645: 550 - 559.

[13] Zhao L, Zhang Y, Huang L - B, et al. Cascade anchoring strategy for general mass production of high - loading single - atomic metal - nitrogen catalysts [J]. Nature Communications, 2019, 10 (1): 1278.

[14] Yao Y, Xu C, Qin J, et al. Synthesis of magnetic cobalt nanoparticles anchored on graphene nanosheets and catalytic decomposition of orange Ⅱ [J]. Industrial & Engineering Chemistry Research, 2013, 52 (49): 17341 - 17350.

[15] Xu M, Li J, Yan Y, et al. Catalytic degradation of sulfamethoxazole through peroxymonosulfate

activated with expanded graphite loaded $CoFe_2O_4$ particles [J]. Chemical Engineering Journal, 2019, 369: 403-413.
[16] Huo X, Zhou P, Zhang J, et al. N, S-doped porous carbons for persulfate activation to remove tetracycline: Nonradical mechanism [J]. Journal of Hazardous Materials, 2020, 391: 122055.
[17] Liu B, Guo W, Jia W, et al. Insights into the oxidation of organic contaminants by Co (Ⅱ) activated peracetic acid: the overlooked role of high-valent cobalt-oxo species [J]. Water Research, 2021, 201: 117313.
[18] Duan X, O'donnell K, Sun H, et al. Sulfur and nitrogen Co-doped graphene for metal-free catalytic oxidation reactions [J]. Small, 2015, 11 (25): 3036-3044.
[19] Qin J, Dai L, Shi P, et al. Rational design of efficient metal-free catalysts for peroxymonosulfate activation: Selective degradation of organic contaminants via a dual nonradical reaction pathway [J]. Journal of Hazardous Materials, 2020, 398: 122808.
[20] Duan P, Pan J, Du W, et al. Activation of peroxymonosulfate via mediated electron transfer mechanism on single-atom Fe catalyst for effective organic pollutants removal [J]. Applied Catalysis B-Environmental, 2021, 299: 120714.

图书在版编目（CIP）数据

生物炭过硫酸盐催化剂的环境应用 / 马双龙等著. 北京 ：中国农业出版社，2025. 3. -- ISBN 978-7-109-33004-7

Ⅰ. TQ424.1；X

中国国家版本馆 CIP 数据核字第 2025AK6532 号

生物炭过硫酸盐催化剂的环境应用

SHENGWUTAN GUOLIUSUANYAN CUIHUAJI DE HUANJING YINGYONG

中国农业出版社出版

地址：北京市朝阳区麦子店街 18 号楼

邮编：100125

责任编辑：刘　伟　冯英华

版式设计：王　晨　　责任校对：吴丽婷

印刷：中农印务有限公司

版次：2025 年 3 月第 1 版

印次：2025 年 3 月北京第 1 次印刷

发行：新华书店北京发行所

开本：787mm×1092mm　1/16

印张：13　　插页：2

字数：320 千字

定价：98.00 元

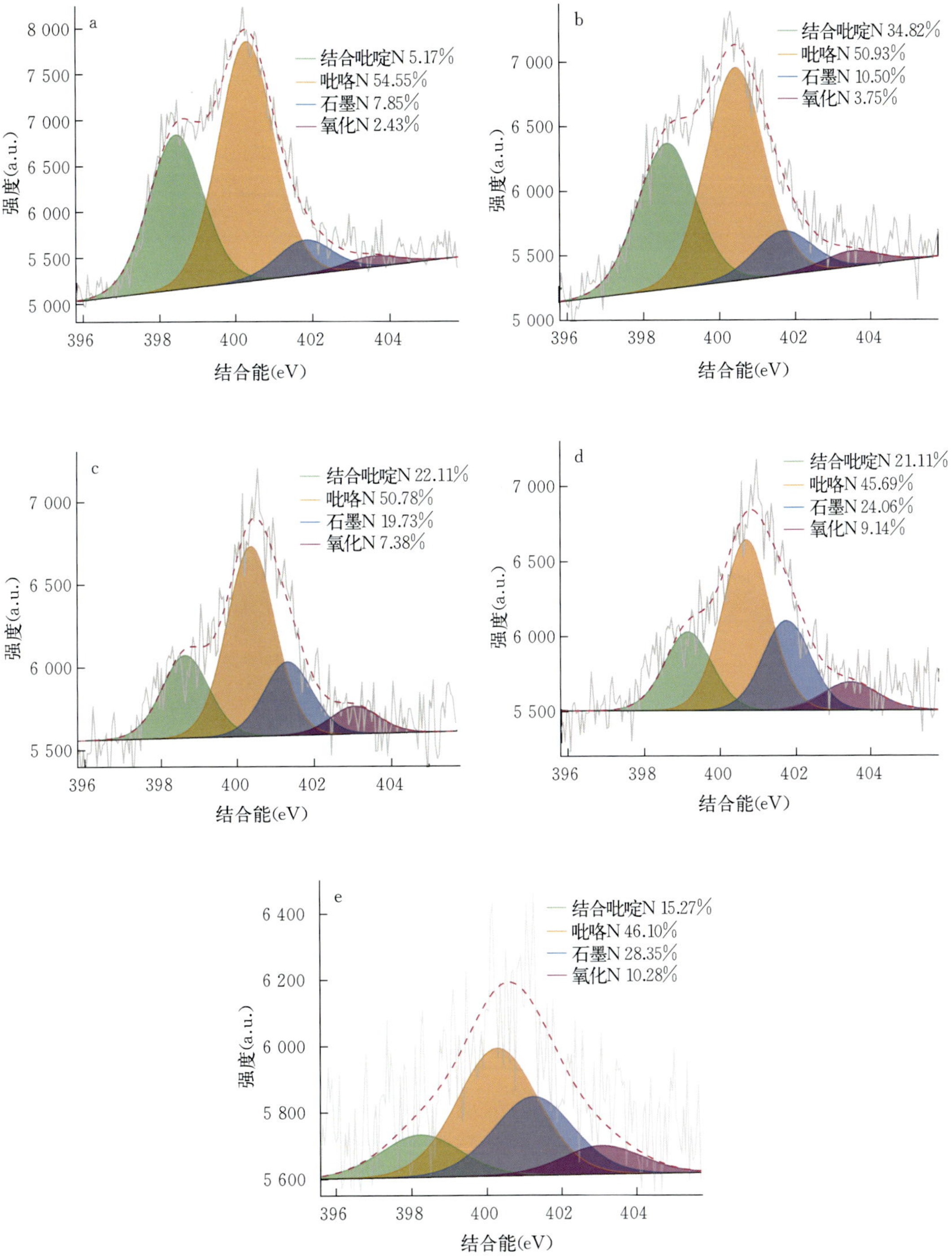

图 4-8　生物炭的 N 1s XPS 能谱图

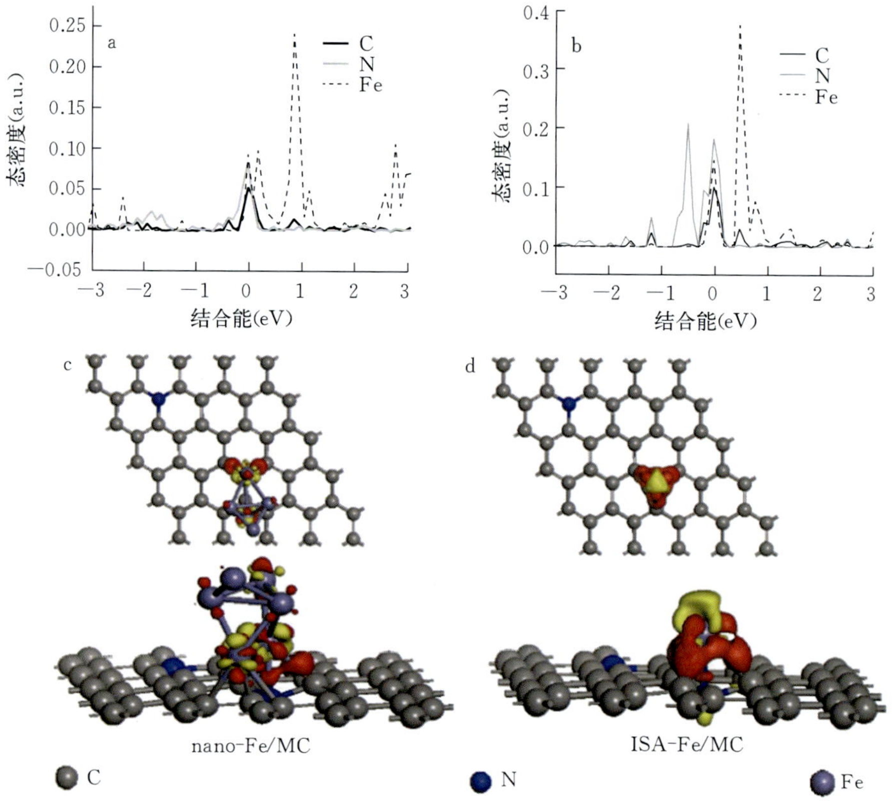

图 6－14　DFT 计算出的 nano－Fe/MC（a）和 ISA－Fe/MC（b）优化模型的 DOS，以及 nano－Fe/MC（c）和 ISA－Fe/MC（d）模型中不同的电荷密度

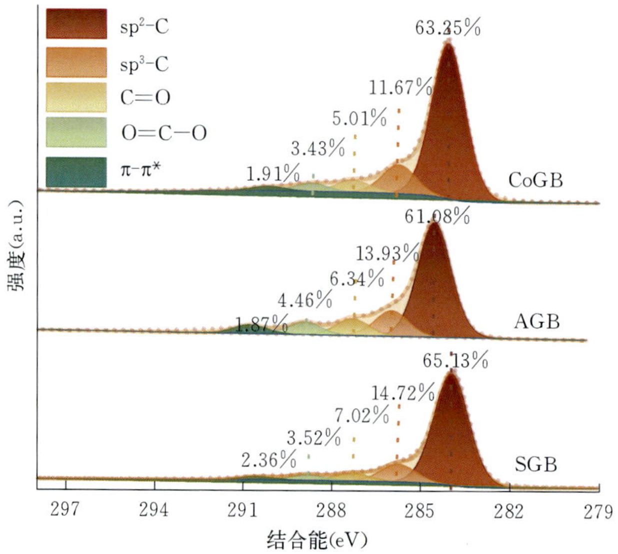

图 9－6　不同催化剂的 C 1s XPS 图像

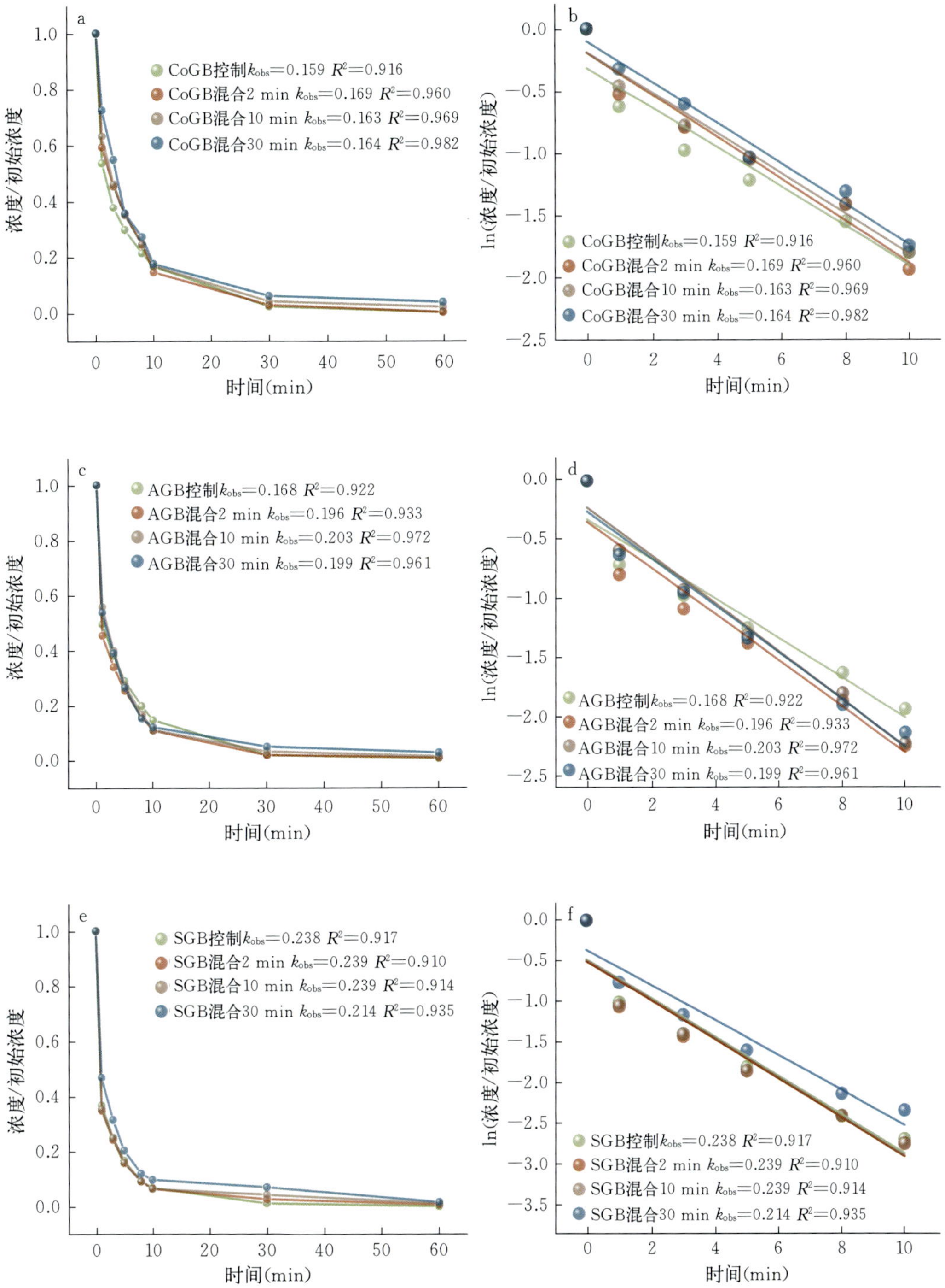

图 9-18 CoGB/PDS 体系、AGB/PDS 体系和 SGB/PDS 体系中 PDS 与碳材料混合不同时间间隔添加 SDZ 后去除 SDZ 的效果（a、c、e）及拟一阶动力学拟合（b、d、f）

注：反应条件为 $[PDS]_0$=2.0 mmol/L，$[催化剂]_0$=0.10 g/L，$[SDZ]_0$=20 mg/L，T=25 ℃。

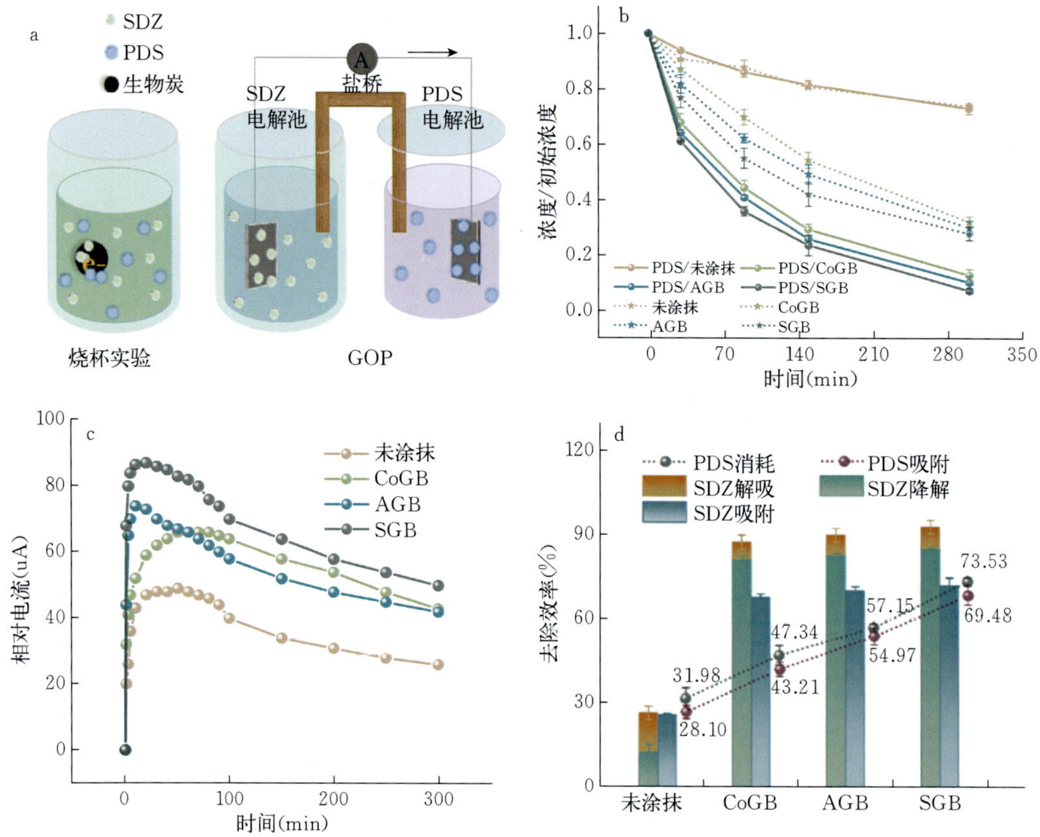

图 9-22　分批高级氧化工艺及 GOP 系统设置（a），SDZ 在 GOP 体系中的降解（b），GOP 系统中从 PDS 电池流向 SDZ 电池的电流（c），以及单电极吸附 PDS 和 SDZ，GOP 体系中 PDS 消耗、SDZ 脱附、SDZ 降解（d）